uni-app 跨平台开发与应用

从入门到实践

欧阳江涛◎编著

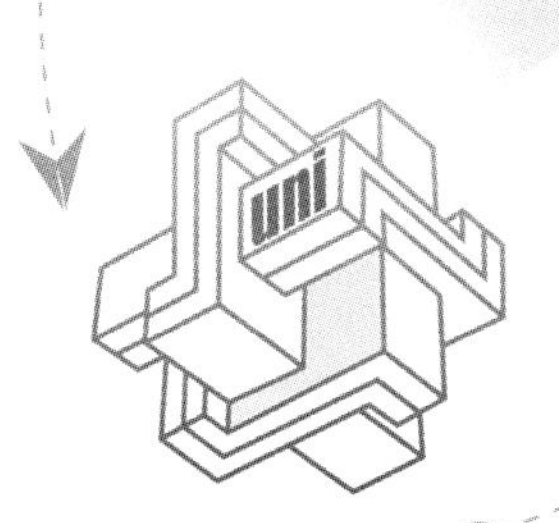

内 容 提 要

本书以"零基础"为起点，系统地介绍了uni-app的跨平台开发与应用。全书内容分为3篇，共12章，具体安排如下。

第一篇：基础篇，包括第1~4章，主要介绍了uni-app的特点和优势、环境搭建、HBuilderX开发工具的安装和使用，以及uni-app的一些基础知识。第二篇：进阶篇，包括第5~9章，主要介绍了uni-app的基础配置、相关组件、导航栏、高效开发技巧，以及uniCloud云开发平台。第三篇：实战篇，包括第10~12章，通过第一个实战，介绍了如何使用uni-app开发小程序；通过第二个实战，介绍了如何使用uni-app进行跨平台开发；通过第三个实战，介绍了如何使用uniCloud云开发。

本书既适合希望从事uni-app跨平台开发的读者学习，也适合作为广大职业院校相关专业的参考用书，还可以作为相关培训班的教材用书。

图书在版编目(CIP)数据

uni-app跨平台开发与应用从入门到实践 / 欧阳江涛编著. — 北京 : 北京大学出版社，2022.9
ISBN 978-7-301-33248-1

Ⅰ. ①u… Ⅱ. ①欧… Ⅲ. ①移动终端—应用程序—程序设计 Ⅳ. ①TN929.53

中国版本图书馆CIP数据核字(2022)第146446号

书　　名 uni-app跨平台开发与应用从入门到实践
uni-app KUAPINGTAI KAIFA YU YINGYONG CONG RUMEN DAO SHIJIAN
著作责任者 欧阳江涛　编著
责 任 编 辑 王继伟　刘羽昭
标 准 书 号 ISBN 978-7-301-33248-1
出 版 发 行 北京大学出版社
地　　址 北京市海淀区成府路205号　100871
网　　址 http://www. pup. cn　　新浪微博：@北京大学出版社
电 子 信 箱 pup7@ pup. cn
电　　话 邮购部010-62752015　发行部010-62750672　编辑部010-62570390
印 刷 者 河北文福旺印刷有限公司
经 销 者 新华书店
787毫米×1092毫米　16开本　22.75印张　505千字
2022年9月第1版　2022年9月第1次印刷
印　　数 1—4000册
定　　价 89.00元

推荐序

FOREWORD

DCloud团队一直专注于移动互联网开发环境及开发技术的研究。2012年我们开始研发小程序技术，它具有即点即用、操作简单、运行性能极高等优点。在我们的推动下，各个厂商开始发展小程序业务。2016年微信等各大流量巨头软件陆续上线了小程序业务，小程序逐渐流行起来。

随着小程序的快速发展，我们遇到了一系列意料之外的问题。其中最为突出的是部分厂商因为利益诉求不同，各自推出了不同的标准，这样分裂的局面背离了我们的初衷，也对小程序的开发者造成了极大的不便。

为了解决混乱的局面，我们决定开发一款免费的开源框架，抹平各个平台的差异和不同限制。为了方便广大开发者使用，我们对核心架构进行了多次调整和验证，做到了性能足够优秀，开发成本低廉。uni-app就在这样的环境下诞生了！

在这之后，我们仍然持续不断地加大对uni-app的投入，不断降低使用门槛。我们的努力也有了收获——越来越多的开发者参与到uni-app的开发中，目前uni-app已经成为小程序开发者的首选。

uni-app是一个使用Vue.js开发所有前端应用的框架，开发者编写一套代码，可以发布到iOS、Android、Web（响应式），以及各种小程序（微信/支付宝/百度/头条/QQ/快手/钉钉/淘宝/360等）、快应用等多个平台。uni-app在开发者数量、案例、跨端抹平度、扩展灵活性、性能体验、周边生态、学习成本、开发成本八大关键指标上拥有非常明显的优势。

本书系统全面地讲述了uni-app的开发知识与实战应用，由浅入深地剖析了uni-app各个知识点及相关技术，对想要学习uni-app的开发者有极大的帮助。

感谢本书作者的辛苦付出。

DCloud CTO、uni-app产品负责人

崔红保

前言

INTRODUCTION

为什么写这本书?

小程序在用户规模及商业化方面都取得了极大的成功。截至2021年12月，微信小程序日活超过4.5亿，支付宝、百度、头条小程序的月活也都超过了3亿。

对应小程序开发领域，开发框架从单纯的微信小程序开发过渡到多端框架成为标配，进一步提升开发效率成为开发者的强烈需求。

DCloud公司作为小程序的开创者和先行者，推出了uni-app开源框架，为开发者抹平了各平台的差异，实现了编写一套代码，可以发布到iOS、Android、Web（响应式），以及各种小程序（微信/支付宝/百度/头条/QQ/钉钉/淘宝）、快应用等多个平台。uni-app凭借强大的跨平台能力，当仁不让地成为跨端开发的首选框架。

uni-app是当前主流的开发框架，uni-app手机端月活达到12亿，有数千款插件、70多个微信或QQ技术交流群，阿里小程序官方工具内置了uni-app，腾讯课堂官方为uni-app录制了培训课程。uni-app在开发者数量、案例、跨端抹平度、扩展灵活性、性能体验、周边生态、学习成本、开发成本等方面拥有极大的优势。

本书从uni-app框架基础出发，带领读者重点学习如何使用uni-app进行App、小程序、H5等多平台的开发，以及如何进行云开发等，以简单明了的方式让读者用最低的成本快速掌握相关技术。

这本书有什么特点?

本书力求简单实用、深入浅出、快速上手，坚持以实例为主、理论为辅。

全书内容分为3篇，共12章，从uni-app环境搭建和框架基础到组件的使用及实践开发技巧和uniCloud云开发平台的使用，覆盖了uni-app跨平台开发的全部流程。

本书主要有以下特点。

（1）没有高深的理论，每一章都以实例为主。读者参考源码，修改实例，一步一步跟着操作，就能得到自己想要的结果。

（2）专注于uni-app跨平台开发中实际用到的技术知识。相比大而全的书籍资料，本书能让读者快速上手，开始项目开发。

（3）本书大多数章节包含实训模块，编写该模块的目的是让读者在学完章节中的知识后能够尽快进行巩固，举一反三，学以致用。

通过这本书能学到什么？

（1）uni-app基础：了解uni-app的基本概念、特点、发展历史等背景知识，掌握Vue语法和nvue的使用方法，了解uni-app的相关配置和接口。

（2）HBuilderX的使用：掌握HBuilderX的安装方式，掌握通过HBuilderX开发工具进行项目创建和打包发布的方法。

（3）uni-app组件：掌握uni-app组件的引入和使用方法，掌握编写自己的组件并发布到插件市场的方法，学习对现有组件进行改造的方法。

（4）uni-app高效开发：掌握uni-app的高效开发技巧，结合本书实例，加快项目开发。

（5）uniCloud云开发：掌握uniCloud云开发平台的使用方法，掌握云函数、云数据库的基本概念，了解云开发在项目中的实际应用。

（6）跨端项目开发：熟练使用uni-app框架，综合运用各类组件，独立完成项目开发；掌握基本的跨端开发技术。

这本书中的组件版本和阅读时的注意事项

1. 核心组件版本

HBuilderX：3.1.9

Node.js：14.15.1

npm：6.14.8

jdk：1.8.0

其中，jdk的安装过程相对复杂，版本不匹配容易出错。建议读者使用与本书一致的版本，待精通大数据平台的使用方法后，再选择其他版本。

2. 注意事项

在实训模块中，建议读者根据主题回顾章节内容，进行思考后再设计自己的方案，并与书中的方案进行对比，以强化学习效果。

学习资源下载

（1）赠送：案例源代码。提供书中完整的案例源代码，方便读者参考学习、分析使用。

（2）赠送：书中相关网址索引表。主要收录了书中知识讲解中涉及的相关网站网址，读者打开网址索引文件，即可点击链接使用，不必输入复杂的网址。

（3）赠送：职场高效人士学习资源大礼包，包括《微信高手技巧随身查》《QQ高手技巧随身查》《手机办公10招就够》三本电子书，以及《5分钟学会番茄工作法》《10招精通超级时间整理术》两部视频教程，让您轻松应对职场那些事。

温馨提示：以上资源，请用微信扫描下方二维码关注公众号，输入本书77页的资源下载码，获取下载地址及密码。

目录

CONTENTS

第一篇 基础篇

第二篇 进阶篇

第5章 uni-app的基础配置 94

第6章 uni-app的相关组件 141

第7章 导航栏的定制 171

第8章 uni-app高效开发技巧 185

第9章 uniCloud云开发平台 232

第三篇 实战篇

第10章 项目实战：开发一款视频小程序 277

第11章 项目实战：开发一款手机商城App和小程序 292

第12章 项目实战：使用uniCloud搭建新闻资讯平台 323

第一篇

基础篇

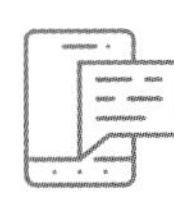

第1章 uni-app简介与使用方法

本章导读

uni-app是一个使用Vue.js开发跨平台应用的前端框架，开发者编写一套代码，可以发布到iOS、Android、Web（响应式）、各种小程序（微信/支付宝/百度/头条/QQ/钉钉/淘宝）、快应用等多个平台。

即使不需要进行跨端开发，uni-app也是优秀的小程序、H5、App开发框架。uni-app基于通用的前端技术栈，采用Vue语法+微信小程序API进行程序开发，无额外学习成本，用户不需要转换开发思维，不需要更改开发习惯。uni-app是当前国内主流的开发框架，支撑着十多亿手机用户的庞大生态。

本章将详细介绍uni-app并带领读者快速上手。

知识要点

通过对本章内容的学习，可以掌握以下知识。

- uni-app的由来和特点。
- 使用uni-app能够做什么。
- uni-app官方开发工具HBuilderX的使用方法。
- 创建uni-app项目。
- 打包发布uni-app项目。

1.1 uni-app简介

uni-app是一个全端开发框架，可以将开发的项目一次性编译为Web、App、小程序（微信/

支付宝/百度/头条/QQ/钉钉/淘宝）、快应用。uni-app支持使用各种IDE（Integrated Development Environment，集成开发环境）进行开发，如Vscode、WebStorm，但与HBuilderX结合使用更完美。

1.1.1　uni-app的由来

很多人以为小程序是微信先推出的，其实DCloud才是这个行业的开创者。

DCloud于2012年开始研发小程序技术，优化WebView的功能和性能，并加入W3C和HTML5中国产业联盟，推出了HBuilder开发工具，为后续产业化做准备。2015年，DCloud正式推出了自己的小程序，产品名为“流应用”，它不是B/S模式的轻应用，而是接近系统的原生功能、性能的动态App，并且即点即用，第一次使用时可以边下载边使用。为了推广该技术，DCloud将技术标准捐献给了工信部旗下的HTML5中国产业联盟，并推进各家流量巨头接入该标准，开展小程序业务。360手机助手率先接入该标准，在其3.4版本实现了应用的秒开运行，如图1-1所示。

图1-1　360手机助手小程序

随后DCloud推动大众点评、携程、京东、有道词典、唯品会等众多知名App所属企业为流应用平台提供应用。2015年9月，DCloud推动微信团队开展小程序业务，演示了流应用的秒开应用、扫码获取应用、分享链接获取应用等众多场景案例，并分享了WebView体验优化的经验。微信团队经过分析后，于2016年初决定上线小程序业务，但没有接入联盟标准，而是制定了自己的标准。

DCloud持续在业内推广小程序理念，推动包括手机厂商在内的互联网企业陆续上线类似小程序或快应用的业务。部分企业接入了联盟标准，但更多企业因存在利益纷争，标准难以统一。技术是纯粹的，不应该因为商业利益而分裂。造成混乱的局面并非DCloud所愿，于是DCloud决定开发一个免费、开源的框架，为开发者抹平各平台的差异，这就是uni-app的由来。铸就uni-app成功的因素有以下几点。

①经过多年的积累，截至2021年3月，DCloud拥有900万个开发者。

②DCloud一直都有小程序的iOS、Android引擎，因此uni-app的App端和小程序端保持高度一致。

③DCloud在引擎上的持续投入，使得uni-app的App端功能、性能均优于大多数小程序引擎。

④DCloud非常了解各平台的小程序，因此开发抹平各端差异的跨端框架比较轻松。

现在，uni-app已经是业内主流的应用开发框架，支撑着12亿活跃手机用户的庞大生态。

1.1.2 uni-app的特点

uni-app是一个使用Vue.js开发跨平台应用的前端框架，可用于开发兼容多端的应用。开发者编写Vue.js代码，通过uni-app可以编译到iOS、Android、微信小程序等多个平台。uni-app主要有以下特点。

1. 更好的跨平台能力

图1-2所示为uni-app功能框架图，可以看出，uni-app在跨平台的过程中不牺牲平台特色，而是结合了平台专有特征，真正做到海纳百川、各取所长。在跨平台的同时，通过条件编译+平台特有API（Application Programming Interface，应用程序接口）调用，可以为某平台编写个性化代码，调用专有特征而不影响其他平台。uni-app支持原生代码混写和原生SDK（Software Development Kit，软件开发工具包）集成。

图1-2 uni-app功能框架图

2. 一套代码可以在多个平台运行

uni-app实现了一套代码同时在多个平台运行。图1-3所示为一套代码同时在iOS模拟器、Android模拟器、H5、微信开发者工具、支付宝小程序开发者工具、百度开发者工具、字节跳动开发者工具、QQ小程序开发者工具中运行的效果（底部8个终端选项卡代表8个终端模拟器）。

hello-uniapp/pages/tabBar/component/component.vue - HBuilder X

component.vue

```
<template>
    <view class="uni-padding-wrap uni-common-pb">
        <view class="uni-header-logo">
            <image src="../../../static/componentIndex.png"></image>
        </view>
        <view class="uni-hello-text uni-common-pb">
            以下将展示uni-app官方组件能力，组件样式仅供参考，开发者可根据自身需求自定义组件样式，具体属性参数详见uni-app开发文档。
        </view>
        <view class="uni-card" v-for="(list,index) in lists" :key="index">
            <view class="uni-list">
                <view class="uni-list-cell uni-collapse">
                    <view class="uni-list-cell-navigate uni-navigate-bottom" hover-class="uni-list-cell-hover" :class="list.open ? 'uni-active' : ''"
                     @click="triggerCollapse(index)">
                        {{list.name}}
                    </view>
                    <view class="uni-list uni-collapse" :class="list.open ? 'uni-active' : ''">
                        <view class="uni-list-cell" hover-class="uni-list-cell-hover" v-for="(item,key) in list.pages" :key="key" @click="goDetailPage(item)">
                            <view class="uni-list-cell-navigate uni-navigate-right"> {{item.name ? item.name : item}} </view>
                        </view>
                    </view>
                </view>
            </view>
        </view>
    </view>
</template>
<script>
    export default {
        data() {
```

hello-uniapp - iPhone ...　hello-uniapp - emulato...　hello-uniapp - H5　小程序 - 微信　小程序 - 支付宝　小程序 - 百度　小程序 - 字节跳动　小程序 - QQ

```
18:23:31.777 正在同步手机端程序文件...
18:23:34.061 同步手机端程序文件完成
18:23:34.088 正在启动应用HBuilder...
18:23:34.804 应用HBuilder已启动（如未启动请手动启动模拟器上的HBuilder应用）...
18:23:34.831 iOS模拟器功能少于真机基座，具体见：http://ask.dcloud.net.cn/article/35508
18:23:37.965 [LOG] : App Launch
18:23:37.990 [LOG] : App Show
18:23:41.994 [LOG] : success [object Object]
```

每个终端选项卡，代表一个平台模拟器

行:28 列:17　UTF-8　Vue

图1-3　一套代码多端运行

实际运行效果如图1-4所示。

图1-4　实际运行效果

3. 运行体验好，性能优秀

uni-app的组件、API与微信小程序一致，原生App端支持Weex原生渲染，加载新页面速度更快，自动采用diff算法更新数据。其App端支持原生渲染，可提供更流畅的体验；小程序端的性能优于市场上的其他框架。

4. 开放生态，周边生态丰富

uni-app支持通过npm安装第三方包，支持微信小程序自定义组件及SDK，兼容mpvue组件及项目，其App端支持和原生代码混合编码，插件市场有数千款插件。

5. 学习成本低，开发成本低

uni-app基于通用的前端技术栈，采用Vue语法+微信小程序API进行开发，无额外学习成本。除了开发成本，招聘、管理、测试等各方面成本也大幅下降。HBuilderX是uni-app的高效开发“神器”，熟练掌握HBuilderX后，开发效率可以翻倍（即便只开发一个平台的程序，也可以大幅提高开发效率）。

1.1.3 uni-app的学习方法

了解了uni-app的由来和特点后，读者可以结合自己的情况选择不同的uni-app学习方法。

读者可以通过uni-app官网了解uni-app。uni-app官方出品了《uni-app官方教程》（网址见“资源文件\网址索引.docx”），通过官方视频教程可以直观、快速地了解uni-app。

熟悉H5，但不熟悉Vue和小程序的读者可以通过《白话uni-app》（网址见“资源文件\网址索引.docx”）快速了解uni-app和H5的差异。DCloud与Vue进行了合作，Vue.js官网中提供了免费视频教程，方便用户学习Vue（网址见“资源文件\网址索引.docx”）。uni-app使用的是Vue语法，而不是小程序自定义的语法，因此不需要用户额外学习。

除了官方视频教程，腾讯课堂、网易课堂、哔哩哔哩、慕课网等各大视频学习网站也提供了一些uni-app的学习资源。第三方培训机构视频教程的网址见“资源文件\网址索引.docx”。

uni-app是一个跨平台框架，各端的管理规则有一定的差异，如H5端的浏览器有跨域限制；微信小程序强制要求使用https链接，并且所有要联网的服务器域名都要配置到微信的白名单中；iOS的隐私控制和虚拟支付控制非常严格；Android、国产ROM（Read Only Memory，只读存储器，这里为手机操作系统）的各种兼容性存在差异，且中国大部分地区的网络不支持谷歌服务，这也导致了push、定位等功能开发不规范；如果使用第三方SDK实现定位、地图、支付、推送等功能，需要遵循其规则和限制等。

1.2 uni-app开发环境搭建

搭建开发环境是使用uni-app的基础，下面介绍uni-app的开发工具和微信小程序开发环境的搭建。

1.2.1　uni-app开发工具简介

在uni-app的日常开发中，使用得比较多的是HBuilderX编辑器。“HBuilderX”中，H是HTML（Hyper Text Markup Language，超文本标记语言），Builder是构造者，X是HBuilder的下一代版本，简称HX。HX是为前端开发者服务的通用IDE，或称为编辑器，与VSCode、Sublime、WebStorm等编辑器类似，可以开发普通Web项目，也可以开发DCloud推出的uni-app项目、5+App项目、wap2app项目。除了支持前端技术栈，HBuilderX也可以借助插件支持PHP等其他语言。

HBuilderX编辑器相比其他编辑器具有以下优势。

（1）轻巧、极速：HBuilderX绿色发行包只有10MB。不管是启动、打开大文档，还是编码提示，都能极速响应。采用C++的架构，性能远超Java或Electron架构。

（2）强大的语法提示：HBuilderX具有优秀的AST（Abstract Syntax Tree，抽象语法树）语法分析能力，其语法提示精准、全面、细致。

（3）专为Vue打造：提供比其他工具更优秀的Vue支持，大幅提升Vue开发效率。

（4）清爽护眼：界面清爽简洁，绿柔主题适合人眼长期观看。

（5）高效极客操作：HBuilderX对字处理提供了强大的支持，多光标、智能双击、选区管理等让文字处理的效率大幅提升。

（6）markdown优先：HBuilderX是唯一一个新建文件默认类型是markdown的编辑器，也是对MD书写支持最强的编辑器，甚至可以直接粘贴表格、图片。

（7）小程序支持：国外的开发工具没有对中国的小程序开发进行优化，HBuilderX可以新建小程序项目，为国人提供更高效的工具。

（8）拓展性强：HBuilderX支持Java插件、Node.js插件，并兼容很多VSCode插件及代码块；还可以通过外部命令方便地调用各种命令行功能，并设置快捷键。如果想要使用其他工具（如VSCode或Sublime）的快捷键，可以在【工具】→【预设快捷键方案切换】菜单中进行切换。

1.2.2　小程序开发环境搭建

要开发小程序，首先需要拥有一个小程序账号，通过该账号管理小程序。下面以微信小程序为例进行介绍。

步骤01　申请一个小程序账号。

访问微信公众平台官网，进入小程序注册页面，根据指引填写信息并提交相应的资料，即可拥有自己的小程序账号，如图1-5所示。

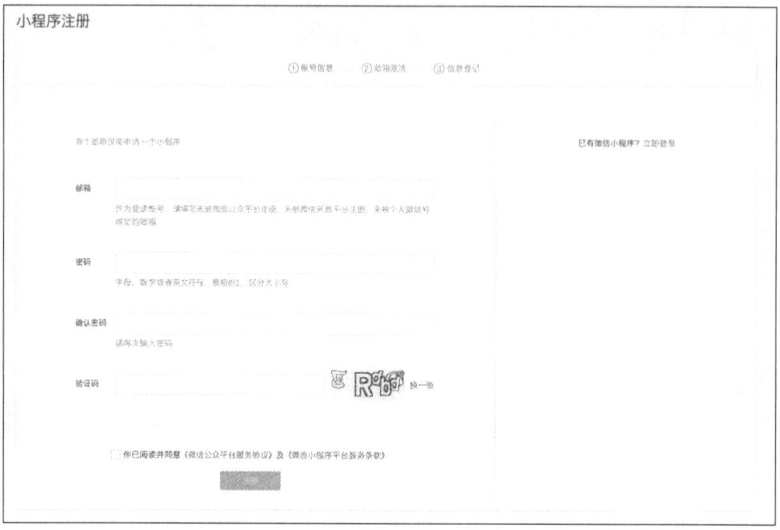

图1-5　小程序注册页面

通过该小程序管理平台，可以管理小程序的权限、查看数据报表、发布小程序等。

步骤02　登录小程序后台，选择【开发】→【开发设置】选项，即可看到小程序的AppID，如图1-6所示。

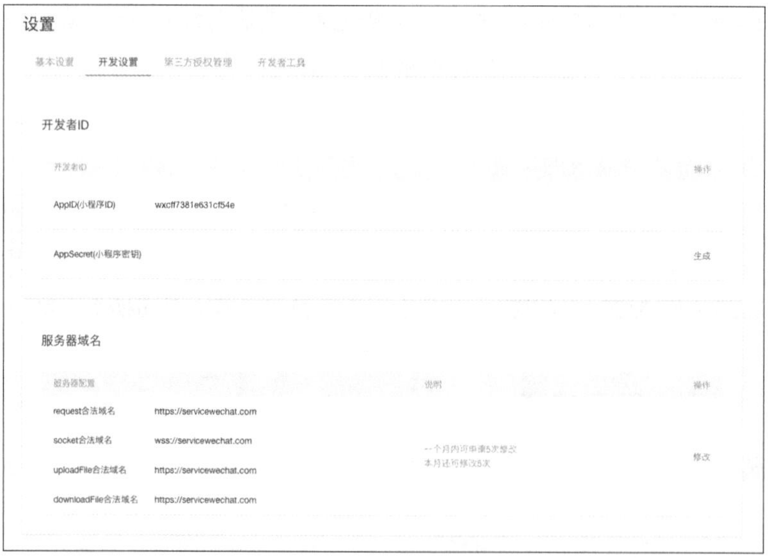

图1-6　小程序的AppID

温馨提示

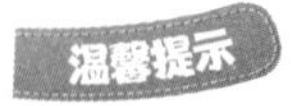

小程序的AppID相当于小程序的身份证，后续会在很多地方用到AppID。

步骤03　有了小程序账号之后，还需要一个工具来开发小程序。前往微信开发者工具下载页面，根据操作系统下载相应的安装包进行安装。有关开发者工具更详细的介绍，读者可以查看微信小程序官方提供的《开发者工具介绍》。

步骤04　打开小程序开发者工具，用微信扫码登录，准备开发你的第一个小程序吧！

1.3 HBuilderX

HBuilderX是通用的前端开发工具，且为uni-app做了特别强化，是uni-app官方推荐的开发工具。本节介绍HBuilderX编辑器的安装和使用方法。

1.3.1　下载和安装HBuilderX

HBuilderX采用可视化的安装方式，安装比较简单。HBuilderX内置相关开发所需环境，无须配置Node.js等相关开发环境，可以直接使用。官方IDE下载地址见“资源文件\网址索引.docx”。

如果下载的是App开发版的HBuilderX，则不需要安装其他插件，可以直接使用；如果下载的是标准版的HBuilderX，在运行或发行uni-app时会提示安装uni-app插件，插件安装完成后才能使用。

1.3.2　创建uni-app项目

创建项目是开发的第一步，使用HBuilderX创建uni-app项目很容易，具体步骤如下。

步骤01　选择【文件】→【新建】→【项目】选项，如图1-7所示。

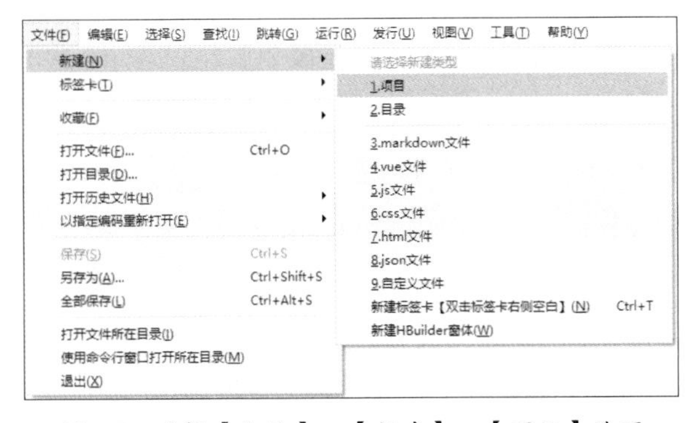

图1-7　选择【文件】→【新建】→【项目】选项

uni-app自带的模板有Hello uni-app，是官方的组件和API示例；还有一个重要模板是uniui，内置大量常用组件，日常开发推荐使用该模板。

步骤02 在弹出的【新建项目】对话框中选择【uni-app】类型，并在输入栏中输入工程名【hello-uniapp】；单击【浏览】按钮，选择工程存放地址；选择模板【uni-ui项目】，单击【创建】按钮，即可成功创建项目，如图1-8所示。

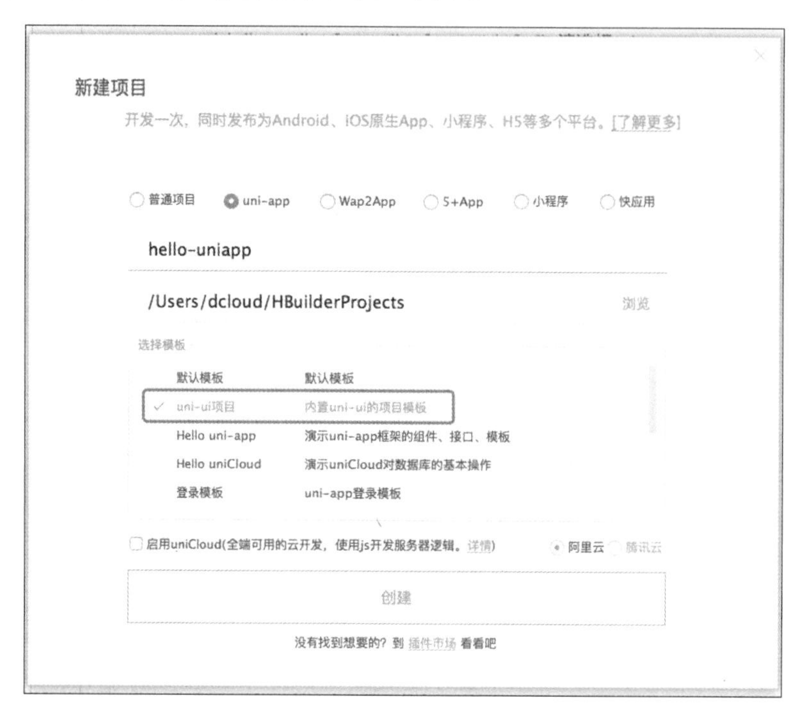

图1-8　使用uni-app内置模板创建项目

1.3.3　多端运行程序

项目创建完成后即可运行。uni-app项目可以在多个平台上运行，这里称为多端运行。多端运行主要有以下几种类型。

（1）浏览器运行：进入hello-uniapp项目，选择【运行】→【运行到浏览器】选项，在弹出的子菜单中选择需要运行的浏览器，这里选择Chrome浏览器，如图1-9所示，即可在浏览器中体验uni-app的H5版。

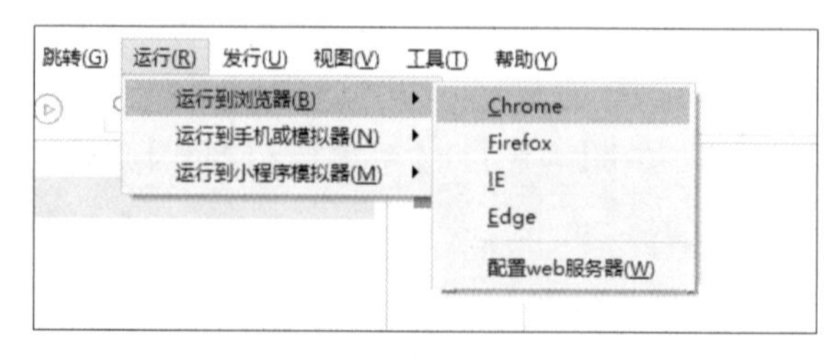

图1-9　浏览器运行操作

（2）真机运行：通过USB将手机连接到计算机，开启手机USB调试模式，进入hello-uniapp项目。选择【运行】→【运行到手机或模拟器】选项，在弹出的子菜单中选择运行的设备，即可在该设备中体验uni-app，如图1-10所示。

图1-10　手机运行操作

如果无法识别手机，可以选择【运行】→【运行到手机或模拟器】→【真机运行常见故障排除指南】选项进行故障排查。

（3）在微信开发者工具里运行：进入hello-uniapp项目，选择【运行】→【运行到小程序模拟器】→【微信开发者工具】选项，即可在微信开发者工具中体验uni-app，如图1-11所示。

图1-11　在微信开发者工具里运行操作

如果是第一次使用微信开发者工具，需要先配置小程序IDE的相关路径，才能成功运行。图1-12所示为在输入框中输入微信开发者工具的安装路径。若HBuilderX不能正常启动微信开发者工具，则需要开发者手动启动，然后将uni-app生成小程序工程的路径复制到微信开发者工具中，再在HBuilderX中开发，在微信开发者工具中即可看到实时效果。

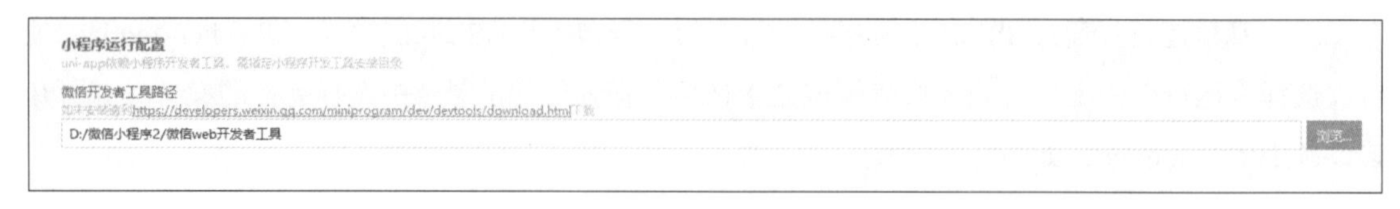

图1-12　输入微信开发者工具的安装路径

（4）在支付宝、百度、字节跳动、360、快应用等其他开发者工具里运行hello-uniapp项目与在微信开发者工具里运行的方法相似，此处不再赘述。

温馨提示

如果是第一次进行小程序开发，需要配置开发者工具的相关路径。选择【运行】→【运行到小程序模拟器】→【运行设置】选项，在弹出的对话框中即可配置相应小程序开发者工具的路径。

支付宝、百度、字节跳动、360小程序开发者工具不支持直接启动指定项目并运行，因此开发者工具启动后，应将HBuilderX控制台中提示的项目路径在相应小程序开发者工具中打开。

如果小程序开发者工具自动启动失败，应手动启动小程序开发者工具，将HBuilderX控制台提示的项目路径在小程序开发者工具中打开。

运行项目的快捷键是【Ctrl+R】。HBuilderX还提供了快捷运行菜单，可以按对应数字键快速选择要运行的设备，如图1-13所示。

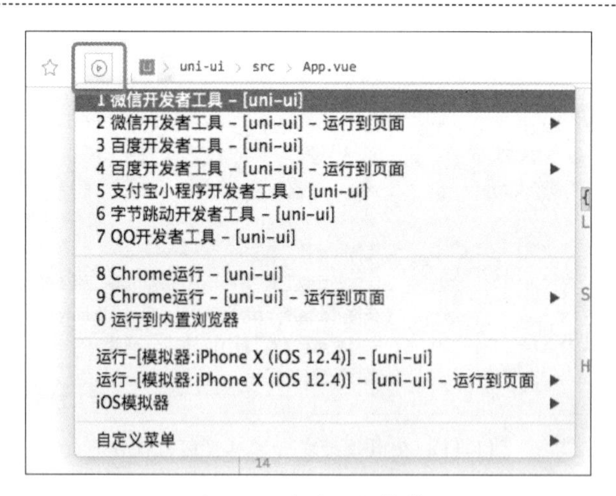

图1-13　快捷运行菜单

1.3.4　打包发布

项目开发的最后一步是对项目进行打包发布。打包发布包括以下几种类型。

1. 打包为原生App（云端）

打包为原生App（云端）的操作方便，不需要烦琐的打包步骤，其打包流程如下。

步骤01　在HBuilderX工具栏中选择【发行】→【原生App-云打包】选项，如图1-14所示。

图1-14 选择【原生App-云打包】选项

步骤02 出现图1-15所示的界面，直接单击右下角的【打包】按钮即可。

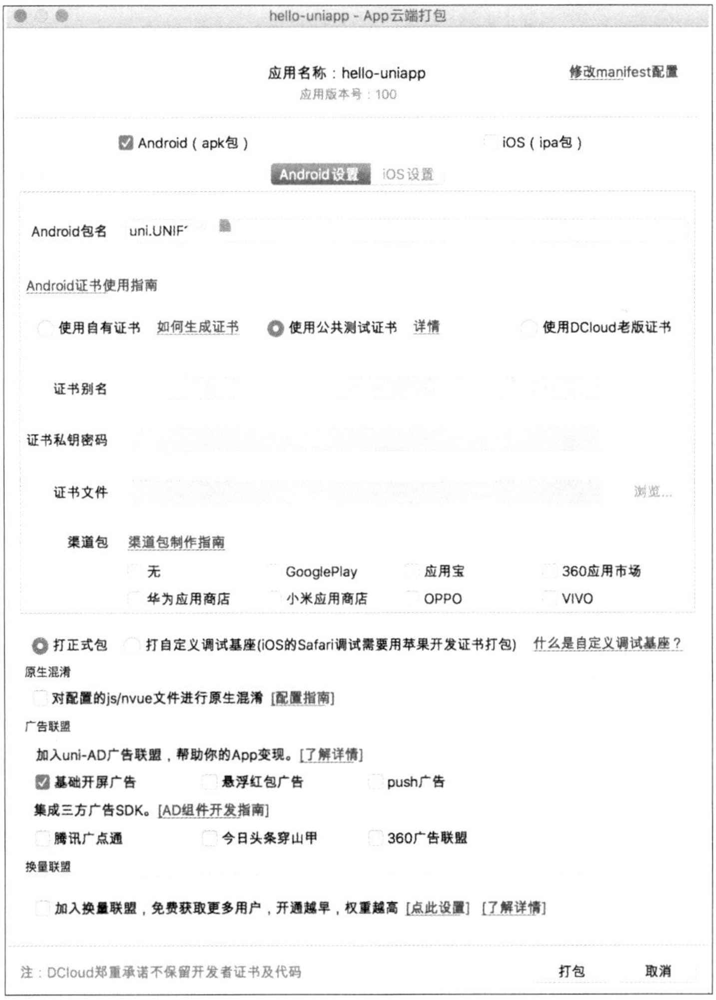

图1-15 App云端打包界面

2. 打包为原生App（离线）

如果希望使用xcode或Android studio进行离线打包，则在HBuilderX发行菜单里找到本地打包菜单，生成离线打包资源，然后参考离线打包文档进行操作（文档网址见“资源文件\网址索引.docx”）。

在HBuilderX工具栏中选择【发行】→【原生App-本地打包】→【生成本地打包App资源】选项，如图1-16所示，即可生成离线打包资源。

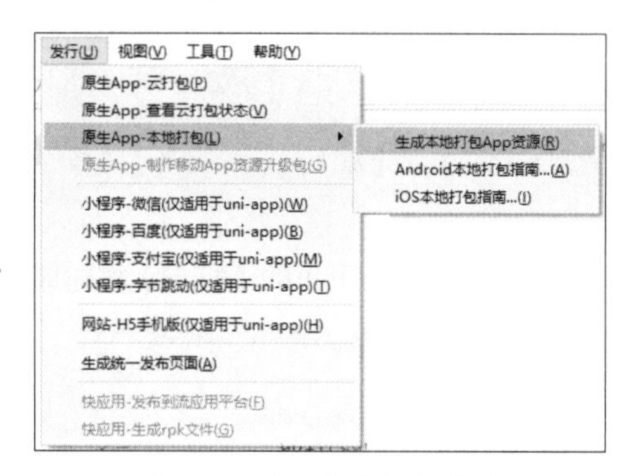

图1-16　生成离线打包资源

3. 发布为H5

如果项目需要在H5端运行，则可以选择发布为H5，其操作流程如下。

步骤01　在manifest.json可视化界面中进行如图1-17所示的配置（若发行在网站根目录，可不配置应用基础路径），此时发行网站路径是“www.***.com/h5”。

图1-17　manifest.json可视化界面

步骤02　在HBuilderX工具栏中选择【发行】→【网站-H5手机版（仅适用于uni-app）】选项，如图1-18所示，即可生成H5的相关资源文件，文件保存于unpackage目录。

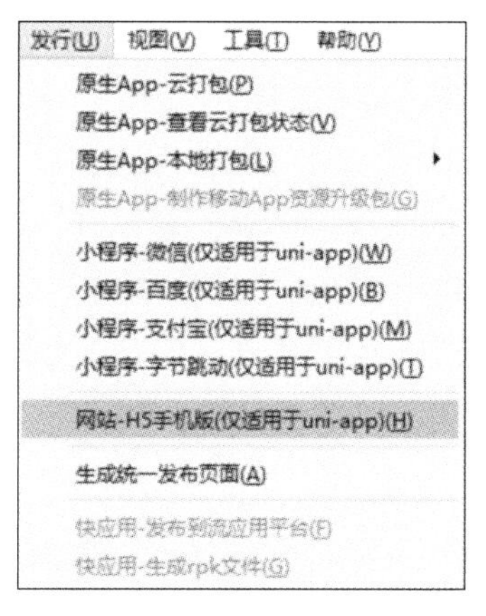

图1-18　发行为H5操作

以history模式发行需要后台配置支持。若使用传统服务器部署，建议在服务器端开启gzip压缩。

4. 发布为微信小程序

如果想在微信小程序上运行uni-app项目，将项目发布为微信小程序即可，uni-app会将代码自动转换成小程序项目代码，其操作流程如下。

步骤01　申请微信小程序AppID，具体步骤参考微信小程序官方教程。

步骤02　在HBuilderX工具栏中选择【发行】→【小程序-微信（仅适用于uni-app）】选项，在弹出的【微信小程序发行】对话框中对应的文本框内输入小程序名称和AppID，单击【发行】按钮，即可在工程目录unpackage/dist/build/mp-weixin中生成微信小程序项目代码，如图1-19所示。

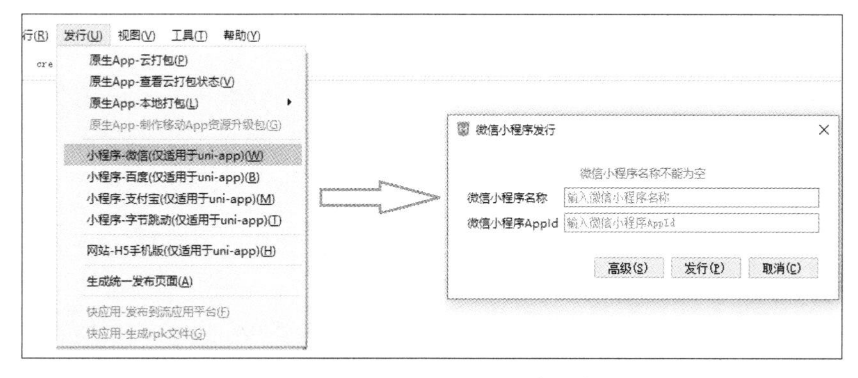

图1-19　发行为微信小程序操作

步骤03 在微信开发者工具中导入生成的微信小程序项目，测试项目代码运行正常后，单击【上传】按钮，依次单击【提交审核】→【提交发布】按钮，即可完成项目发布，如图1-20所示。

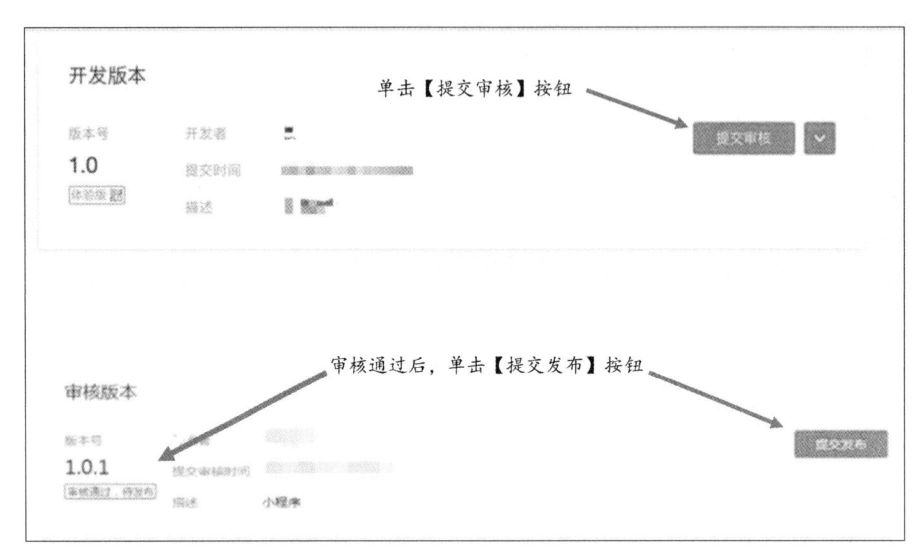

图1-20 微信小程序提交审核发布

5. 其他发布

发布为支付宝、百度、字节跳动、360、快应用、QQ小程序等操作和发布为微信小程序类似，此处不再赘述。

发布的快捷键是【Ctrl+U】，按下快捷键后会显示快速发布菜单，按数字键选择对应的发布方式。

1.4 vue-cli命令行

创建uni-app项目除了可以使用HBuilderX可视化界面，也可以使用vue-cli命令行。

1.4.1 开发环境配置

使用vue-cli命令行之前需要安装Node.js。Node.js是一个基于Chrome V8引擎的JavaScript运行环境。Node.js使用高效、轻量级的事件驱动及非阻塞I/O模型，它的软件包管理工具npm是目前最大的开源生态系统。Node.js的安装配置方法如下。

步骤01　进入Node.js官方网站，下载Node.js安装包，这里下载稳定版，即Recommended For Most Users版本，如图1-21所示。

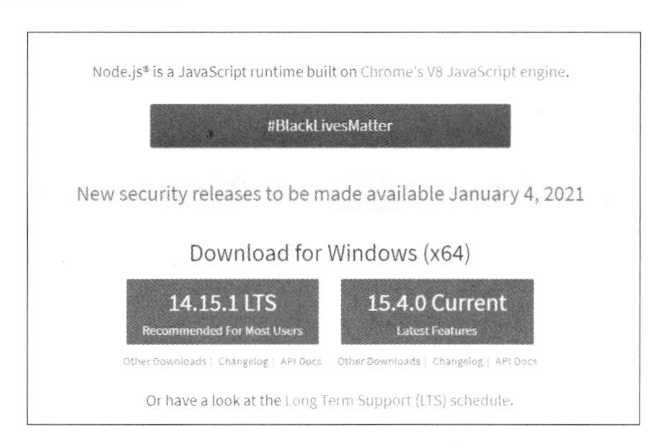

图1-21　下载Node.js安装包

步骤02　双击下载的文件进行安装即可。Node.js安装完毕后，出现图1-22所示的界面，单击【Finish】按钮即可。

图1-22　Node.js安装完成

步骤03　按快捷键【Windows+R】调出运行窗口，输入【cmd】，打开命令提示工具，在命令提示工具中输入【node -v】，若出现图1-23所示的界面，则表示安装成功。

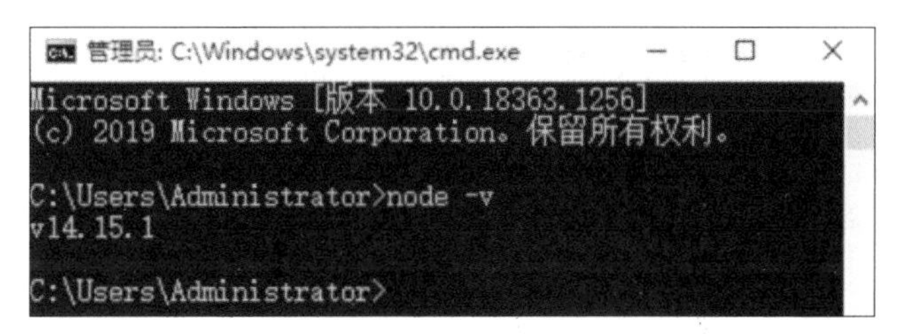

图1-23　查看Node.js版本

步骤04 全局安装vue-cli。在命令提示工具中输入【npm install -g @vue/cli】命令即可全局安装vue-cli，如图1-24所示。

```
管理员: C:\Windows\system32\cmd.exe
Microsoft Windows [版本 10.0.18363.592]
(c) 2019 Microsoft Corporation。保留所有权利。

C:\Users\Administrator>npm install -g @vue/cli
npm WARN deprecated subscriptions-transport-ws@0.9.19: The `subscriptions-transport-ws` package is no longer maintained.
 We recommend you use `graphql-ws` instead. For help migrating Apollo software to `graphql-ws`, see https://www.apollogr
aphql.com/docs/apollo-server/data/subscriptions/#switching-from-subscriptions-transport-ws    For general help using `gr
aphql-ws`, see https://github.com/enisdenjo/graphql-ws/blob/master/README.md
npm WARN deprecated graphql-tools@4.0.8: This package has been deprecated and now it only exports makeExecutableSchema.\
nAnd it will no longer receive updates.\nWe recommend you to migrate to scoped packages such as @graphql-tools/schema, @
graphql-tools/utils and etc.\nCheck out https://www.graphql-tools.com to learn what package you should use instead
npm WARN deprecated apollo-cache-control@0.14.0: The functionality provided by the `apollo-cache-control` package is bui
lt in to `apollo-server-core` starting with Apollo Server 3. See https://www.apollographql.com/docs/apollo-server/migrat
ion/#cachecontrol for details.
npm WARN deprecated apollo-tracing@0.15.0: The `apollo-tracing` package is no longer part of Apollo Server 3. See https:
//www.apollographql.com/docs/apollo-server/migration/#tracing for details
npm WARN deprecated graphql-extensions@0.15.0: The `graphql-extensions` API has been removed from Apollo Server 3. Use t
he plugin API instead: https://www.apollographql.com/docs/apollo-server/integrations/plugins/
npm WARN deprecated uuid@3.4.0: Please upgrade  to version 7 or higher.  Older versions may use Math.random() in certain
 circumstances, which is known to be problematic.  See https://v8.dev/blog/math-random for details.
npm WARN deprecated @babel/traverse@7.17.10: [WARNING] Use 7.17.9 instead of 7.17.10, reason: https://github.com/babel/b
abel/issues/14525
npm WARN deprecated source-map-resolve@0.5.3: See https://github.com/lydell/source-map-resolve#deprecated
npm WARN deprecated source-map-url@0.4.1: See https://github.com/lydell/source-map-url#deprecated
npm WARN deprecated urix@0.1.0: Please see https://github.com/lydell/urix#deprecated
npm WARN deprecated resolve-url@0.2.1: https://github.com/lydell/resolve-url#deprecated
C:\Program Files\nodejs\vue -> C:\Program Files\nodejs\node_modules\@vue\cli\bin\vue.js
+ @vue/cli@5.0.4
updated 1 package in 62.969s

C:\Users\Administrator>
```

图1-24 全局安装vue-cli

1.4.2 使用vue-cli创建uni-app

创建正式版的uni-app项目（对应HBuilderX最新正式版）的代码如下。

```
vue create -p dcloudio/uni-preset-vue my-project
```

创建Alpha版的uni-app项目（对应HBuilderX最新Alpha版）的代码如下。

```
vue create -p dcloudio/uni-preset-vue#alpha my-alpha-project
```

uni-app项目创建完成后，系统会提示选择项目模板，初次使用建议选择【Hello uni-app】项目模板，如图1-25所示。

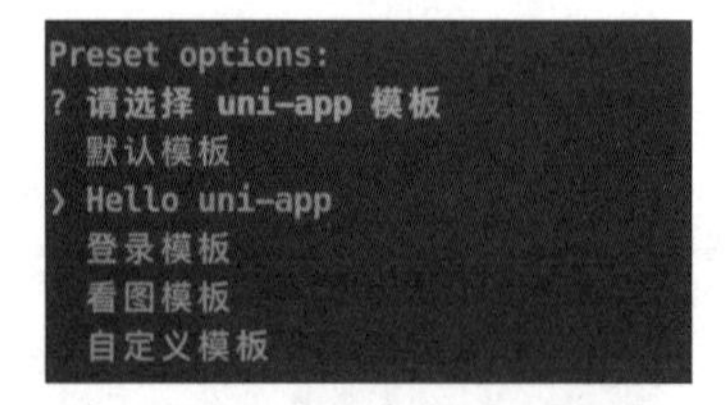

图1-25 选择项目模板

如果选择【自定义模板】，需要填写uni-app模板地址，该地址就是托管在云端的仓库地址。以GitHub为例，其地址格式为“用户名/仓库名”。例如，使用下载图片模板，需要填写dcloudio/uni-template-picture这个uni-app模板地址。

1.4.3 通过命令行运行、发布uni-app

输入以下命令，即可完成uni-app的运行和发布。

```
npm run dev:%PLATFORM%
npm run build:%PLATFORM%
```

其中，%PLATFORM%可取值如表1-1所示。

表1-1 %PLATFORM%可取值

值	平 台
app-plus	App平台生成打包资源（支持npm run build:app-plus，可用于持续集成；不支持run，运行调试仍需在HBuilderX中操作）
h5	H5
mp-alipay	支付宝小程序
mp-baidu	百度小程序
mp-weixin	微信小程序
mp-toutiao	字节跳动小程序
mp-qq	QQ小程序
mp-360	360小程序
quickapp-webview	快应用(WebView)
quickapp-webview-union	快应用联盟
quickapp-webview-huawei	快应用华为

除了表中的可取值，还可以自定义更多条件编译平台，如钉钉小程序，具体操作可以参考官网package.json文档（网址见“资源文件\网址索引.docx”）。

其中，快应用的运行和发布方式有以下两种。

（1）类小程序WebView渲染方式。

```
# dev模式，编译预览/联盟（仅vivo、OPPO支持）
npm run dev:quickapp-webview-union
# build模式，发行打包
npm run build:quickapp-webview-union
```

（2）原生渲染方式。

```
# dev模式
npm run dev:quickapp-native
# build模式
npm run build:quickapp-native
```

温馨提示

目前使用npm run build:app-plus会在/dist/build/app-plus下生成App打包资源。如需制作wgt包，应将app-plus中的文件压缩成zip格式（注意：不要包含app-plus目录），再重命名为${appid}.wgt，AppID为manifest.json文件中的AppID。

dev模式编译出的各平台代码存放于根目录下的/dist/dev/目录，打开各平台开发工具选择对应平台目录即可进行预览（H5平台不会在此目录下，其代码存在于缓存中）；build模式编译出的各平台代码存放于根目录下的/dist/build/目录，发布时选择此目录。

dev模式和build模式的区别如下。

（1）dev模式有SourceMap，可以方便地进行断点调试。

（2）build模式会将代码进行压缩，体积更小，更适合发布为正式版应用。

（3）进行环境判断时，dev模式process.env.NODE_ENV的值为development，build模式process.env.NODE_ENV的值为production。

新手问答

N01：uni-app有哪些独有的优势？

答： uni-app在开发者数量、案例、跨端抹平度、扩展灵活性、性能体验、周边生态、学习成本、开发成本八大关键指标上拥有更强的优势。

uni-app相比其他跨端框架，开发者、案例数量更多，拥有几十万个应用、12亿月活、70多个微信或QQ群、更高的百度指数。

uni-app的跨端完善度更高，支持目前所有的主流平台，真正提高了生产力。另外，uni-app在跨端的同时，通过条件编译+平台特有API调用，可以为某平台编写个性化代码，调用专有能力而不影响其他平台，可以做到各个平台独有的功能相互独立。在这样的前提下，uni-app还做到了性能优秀，小程序端的性能优于市场上的其他框架。

uni-app的周边生态更丰富，插件市场中有数千款插件，其中高质量的插件数不胜数，而且每天都有大量的插件上架。同时，uni-app还支持npm插件、小程序组件和各种SDK直接使用。

uni-app基于通用的前端技术栈，采用Vue语法+微信小程序API，无额外学习成本。官方提供的HBuilderX工具更是高效开发“神器”，熟练掌握后开发效率可以翻倍，这也是其他跨端框架不具备的。

N02：使用vue-cli和使用HBuilderX创建项目有什么区别？

答：使用vue-cli和使用HBuilderX创建项目的区别主要体现在编译器和开发工具上，下面分别进行介绍。

1. 编译器的区别

编译器是项目工程化管理必不可少的一环，两者的区别如下。

（1）使用vue-cli创建的项目，编译器安装在项目下。如需升级编译器，需执行npm update，或手动修改package.json中的uni相关依赖版本后执行npm install。更新后可能会有新增的依赖没有自动安装，需要手动安装缺少的依赖。

（2）使用HBuilderX可视化界面创建的项目，编译器在HBuilderX的安装目录下的plugin目录中，编辑器会随着HBuilderX的升级自动升级。

（3）使用vue-cli创建的项目，如果想在HBuilderX里使用，在HBuilderX中打开项目即可。注意，如果是在HBuilderX中打开整个项目，则编译时运行的是项目下的编译器；如果是在HBuilderX中打开项目下的src目录，则运行的是HBuilderX安装目录下plugin目录中的编译器。

（4）vue-cli创建的项目如果想安装less、scss、ts等编译器，需自己使用npm命令进行安装。

2. 开发工具的区别

熟练使用开发工具是提升开发效率的关键因素，两者的区别如下。

（1）使用vue-cli创建的项目内置了d.ts，同其他常规npm库一样，可在VSCode、WebStorm等支持d.ts的开发工具里正常开发并有语法提示。

（2）使用HBuilderX创建的项目不带d.ts，HBuilderX内置了uni-app语法提示库。如需将HBuilderX创建的项目在其他编辑器中打开并补充d.ts，可以在项目下先执行npm init命令，然后执行npm i @types/uni-app –D命令。

（3）VSCode等其他开发工具在Vue或uni-app领域的开发效率不如HBuilderX高。

（4）发布App时，需要使用HBuilderX。其他开发工具无法发布App，但可以发布H5、各种小程序。如需开发App，可以先在HBuilderX里运行，然后在其他编辑器里修改代码，代码修改后会自动同步到手机基座。

（5）如果使用vue-cli创建项目，那么下载HBuilderX时只需下载10MB的标准版即可，因为编译器已经安装到了项目下。

新手实训：使用HBuilderX开发工具创建模板项目并运行

【实训说明】

本实训主要帮助读者熟悉HBuilderX开发工具的使用方法和操作流程，学会快速创建uni-app项目。创建项目并运行的主要流程如下。

（1）下载并安装HBuilderX开发工具。

（2）创建uni-app模板项目。

（3）运行创建的uni-app项目。

实现方法

使用HBuilderX开发工具创建模板项目并运行是初学者在开发项目过程中必须学习的操作，该操作比较简单，步骤如下。

步骤01 从官网下载HBuilderX开发工具，如图1-26所示。

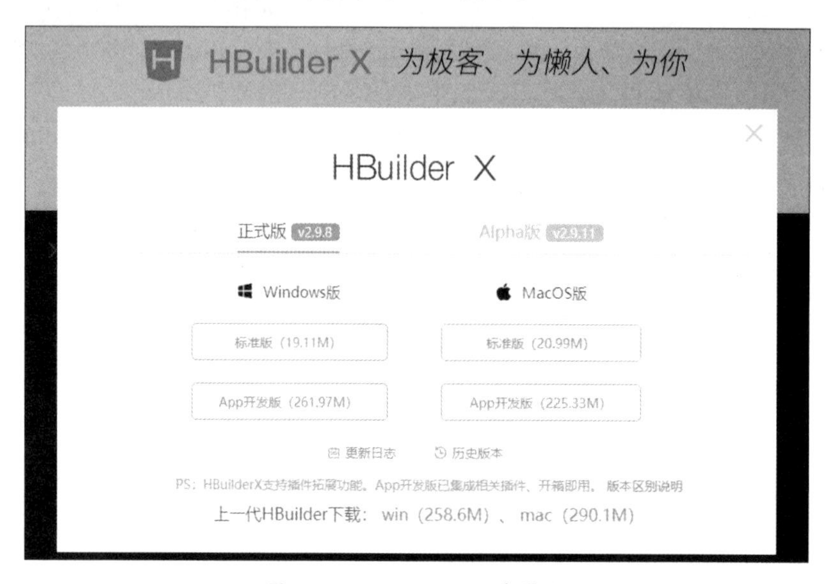

图1-26 HBuilderX下载界面

步骤02 开发工具安装完成后，计算机桌面上会出现一个绿色图标，双击图标即可启动HBuilderX开发工具。

步骤03 启动开发工具后，选择【文件】→【新建】→【项目】选项，进行项目创建，如图1-27所示。

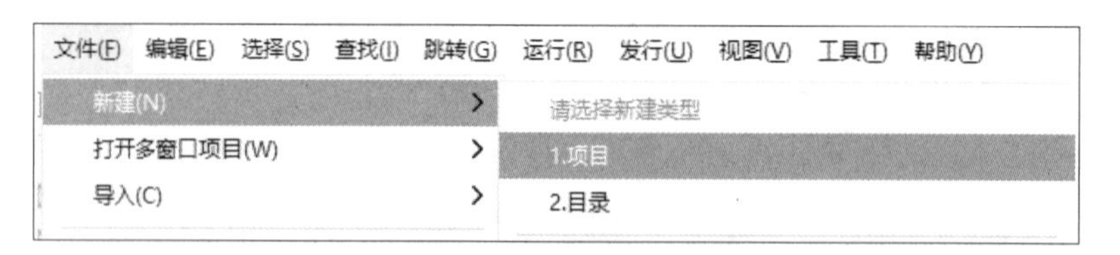

图1-27 创建项目

步骤04 在弹出的【新建项目】对话框中进行项目的配置。这里选择【uni-app】项目，在下方的文本框中输入项目名【UniApp】，设置项目路径为【C:/Users/Administrator/Desktop/FE_Project/uni-app】，选择模板为【默认模板】，单击【创建】按钮，即可创建一个uni-app项目，如图1-28所示。

图1-28　创建uni-app项目

步骤05　项目创建成功后，开发工具左侧会出现UniApp项目，如图1-29所示。

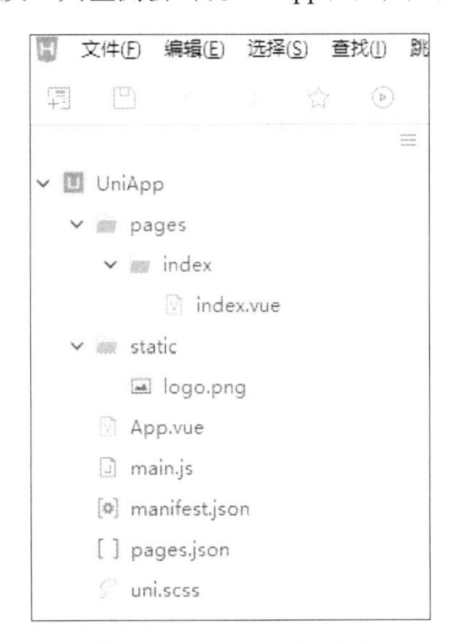

图1-29　UniApp项目结构

步骤06　选择【运行】→【运行到浏览器】→【Chrome】选项，将项目运行到Chrome浏览器，如图1-30所示。

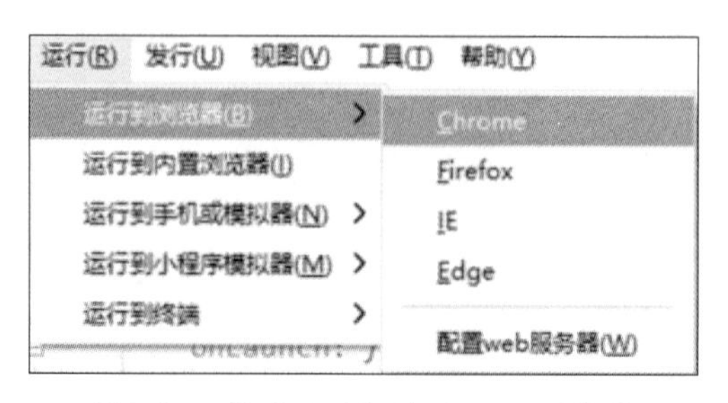

图1-30 将项目运行到Chrome浏览器

步骤07 单击运行后，会唤起Chrome浏览器，最终运行效果如图1-31所示。

图1-31 项目运行效果

图1-26中HBuilderX有几个不同版本，下面简单说明各版本的区别。

1. 正式版和Alpha版的区别

（1）Alpha版比正式版更新频率高，新功能会优先在Alpha版中发布。

（2）Alpha版独立于正式版，建议在计算机上保留正式版和Alpha版两个版本，不要互相覆盖。

（3）Alpha版和正式版各自有独立的升级机制，不会互相影响。

（4）Alpha版和正式版共用相同的用户配置，如主题、快捷键设置、代码块设置等，但插件需要各自安装。

（5）Alpha版和正式版只能同时启动一个版本。先启动正式版，再启动Alpha版会激活已经开启的正式版，反之亦然。

2. 标准版和App开发版的区别

HBuilderX标准版可直接用于Web开发、Markdown文字处理场景，但开发App时仍需安装插件。App开发版预置了App/uni-app开发所需插件，可直接使用。App开发所需安装插件体积大的原因主要有两个方面。

（1）包含真机运行基座，Android版、iOS版、iOS模拟器版运行基座体积加起来有一百多兆字节。真机运行基座需要把所有模块都内置进去，方便进行开发调试。

（2）uni-app的编译器依赖webpack和各种node模块，node_modules现有生态就是如此，文件非常多（多达几万个），解压起来很慢。

如果使用vue-cli创建项目，编译器会在项目下。另外，如果不开发App，只用uni-app开发小程序和H5，那么使用标准版就可以。读者应根据自身实际使用情况选择所需版本进行下载，这里选择App开发版。

第2章 uni-app开发基础知识

本章导读

uni-app使用的是Vue语法，其组件和API与小程序的相似。如果读者有Vue开发或小程序开发经验，上手会很容易。uni-app的一些知识点也和Vue、小程序密切相关。在深入学习uni-app开发之前，必须先学习uni-app的基础知识。本章将详细介绍uni-app的基础知识。

知识要点

通过对本章内容的学习，可以掌握以下知识。

- uni-app开发规范。
- 一个完整的uni-app项目是什么样的。
- 外部资源文件在uni-app中的使用方法。
- 管理uni-app页面。

2.1 uni-app开发规范

为了实现多端兼容，综合考虑编译速度、运行性能等因素，uni-app约定了以下开发规范。

（1）页面文件遵循Vue单文件组件（Single File Components, SFC）规范。

（2）组件标签规范类似于微信小程序规范，详见uni-app组件规范（网址见“资源文件\网址索引.docx”）。

（3）接口能力（JS API）规范类似于微信小程序规范，但需将前缀wx替换为uni，详见uni-app接口规范（网址见“资源文件\网址索引.docx”）。

（4）数据绑定及事件处理同Vue.js规范，同时补充了对App及页面的生命周期的约定。

（5）为了兼容多端运行，建议使用Flex（Flexble box，弹性布局）进行开发。

2.1.1　Vue单文件组件规范

.vue文件是一个自定义的文件类型，用类HTML语法描述一个Vue组件。每个.vue文件包含3种类型的顶级语言块，分别是<template> <script> <style>，还可以添加可选的自定义块。

vue-loader是一个webpack（模块打包器）的loader，它能以单文件组件的格式撰写Vue组件。vue-loader可以解析文件，提取每个语言块。如有必要vue-loader会通过其他loader处理，最后将这些文件组装成一个ES Module。vue-loader会默认导出一个Vue.js组件选项的对象。

vue-loader支持使用非默认语言，如CSS（Cascading Style Sheets，层叠样式表）预处理器、预编译的HTML模板语言。例如，通过设置语言块的lang属性，可以像下面这样使用Sass语法编写样式。

```
<style lang="sass">
  /* write Sass! */
</style>
```

下面介绍Vue单文件组件规范。

1. 模板

模板中的每个.vue文件最多包含一个<template>块，其内容将被提取为字符串并传递给vue-template-compiler，预处理为JavaScript渲染函数，并最终注入从<script>导出的组件中。

2. 脚本

脚本中的每个.vue文件最多包含一个<script>块。该脚本会作为一个ES Module来执行，它的默认导出内容应该是一个Vue.js的组件选项对象；也可以导出由Vue.extend()创建的扩展对象，但是普通对象是更好的选择。任何匹配.js文件（或通过其lang特性指定的扩展名）的webpack规则都会被运用到该<script>块的内容中。

3. 样式

样式中的.vue文件可以包含多个<style>标签。<style>标签可以有scoped或module属性（查看scoped CSS和CSS Modules），以帮助开发者将样式封装到当前组件。具有不同封装模式的多个<style>标签可以在同一个组件中混合使用，任何匹配.css文件（或通过其lang特性指定的扩展名）的webpack规则都会被运用到该<style>块的内容中。

4. 自定义块

开发者可以在.vue文件中添加额外的自定义块来实现项目的特定需求，如<docs>块。vue-loader将使用标签名来查找对应的webpack loader，以应用在对应的块上。

5. src导入

如果想把.vue文件分隔到多个文件中，可以通过设置src属性值来导入外部文件。

```
<template src="./template.html"></template>
<style src="./style.css"></style>
<script src="./script.js"></script>
```

需要注意的是，src导入遵循和webpack模块请求相同的路径解析规则，这意味着相对路径需要以“./”开始。另外，webpack安装好的模块可以直接从npm依赖中导入。

```
<!-- import a file from the installed "todomvc-app-css" npm package -->
<style src="todomvc-app-css/index.css">
```

在自定义块上同样支持src导入。

```
<unit-test src="./unit-test.js"></unit-test>
```

6. 注释

注释指的是在语言块中使用该语言块对应的注释语法（HTML、CSS、JavaScript、Jade等）。顶层注释使用HTML注释语法<!-- comment contents here -->。

2.1.2 uni-app组件规范

本节主要介绍基础组件的规范。uni-app为开发者提供了一系列基础组件，类似HTML中的基础标签元素。但uni-app的组件与HTML不同，而是与小程序相同，更适合手机端使用。

虽然不推荐使用HTML标签，但实际上如果开发者写了div等标签，在编译到非H5平台时也会被编译器转换为view标签。与其类似的还有span转换为text、a转换为navigator等，css中的元素选择器也会被转换。但为了管理方便、策略统一，新写代码时仍然建议使用view等组件。

开发者可以通过组合这些基础组件进行快速开发。基于内置的基础组件，可以开发各种扩展组件，组件规范与Vue组件相同。

介绍组件规范之前，先介绍组件的概念。

组件是视图层的基本组成单元。一个组件包括开始标签和结束标签，标签上可以写属性，并对属性赋值，内容应写在两个标签之间，如下代码所示。

```
<template>
    <view>
        <tagname property="value">
            内容
        </tagname>
    </view>
</template>
```

组件与属性名都用小写字母表示，单词之间以连字符（-）连接。根节点为<template>，<template>下只能且必须有一个根<view>组件，这是Vue单文件组件规范。平台差异说明中若无特殊说明，则表示所有平台均支持该组件。

组件属性类型如表2-1所示。

表2-1　组件属性类型

类型	描述	注解
Boolean	布尔值	如果组件上写了该属性，不管该属性是什么，其值都为true；只有组件上没有写该属性时，属性值才为false。如果属性值为变量，则变量的值会被转换为Boolean类型
Number	数字	如1、2.5
String	字符串	如string
Array	数组	如[1, "string"]
Object	对象	如{ key: value }
EventHandler	事件处理函数名	handlerName是methods中定义的事件处理函数名
Any	任意属性	无

所有组件都有的属性称为共同属性，共同属性类型如表2-2所示。

表2-2　共同属性类型

属性名	类型	描述	注解或功能解释
id	String	组件的唯一表示	保持整个页面唯一
class	String	组件的样式类	在对应的CSS中定义的样式类
style	String	组件的内联样式	可以动态设置内联样式
hidden	Boolean	组件是否隐藏	所有组件默认显示
data-*	Any	自定义属性	组件上触发事件时，会发送给事件处理函数
@*	EventHandler	组件的事件	详见各组件详细文档，事件绑定参考事件处理器

除了上面的属性，绝大多数组件还有各自自定义的属性，可以对组件的功能或样式进行修饰。

2.1.3　uni-app接口规范

uni-app的JS API由标准ECMAScript的JS API和uni扩展API两部分组成。标准ECMAScript的js仅是最基础的js，浏览器基于它扩展了window、document、navigator等对象。uni-app基于ECMAScript扩展了uni对象，并且API命名与小程序保持兼容。下面对uni-app的API进行介绍。

1. 明确标准JS和浏览器JS的区别

uni-app的JS代码、H5端运行于浏览器中；Android平台运行在V8引擎中，iOS平台运行在iOS自带的JSCore引擎中。非H5端虽然不支持Window、Document、Navigator等浏览器的JS API，但支持标准ECMAScript。

需要注意的是，开发者不要把浏览器里的JS等价于标准JS。ECMAScript由Ecma国际（Ecma International）管理，是基础JS语法。浏览器基于标准JS扩充了Window、Document等JS API，Node.js基于标准JS扩充了fs等模块，小程序也基于标准JS扩展了各种wx.xx、my.xx、swan.xx的API。所以，uni-app的非H5端同样支持标准JS，也支持if、for等语法，以及字符串、数组、时间等变量及各种处理方法，只是不支持Window、Document、Navigator等浏览器专用对象。

2. 各端特色API调用

除了uni-app框架内置的跨端API，各端自己的特色API也可以通过条件编译自由使用。各端特色API规范可参考各端的开发文档，其中App端的JS API可参考html5plus.org。uni-app也支持通过扩展原生插件来丰富App端的开发能力。各平台新增API时，不需要升级uni-app版本，开发者可以直接使用。

3. 相关说明

“uni.on”开头的API是监听某个事件发生情况的API接口，它会接收一个CALLBACK函数作为参数。当该事件触发时，会调用CALLBACK函数。如无特殊约定，其他API接口都会接收一个OBJECT作为参数。OBJECT中可以指定success、fail、complete、callback等参数来接收接口调用结果。

平台差异中若无特殊说明，则表示所有平台均支持该API。

4. Promise封装

uni-app对部分API进行了Promise封装，返回数据的第一个参数是错误对象，第二个参数是返回数据。其详细策略分为以下几种情况。

（1）异步的方法：如果不传入success、fail、complete等CALLBACK参数，将以Promise返回数据，如uni.getImageInfo()。

（2）异步的方法，且有返回对象：如果希望获取返回对象，则至少传入一项success、fail、complete等CALLBACK参数，如uni.connectSocket()。

（3）同步的方法（以sync结束）：不封装Promise，如uni.getSystemInfoSync()。

（4）以create开头的方法：不封装Promise，如uni.createMapContext()。

（5）以manager结束的方法：不封装Promise，如uni.getBackgroundAudioManager()。

接下来介绍几种不同的实现网络请求的方式，以帮助读者熟悉Promise的使用场景。

（1）以默认方式实现网络请求。

```
uni.request({
    url: 'https://www.example.com/request',
    success: (res) => {
        console.log(res.data);
    }
});
```

（2）以Promise方式实现网络请求。

```
uni.request({
        url: 'https://www.example.com/request'
    })
    .then(data => {//data为一个数组，数组第一项为错误信息，第二项为返回数据
        var [error, res]  = data;
        console.log(res.data);
    })
```

（3）以同步方式实现网络请求。

```
function async request () {
    var [error, res] = await uni.request({
        url: 'https://www.example.com/request'
    });
    console.log(res.data);
}
```

2.1.4　数据绑定及事件处理规范

uni-app数据绑定及事件处理规范和Vue.js规范相同，但以下几点属性需要特别注意。

（1）.stop：各平台均支持，使用时会阻止事件冒泡，同时在非H5端会阻止事件的默认行为。

（2）.native、.prevent、.self、.once、.capture、.passive等事件修饰符仅H5平台支持。

（3）按键修饰符：uni-app运行在手机端，没有键盘事件，因此不支持按键修饰符。

2.1.5　建议布局

为支持跨平台，在uni-app中建议使用Flex布局。传统的布局基于盒状模型，依赖display属性+ position属性+ float属性，这对于特殊布局来说非常不方便，如不容易实现垂直居中。

Flex布局可以为盒状模型提供最大的灵活性。Flex布局是2009年由W3C（World Wide Web Consortium，万维网联盟）提出的一种新的布局方案，可以简便、完整、响应式地实现各种页面布局。

2.2 uni-app文件目录结构

一个uni-app工程默认包含的目录及文件如图2-1所示。

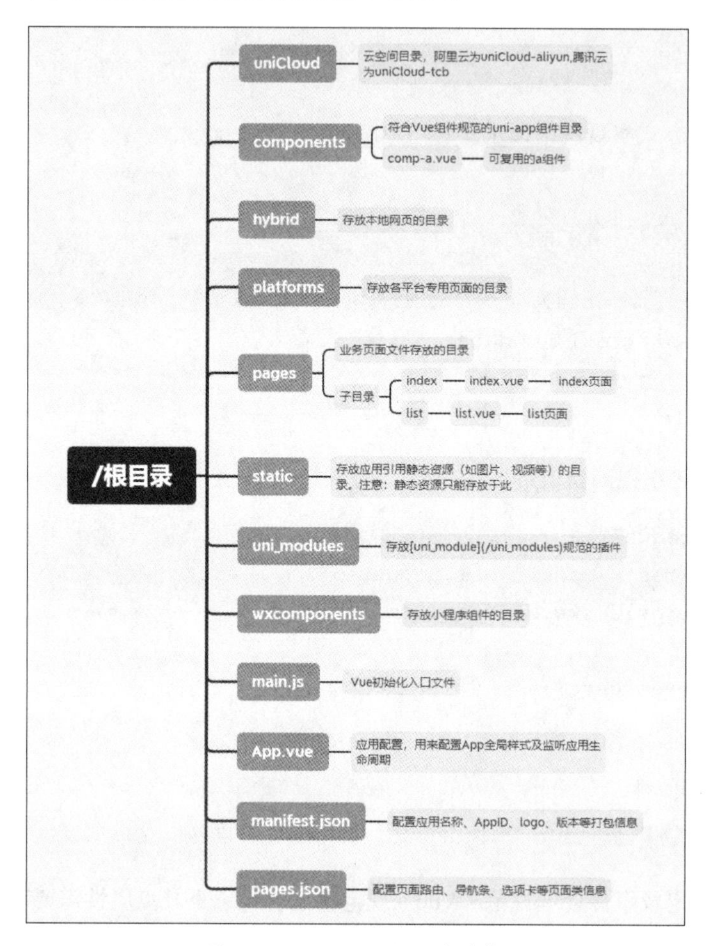

图2-1　uni-app工程目录结构

温馨提示

编译到任何平台时，static目录下的文件均会被打包进去，非static目录下的文件（vue、js、css等）只有在被引用时才会被打包进去。static目录下的js文件不会被编译，如果里面有es6的代码，不经过转换直接运行，在手机设备上会报错。

css、less/scss等资源同样不要放在static目录下，建议新建一个common目录，将这些公用资源放在common目录下。

HBuilderX 1.9.0+支持在根目录下创建ext.json sitemap.json文件。

在platforms目录下创建app-plus、mp-weixin等子目录，在其中放置针对不同平台的文件，可以解决各端差异问题。各平台专用页面的有效目录如表2-3所示。

表2-3　各平台专用页面的有效目录

有效目录	说明
app-plus	App
h5	H5
mp-weixin	微信小程序
mp-alipay	支付宝小程序
mp-baidu	百度小程序

2.3 外部资源的引入

一个完整的项目中少不了引入一些外部资源，如图片、JS脚本、CSS样式等。本节介绍如何在uni-app中引入外部资源。

2.3.1　在模板中引入静态资源

在模板中引入静态资源，如image、video等标签的src属性时，可以使用相对路径或绝对路径，形式如下。

```
<!--绝对路径，/static指根目录下的static目录，在cli项目中/static指src目录下的static目录-->
<image class="logo" src="/static/logo.png"></image>
<image class="logo" src="@/static/logo.png"></image>
<!--相对路径-->
<image class="logo" src=".../.../static/logo.png"></image>
```

需要注意的是，“@”开头的绝对路径及相对路径会经过base64转换规则校验，引入的静态资源在非H5平台均不转换为base64。在H5平台中，小于4KB的资源会被转换为base64编码格式的资源，能够提升运行性能，其余资源不会被转换。自HBuilderX 2.6.6-alpha版本起，template内支持以“@”开头路径引入静态资源，旧版本不支持此方式。App平台自HBuilderX 2.6.9-alpha版本起，在template节点中引用静态资源文件（如图片）时，调整查找策略为【基于当前文件的路径搜索】，与其他平台保持一致。支付宝小程序组件内的image标签不可以使用相对路径。

2.3.2　js文件的引入

js文件引入或script标签内（包括renderjs等）引入js文件时，可以使用相对路径和绝对路径。

（1）绝对路径：@指向项目根目录，在cli项目中@指向src目录，命令如下。

```
import add from '@/common/add.js'
```

（2）相对路径：命令如下。

```
import add from
'.../.../common/add.js'
```

温馨提示

js文件不支持使用“/”开头的方式引入。

2.3.3 在css文件中引入静态资源

css文件引入或style标签内引入css文件时，可以使用相对路径或绝对路径。

（1）绝对路径：命令如下。

```
@import url('/common/uni.css');
@import url('@/common/uni.css');
```

（2）相对路径：命令如下。

```
@import url
('.../.../common/uni.css');
```

温馨提示

HBuilderX自2.6.6-alpha版本起才支持绝对路径引入静态资源，旧版本不支持此方式。

css文件或style标签内引用的图片路径可以使用相对路径，也可以使用绝对路径。需要注意的是，有些小程序端css文件不允许引用本地文件。

（1）绝对路径：命令如下。

```
background-image: url(/static/logo.png);
background-image: url(@/static/logo.png);
```

（2）相对路径：命令如下。

```
background-image: url(.../.../static/logo.png);
```

温馨提示

（1）“@”开头的绝对路径及相对路径会经过base64转换规则校验。

（2）在不支持本地图片的平台中，小于40KB的图片资源一定会被转换为base64编码（包括mp-weixin、mp-qq、mp-toutiao、app v2）。

（3）在H5平台中，小于4KB的图片资源会被转换为base64编码，大于4KB的图片资源不会被转换。

（4）其余平台的资源不会转换为base64编码。

2.4 uni-app的生命周期

uni-app完整支持Vue实例的生命周期，同时还新增了应用生命周期及页面生命周期。

2.4.1 应用生命周期

应用生命周期是针对整个项目而言的，所以应用生命周期仅可在App.vue中监听，在其他页面监听无效。uni-app支持的应用生命周期函数如表2-4所示。

表2-4　uni-app支持的应用生命周期函数

函数名	说明
onLaunch	当uni-app初始化完成时触发（全局只触发一次）
onShow	当uni-app启动或从后台进入前台时显示
onHide	当uni-app从前台进入后台时显示
onError	当uni-app报错时触发
onUniNViewMessage	对Nvue页面发送的数据进行监听
onUnhandledRejection	对未处理的Promise拒绝事件监听函数（2.8.1+）
onPageNotFound	页面不存在监听函数
onThemeChange	监听系统主题变化

应用生命周期使用示例代码如下。

```
<script>
    //只能在App.vue里监听应用生命周期
    export default {
        onLaunch: function() {
            console.log('App Launch')
        },
        onShow: function() {
            console.log('App Show')
        },
        onHide: function() {
            console.log('App Hide')
        }
    }
</script>
```

2.4.2 页面生命周期

页面生命周期在所有页面中都适用，uni-app支持的页面生命周期函数如表2-5所示。

表2-5 uni-app支持的页面生命周期函数

函数名	说明	平台支持说明	最低版本
onInit	监听页面初始化，其参数同onLoad的参数，为上一个页面传递的数据，参数类型为Object（用于页面传参），触发时机早于onLoad	百度小程序	3.1.0+
onLoad	监听页面加载，其参数为上一个页面传递的数据，参数类型为Object（用于页面传参）	全端	无
onShow	监听页面显示，页面每次出现在屏幕上都会触发，包括从下级页面点返回露出当前页面	全端	无
onReady	监听页面初次渲染完成。注意，如果渲染速度快，会在页面进入动画完成前触发	全端	无
onHide	监听页面隐藏	全端	无
onUnload	监听页面卸载	全端	无
onResize	监听窗口尺寸变化	App、微信小程序	无
onPullDownRefresh	监听页面显示，页面每次出现在屏幕上都会触发，包括从下级页面返回到当前页面	全端	无
onReachBottom	页面上拉触底事件的处理函数	全端	无
onTabItemTap	按Tab键时触发，参数为Object，具体见后文介绍	微信小程序、百度小程序、H5、App（自定义组件模式）	无
onShareAppMessage	监听用户点击右上角分享按钮	微信小程序、百度小程序、字节跳动小程序、支付宝小程序	无
onPageScroll	监听页面滚动，参数类型为Object	全端	无
onNavigationBarButtonTap	监听原生标题栏按钮点击事件，参数类型为Object	5+ App、H5	无
onBackPress	监听页面返回，返回event = {from: backbutton、navigateBack}，backbutton表示来源是左上角返回按钮或Android返回键，navigateBack表示来源是uni.navigateBack，详细说明及使用方法见后文介绍	App、H5	无

续表

函数名	说明	平台支持说明	最低版本
onNavigationBarSearchInputChanged	监听原生标题栏搜索输入框输入内容变化事件	App、H5	1.6.0
onNavigationBarSearchInputConfirmed	监听原生标题栏搜索输入框搜索事件，用户点击软键盘上的搜索按钮时触发	App、H5	1.6.0
onNavigationBarSearchInputClicked	监听原生标题栏搜索输入框点击事件	App、H5	1.6.0
onShareTimeline	监听用户点击右上角转发按钮转发到朋友圈	微信小程序	2.8.1+
onAddToFavorites	监听用户点击右上角收藏按钮	微信小程序	2.8.1+

1. OnInit仅百度小程序基础库3.260以上版本支持onInit生命周期，其他版本或平台可以使用onLoad生命周期进行兼容，注意避免重复执行相同逻辑。不依赖页面传参的逻辑可以直接使用created生命周期替代。

2.使用onReachBottom时需要注意，该函数可在pages.json里定义具体的页面底部触发距离。例如，将onReachBottomDistance设为50，那么页面滚动到距离底部50px时，就会触发onReachBottom事件。如果使用scroll-view导致页面没有滚动，则触底事件不会被触发。

3. onPageScroll参数说明如表2-6所示。

表2-6　onPageScroll参数说明

属性	类型	说明
scrollTop	Number	页面在竖直方向已滚动的距离（单位为px）

使用onPageScroll时需要注意以下事项。

（1）onPageScroll里不要写交互复杂的JS，如频繁修改页面，因为该生命周期是在渲染层触发的，在非H5端，JS是在逻辑层执行的，两层之间通信有损耗。如果在滚动过程中，频繁触发两层之间的数据交换，可能会造成卡顿。

（2）如果想实现滚动时标题栏透明渐变，在App和H5下，可在pages.json中配置titleNView下的type为transparent。

（3）如果需要滚动吸顶固定某些元素，推荐使用CSS的黏性布局，参考插件市场。插件市场中也有其他通过JS实现的吸顶插件，但性能不佳，需要时可自行搜索。

（4）在App、微信小程序、H5中也可以使用wxs监听滚动，在app-nvue中可以使用BindingX监听滚动。

（5）onBackPress上不可使用async，否则会导致无法阻止默认返回。

onPageScroll使用示例代码如下。

```
onPageScroll : function(e) {
    console.log("滚动距离为: " + e.scrollTop);
}
```

4. onTabltemTap

onTabItemTap参数说明如表2-7所示。

表2-7 onTabItemTap参数说明

属性	类型	说明
index	String	被点击tabItem的序号，从0开始
pagePath	String	被点击tabItem的页面路径
text	String	被点击tabItem的按钮文字

使用onTabItemTap需要注意以下事项。

（1）onTabItemTap常用于点击当前TabItem、滚动或刷新当前页面。如果点击不同的TabItem，那么一定会触发页面切换。

（2）如果想在App端实现点击某个TabItem不跳转页面，则不能使用onTabItemTap，可以使用plus.nativeObj.view方法实现用一个区块盖住原先的TabItem，并拦截点击事件。

（3）支付宝小程序平台onTabItemTap表现为点击非当前TabItem后触发，因此不能用于实现点击返回顶部操作。

onTabItemTap使用示例代码如下。

```
onTabItemTap : function(e) {
    console.log(e);
    // e的返回格式为json对象: {"index":0,"text":"首页","pagePath":"pages/index/index"}
}
```

5.onNavigationBarButtonTap

onNavigationBarButtonTap参数说明如表2-8所示。

表2-8 onNavigationBarButtonTap参数说明

属性	类型	说明
index	Number	原生标题栏按钮数组的下标

onNavigationBarButtonTap使用示例代码如下。

```
onNavigationBarButtonTap : function (e) {
    console.log(e);
    // e的返回格式为json对象: {"text":"测试","index":0}
}
```

6. onBackPress

onBackPress回调参数说明如表2-9所示。

表2-9 onBackPress回调参数说明

属性	类型	说明
from	String	触发返回行为的来源：'backbutton'——左上角导航栏按钮及Android返回键；'navigateBack'——uni.navigateBack()方法。支付宝小程序端不支持返回此字段

onBackPress使用示例代码如下。

```
export default {
    data() {
        return {};
    },
    onBackPress(options) {
        console.log('from:' + options.from)
    }
}
```

使用onBackPress时需要注意以下事项。

（1）Nvue页面支持的生命周期依赖于manifest.json中的配置，如果配置为Weex编译模式，则只支持Weex生命周期；如果配置为uni-app编译模式，则支持所有uni-app生命周期。

（2）支付宝小程序真机可以监听到非navigateBack引发的返回事件（使用小程序开发工具时不会触发onBackPress），不可以阻止默认返回行为。

2.4.3 组件生命周期

uni-app组件支持的生命周期与Vue标准组件的生命周期相同，uni-app组件生命周期如表2-10所示。

表2-10 uni-app组件生命周期

函数名	说明	平台支持说明
beforeCreate	在实例初始化之后被调用	全端
created	在实例创建完成后被立即调用	全端
beforeMount	在挂载开始之前被调用	全端
mounted	在挂载到实例上之后被调用。注意：此处并不能确定子组件被全部挂载，如果需要子组件完全挂载之后再执行操作，可以使用$nextTick方法	全端
beforeUpdate	数据更新时调用，调用发生在虚拟DOM打补丁之前	仅H5平台支持

续表

函数名	说明	平台支持说明
updated	由于数据更改导致的虚拟DOM重新渲染和打补丁，在这之后会调用该方法	仅H5平台支持
beforeDestroy	Vue实例销毁之前调用。在这一步，实例仍然完全可用	全端
destroyed	Vue实例销毁之后调用。调用后，Vue实例指示的所有内容都会解绑，所有事件监听器会被移除，所有子实例也会被销毁	全端

2.5 uni-app的路由操作

uni-app页面路由为框架统一管理，开发者需要在pages.json里配置每个路由页面的路径及页面样式，类似于小程序在app.json中配置页面路由。因此，uni-app路由的使用方法与Vue Router不同，如仍希望采用Vue Router方式管理路由，可在插件市场搜索Vue-Router。

2.5.1 路由跳转

uni-app有两种页面路由跳转方式，即使用navigator组件跳转和调用API跳转。navigator组件类似于HTML中的<a>组件，但只能跳转本地页面，目标页面必须在pages.json中注册。此外，也可以使用API方式调用该组件的功能。本节主要介绍navigator组件。navigator组件的属性说明如表2-11所示。

表2-11 navigator组件的属性说明

属性名	类型	默认值	说明	平台支持说明
url	String	无	应用内的跳转链接，值为相对路径或绝对路径，如“/first/first”“/pages/first/first”，注意不能加.vue扩展名	全端
open-type	String	navigate	用于指定页面的跳转方式	全端
delta	Number	无	当open-type为navigateBack时有效，表示回退的层数	全端
animation-type	String	pop-in/out	当open-type为navigate、navigateBack时有效，表示窗口的显示/关闭动画效果	App
animation-duration	Number	300	当open-type为navigate、navigateBack时有效，表示窗口显示/关闭动画的持续时间	App
hover-class	String	navigator-hover	指定点击时的样式类，当hover-class="none"时没有点击态效果	全端
hover-stop-propagation	Boolean	false	指定是否阻止本节点的祖先节点出现点击态	微信小程序

续表

属性名	类型	默认值	说明	平台支持说明
hover-start-time	Number	50	按住组件后多久出现点击态，单位为毫秒	全端
hover-stay-time	Number	600	手指松开后点击态保留时间，单位为毫秒	全端
target	String	self	在哪个小程序目标上发生跳转，默认为当前小程序，值域为self/miniProgram	微信2.0.7+、百度2.5.2+、QQ

其中，open-type的有效值如表2-12所示。

表2-12　open-type的有效值

值	说明	平台支持说明
navigate	对应uni.navigateTo的功能	全端
redirect	对应uni.redirectTo的功能	全端
switchTab	对应uni.switchTab的功能	全端
reLaunch	对应uni.reLaunch的功能	字节跳动小程序不支持
navigateBack	对应uni.navigateBack的功能	全端
exit	退出小程序，当target="miniProgram"时生效	微信2.1.0+、百度2.5.2+、QQ 1.4.7+

使用navigator组件时，有以下几点需要注意。

（1）要跳转tabbar页面，必须设置open-type="switchTab"。

（2）navigator-hover默认为{background-color: rgba(0, 0, 0, 0.1); opacity: 0.7;}, <navigator>的子节点背景色应为透明色。

（3）app-nvue平台中只有纯Nvue项目（render为native）支持<navigator>。render不为native的情况下，Nvue暂不支持navigator组件，使用API跳转。

（4）App下退出应用，Android平台可以使用plus.runtime.quit方法，iOS平台没有退出应用的概念。

navigator组件的具体使用示例代码如下。

```
<template>
    <view>
        <view class="page-body">
            <view class="btn-area">
                <navigator
                    url="navigate/navigate?title=navigate"
                    hover-class="navigator-hover"
                >
                    <button type="default">跳转到新页面</button>
                </navigator>
```

```
            <navigator
                url="redirect/redirect?title=redirect"
                open-type="redirect"
                hover-class="other-navigator-hover"
            >
                <button type="default">在当前页打开</button>
            </navigator>
            <navigator
                url="/pages/tabBar/extUI/extUI"
                open-type="switchTab"
                hover-class="other-navigator-hover"
            >
                <button type="default">跳转至Tab页面</button>
            </navigator>
        </view>
    </view>
  </view>
</template>
// navigate.vue页面接收参数
export default {
    onLoad: function (option) { //option为object类型，会将上个页面传递的参数序列化
        console.log(option.id); //输出上个页面传递的参数
        console.log(option.name); //输出上个页面传递的参数
    }
}
```

2.5.2 页面管理

框架以栈的形式管理当前所有页面，当发生路由切换时，页面栈的表现如表2-13所示。

表2-13 页面栈的表现

路由方式	页面栈表现	触发时机
初始化	新页面入栈	uni-app打开第一个页面
打开新页面	新页面入栈	调用API uni.navigateTo、使用组件<navigator open-type="navigate"/>
页面重定向	当前页面出栈，新页面入栈	调用API uni.redirectTo、使用组件<navigator open-type="redirectTo"/>
页面返回	页面不断出栈	调用API uni.navigateBack、使用组件<navigator open-type="navigateBack"/>、点击左上角返回按钮、Android用户点击物理back按键

续表

路由方式	页面栈表现	触发时机
Tab切换	页面全部出栈，只留下新的Tab页面	调用API uni.switchTab、使用组件<navigator opcn-type= "switchTab"/>、点击切换Tab
重加载	页面全部出栈，只留下新的页面	调用API uni.reLaunch、使用组件<navigator open-type= "reLaunch"/>

2.6 运行环境的判断

uni-app是跨平台的开发框架，不同平台有不同的特性。除了判断开发环境和生产环境，也要判断当前运行的平台。

2.6.1 开发环境和生产环境的判断

uni-app可通过process.env.NODE_ENV判断当前环境是开发环境还是生产环境，一般用于连接测试服务器或生产服务器的动态切换。在HBuilderX中，单击【运行】按钮编译出来的代码是开发环境，单击【发行】按钮编译出来的代码是生产环境。

在cli模式下，通过process.env.NODE_ENV判断当前环境是开发环境还是生产环境。环境判断代码如下。

```
if(process.env.NODE_ENV === 'development'){
    console.log('开发环境')
}else{
    console.log('生产环境')
}
```

自定义更多环境，如测试环境：如果只需要对单一平台配置，可以在package.json中配置，配置后HBuilderX的运行和发行菜单里会多一个环境；如果是针对所有平台配置，可以在vue-config.js中配置。

在HBuilderX中输入代码块uEnvDev、uEnvProd可以快速生成对应development、production的运行环境判断代码，如下所示。

```
// uEnvDev
if (process.env.NODE_ENV === 'development') {
    // TODO
}
// uEnvProd
```

```
if (process.env.NODE_ENV === 'production') {
    // TODO
}
```

2.6.2 当前运行平台的判断

平台判断有两种场景，一种是在编译期判断，另一种是在运行期判断。

编译期判断即条件编译，不同平台编译打包后的代码不同。例如，以下代码只会被编译到H5的发行包里，其他平台的发行包中不会包含以下代码。

```
// #ifdef H5
    alert("只有h5平台才有alert方法")
// #endif
```

运行期判断是指代码已经写入包中，仍然需要在运行期判断平台，此时可使用uni.getSystemInfoSync().platform判断客户端环境是Android、iOS还是小程序开发者工具（在百度小程序开发者工具、微信小程序开发者工具、支付宝小程序开发者工具中使用uni.getSystemInfoSync().platform，返回值均为devtools），代码如下。

```
switch(uni.getSystemInfoSync().platform){
    case 'android':
        console.log('运行在Android上')
        break;
    case 'ios':
        console.log('运行在iOS上')
        break;
    default:
        console.log('运行在开发者工具上')
        break;
}
```

如有必要，也可以在条件编译里自己定义一个变量，赋不同值，在后续运行代码中动态判断环境。

2.7 uni-app的页面样式与布局

页面样式的编写和布局是开发过程中的基础部分。uni-app页面样式和布局可以使用CSS等前端基础样式，也可以使用自己的样式规范。

2.7.1 uni-app的尺寸单位

uni-app支持的通用CSS单位包括px、rpx等。px是屏幕像素，rpx即响应式px——一种根据屏幕宽度自适应的动态单位。以宽为750px的屏幕为基准，750rpx恰好为屏幕宽度。屏幕变宽，rpx实际显示效果会等比放大，但在App端和H5端，屏幕宽度达到960px时，默认将按照375px的屏幕宽度进行计算。

Vue页面支持普通H5单位，但以下内容在Nvue里不支持，因为Nvue是基于Weex改进的原生渲染引擎，Weex本身不支持以下内容。

（1）rem根字体大小可以通过page-meta配置。

（2）vh viewpoint height，视窗高度，1vh等于视窗高度的1%。

（3）vw viewpoint width，视窗宽度，1vw等于视窗宽度的1%。

（4）百分比单位。

在App端中，pages.json里的titleNView或页面里写的plus api中涉及的单位只支持px。在Nvue中，uni-app模式可以使用px 、rpx为单位，表现与Vue中一致。Weex模式目前使用wx单位，它的单位比较特殊，是与设备屏幕宽度无关的长度单位，类似于px单位。

设计师在提供设计图时，一般只提供一个分辨率的图。如果严格按设计图标注的px单位进行开发，在不同宽度的手机上界面很容易变形，且主要是横向变形。而纵向因为有滚动条，所以不容易出现问题，由此也导致了开发人员需要动态宽度单位。微信小程序设计了rpx解决这一问题。uni-app在App端、H5端都支持rpx，并且可以配置不同屏幕宽度的计算方式。

rpx是相对于基准宽度的单位，可以根据屏幕宽度进行自适应。uni-app规定屏幕基准宽度为750rpx。开发者可以通过设计稿基准宽度计算页面元素rpx值，设计稿1px与框架样式1rpx的转换公式为：设计稿1px ÷ 设计稿基准宽度=框架样式1rpx ÷ 750rpx。因此，页面元素宽度在uni-app中的宽度计算公式也就是：页面元素宽度750 × 元素在设计稿中的宽度 ÷ 设计稿基准宽度。举例说明如下。

（1）若设计稿宽度为750px，元素A在设计稿上的宽度为100px，那么元素A在uni-app中的宽度应该设为750 × 100 ÷ 750，结果为100rpx。

（2）若设计稿宽度为640px，元素A在设计稿上的宽度为100px，那么元素A在uni-app中的宽度应该设为750 × 100 ÷ 640，结果为117rpx。

（3）若设计稿宽度为375px，元素B在设计稿上的宽度为200px，那么元素B在uni-app中的宽度应该设为750 × 200 ÷ 375，结果为400rpx。

温馨提示

注意：rpx是和宽度相关的单位，屏幕越宽，该值实际像素越大。若不想根据屏幕宽度进行缩放，则应该使用px作为单位。

如果开发者在字体或高度中也使用了rpx为单位，那么随着屏幕变宽，字体高度也会变大。如果需要固定高度，则应该使用px为单位。

rpx不支持动态横竖屏切换计算，所以使用rpx为单位时建议锁定屏幕方向。通常设计师可以用iPhone6的屏幕尺寸作为视觉稿的标准。如果设计稿宽度不是750px，可以使用HBuilderX提供自动换算工具，使用方式详见HBuilderX中自动转换px为upx（相关说明网址见“资源文件\网址索引.docx”）。

早期uni-app提供upx单位，目前推荐统一改为rpx单位。

2.7.2 内置CSS变量

uni-app提供了一些内置CSS变量，如表2-14所示。

表2-14 uni-app内置CSS变量

CSS变量	描述	小程序中的高度	H5中的高度
--status-bar-height	系统状态栏高度	25px	0
--window-top	内容区域与顶部的距离	0	NavigationBar的高度
--window-bottom	内容区域与底部的距离	0	TabBar的高度

使用内置CSS变量有以下几点需要注意。

（1）var(--status-bar-height)变量在微信小程序环境中为固定值25px，在App中为手机实际状态栏高度。

（2）当设置"navigationStyle":"custom"取消原生导航栏后，由于窗体为沉浸式，占据了状态栏位置，此时可以使用一个高度为var(--status-bar-height)的view放在页面顶部，避免页面内容出现在状态栏位置。

（3）H5端不存在原生导航栏和TabBar，使用前端div模拟导航栏和TabBar。如果设置了一个固定在底部位置的view，其在小程序和App端是在TabBar上方，但在H5端会与TabBar重叠。此时可使用--window-bottom变量，使这个底部view不管在哪个端，都是固定在TabBar上方。

（4）目前Nvue在App端还不支持--status-bar-height变量，替代方案是在页面onLoad时通过uni.getSystemInfoSync().statusBarHeight获取状态栏高度，然后通过style绑定方式给占位view设定高度。

2.7.3 固定的值

uni-app中有些组件的高度是固定的，不可修改，如表2-15所示。

表2-15　高度固定的组件

组件	描述	App中的高度	H5中的高度
NavigationBar	导航栏	44px	44px
tabBar	底部选项卡	HBuilderX 2.3.4版本之前为56px；2.3.4版本起和H5调为一致，统一为50px（也可以自主更改高度）	50px

各小程序平台，包括同一小程序平台的iOS和Android的组件高度不一样，不同分辨率的机型显示的高度也不一样。

2.7.4　设置背景图片的注意事项

uni-app支持在CSS里设置背景图片，设置方式与普通Web项目大体相同，但需要注意以下几点。

（1）支持base64格式图片。

（2）支持网络路径图片。

（3）小程序不支持在CSS中使用本地文件，包括本地的背景图片和字体文件，需以base64编码的方式使用。

（4）使用本地路径背景图片需注意以下几点。

①为了方便开发者使用，若背景图片小于40KB，uni-app编译到不支持使用本地背景图片的平台时，会自动将其转换为base64格式。

②图片大于等于40KB会有性能问题，不建议使用太大的背景图片，若必须使用，则需自己将其转换为base64格式使用，或将其上传到服务器上，从网络地址引用。

③本地背景图片的引用路径推荐以“~@”开头的绝对路径，示例代码如下所示。

```
.test2 {
    background-image: url('~@/static/logo.png');
 }
```

微信小程序不支持相对路径（真机不支持，但在开发工具中支持）。

2.7.5　使用字体图标

uni-app支持使用字体图标，使用方式与普通Web项目相同，需要注意以下几点。

（1）支持base64格式字体图标。

（2）支持网络路径字体图标。

（3）小程序不支持在CSS中使用本地文件，包括本地的背景图片和字体文件，需以base64编码的方式使用。

（4）网络路径必须添加协议头https。

（5）从阿里巴巴矢量图标库网站上复制的代码默认是没有添加协议头的。

（6）从阿里巴巴矢量图标库网站上下载的字体文件都是同名字体（字体名都为iconfont，安装字体文件时可以看到），在Nvue内使用时需要注意字体名重复可能会导致显示不正常，可以使用工具修改字体名。

（7）使用本地路径字体图标时还需注意以下几点。

①为了方便开发者使用，字体文件小于40KB时，uni-app会自动将其转换为base64格式。

②若字体文件大于等于40KB，但仍转换为base64格式使用，则可能出现性能问题，若必须使用，则需自己将其转换为base64格式，或将其挪到服务器上，从网络地址引用。

③字体文件的引用路径推荐以“~@”开头的绝对路径，示例代码如下。

```
@font-face {
    font-family: test1-icon;
    src: url('~@/static/iconfont.ttf');
}
```

在Nvue中不可以直接使用CSS的方式引入字体文件，需要在JS内引入。Nvue中不支持本地路径引入字体，需要使用网络链接或base64格式。src字段的url的括号内一定要使用单引号。在Nvue中引入字体文件的示例代码如下。

```
var domModule = weex.requireModule('dom');
domModule.addRule('fontFace', {
  'fontFamily': "fontFamilyName",
  'src': "url('https://...')"
})
```

完整的字体图标使用示例代码如下。

```
<template>
    <view>
        <view>
            <text class="test">&#xe600;</text>
        </view>
    </view>
</template>
<style>
    @font-face {
        font-family: 'iconfont';
            src: url('https://at.alicdn.com/t/font_865816_17gjspmmrkti.ttf')
```

```
format('truetype');
    }
    .test {
        font-family: iconfont;
        margin-left: 20rpx;
    }
</style>
```

新手问答

NO1：如何编写多端样式？

答： 需要用到样式的条件编译。条件编译是用特殊的注释作为标记，在编译时根据这些特殊的注释将注释中的代码编译到不同平台。编写时以#ifdef或#ifndef加%PLATFORM%开头，以#endif结尾。

#ifdef 、#ifndef、#endif 、%PLATFORM%的相关说明如下。

（1）#ifdef：if defined仅在某平台存在。

（2）#ifndef：if not defined除了某平台均存在。

（3）#endif：结束条件编译。

（4）%PLATFORM%：平台名称。

条件编译的语法如表2-16所示。

表2-16　条件编译的语法

条件编译语法	说明
#ifdef APP-PLUS 需条件编译的代码 #endif	仅出现在App平台的代码
#ifndef H5 需条件编译的代码 #endif	除了H5平台，其他平台均存在的代码
#ifdef H5 || MP-WEIXIN 需条件编译的代码 #endif	在H5平台或微信小程序平台存在的代码（这里只有||，不可能出现&&，因为H5平台和微信小程序平台没有交集）

%PLATFORM%可取值如表2-17所示。

表2-17　%PLATFORM%可取值

值	平台
APP-PLUS	App

续表

值	平台
APP-PLUS-NVUE或APP-NVUE	App Nvue
H5	H5
MP-WEIXIN	微信小程序
MP-ALIPAY	支付宝小程序
MP-BAIDU	百度小程序
MP-TOUTIAO	字节跳动小程序
MP-QQ	QQ小程序
MP-360	360小程序
MP	微信小程序、支付宝小程序、百度小程序、字节跳动小程序、QQ小程序、360小程序
QUICKAPP-WEBVIEW	快应用通用（包含联盟、华为）
QUICKAPP-WEBVIEW-UNION	快应用联盟
QUICKAPP-WEBVIEW-HUAWEI	快应用华为

条件编译支持的文件格式如下。

（1）.vue。

（2）.js。

（3）.css。

（4）pages.json。

（5）各种预编译语言文件，如.scss、.less、.stylus、.ts、.pug。

注意：条件编译是利用注释实现的，不同语法中注释的写法不同，如JS中使用//注释、CSS中使用/*注释*/、Vue/Nvue模板中使用<!--注释-->。条件编译APP-PLUS包含APP-NVUE和APP-VUE两个值，APP-PLUS-NVUE和APP-NVUE相同，建议统一写成APP-NVUE。

实现多端样式的代码如下。

```
/*  #ifdef  %PLATFORM%  */
平台特有样式
/*  #endif  */
```

温馨提示

样式的条件编译，无论是CSS还是Sass、Scss、Less、Stylus等预编译语言，都必须使用/*注释*/的写法。

样式的条件编译的正确写法如图2-2所示。

```
/* #ifdef MP-WEIXIN */
.wx-color {
    color: #fff000;
}
/* #endif */
```

图2-2　样式的条件编译的正确写法

样式的条件编译的错误写法如图2-3所示。

```
// #ifdef MP-WEIXIN
.wx-color {
    color: #fff000;
}
// #endif
```

图2-3　样式的条件编译的错误写法

NO2：如何快速创建组件？

答： uni-app为开发者提供了一系列基础组件，类似于HTML里的基础标签元素。为了提升开发效率，HBuilderX将uni-app常用代码封装成了以u开头的代码块，这样就可以使用代码块直接创建组件模板。例如，在template标签内输入ulist后按Enter键，会自动生成如下代码。

```
<uni-list>
   <uni-list-item title="" note=""></uni-list-item>
   <uni-list-item title="" note=""></uni-list-item>
</uni-list>
```

需要注意的是，此处需保证uni-list组件在项目的components目录下。比较简单的方法是在新建项目时选择uni-ui项目模板，在里面即可随便输入所有以u开头的代码块；如果项目使用的不是uni-ui项目模板，则需要去插件市场手动把uni-ui组件下载到工程中。代码块分为Tag代码块和JS代码块。例如，在script标签内输入uShowToast后按Enter健，会自动生成如下代码。

```
uni.showToast({
    title: '',
    mask: false
    duration: 1500
});
```

uni-app支持的代码块包括Tag代码块和JS代码块。

1. Tag代码块

Tag代码块包含所有的内置组件：uButton、uCheckbox、uGrid（宫格，需引用uni ui）、uList（列表，需引用uni ui）、uListMedia、uRadio、uSwiper等。

不管是内置组件还是uni-ui的组件，均已封装为代码块，在HBuilderX的Vue代码template区域中输入u，代码助手会显示所有组件列表；也可以在HBuilderX工具栏中的【工具】→【代码块设置】→【vue代码块】的左侧列表中查阅组件列表。除组件外，其他常用代码块还包括viewfor和vbase。viewfor可以生成一段带有v-for循环结构的代码，vbase则可以生成一段基本的Vue代码结构。

2. JS代码块

JS代码块主要包含uni api代码块和Vue js代码块两大类。

uni api代码块包含以下所有内置API：uRequest、uGetLocation、uShowToast、uShowLoading、uHideLoading、uShowModal、uShowActionSheet、uNavigateTo、uNavigateBack、uRedirectTo、uStartPullDownRefresh、uStopPullDownRefresh、uLogin、uShare、uPay等。

绝大多数常用JS API均已封装为代码块，在HBuilderX的JS代码中输入u，代码助手会显示所有API列表。也可以在HBuilderX工具栏中的【工具】→【代码块设置】→【js代码块】的左侧列表中查阅API列表。

Vue JS代码块包含以下Vue常用写法。

（1）vImport：导入文件。

（2）ed：export default。

（3）vData：输出data(){return{}}。

（4）vMethod：输出methods:{}。

（5）vComponents：输出components: {}。

除了uni-app代码块和Vue JS代码块，JS代码块还包含以下常用的代码块。

（1）iff：简单if。

（2）forr：for循环结构体。

（3）fori：for循环结构体且包含i。

（4）funn：函数。

（5）funa：匿名函数。

（6）rt：return true。

（7）clog：输出"console.log()"。

（8）clogvar：增强的日志输出，可同时输出变量的名称。

（9）varcw：输出"var currentWebview = this.$mp.page.$getAppWebview()"。

（10）ifios：iOS的平台判断。

（11）ifAndroid：Android的平台判断。

如果预置代码块无法满足需求，可以自定义代码块。

新手实训：实现一个简单的导航页面切换效果

【实训说明】

本实训主要帮助读者熟悉页面的创建流程，包括页面的配置、导航栏的配置、页面之间的路由跳转。项目主要开发流程如下。

（1）创建uni-app项目。

（2）创建页面。

（3）配置导航。

（4）实现导航切换。

（5）运行项目。

实现方法

底部导航页面切换是项目中经常会用到的功能，其实现步骤如下。

步骤01　在HBuilderX开发工具中选择【文件】→【新建项目】选项，创建导航切换项目。在弹出的【新建项目】对话框中选择【uni-app】项目，如图2-4所示。

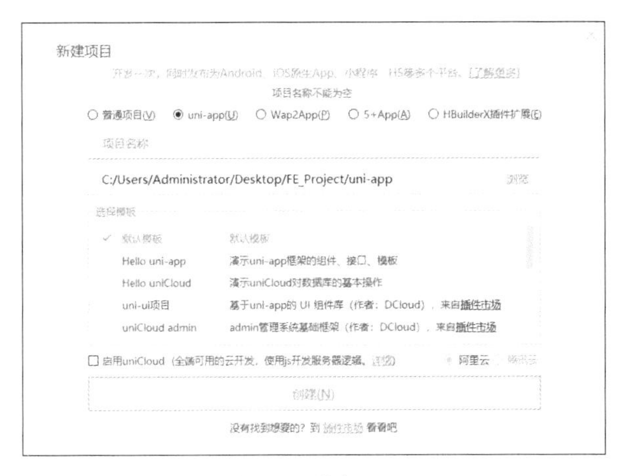

图2-4　创建项目

步骤02　填写项目名称后，单击【创建】按钮，左侧项目区域中显示项目则表示项目创建成功。默认的项目目录结构如图2-5所示。

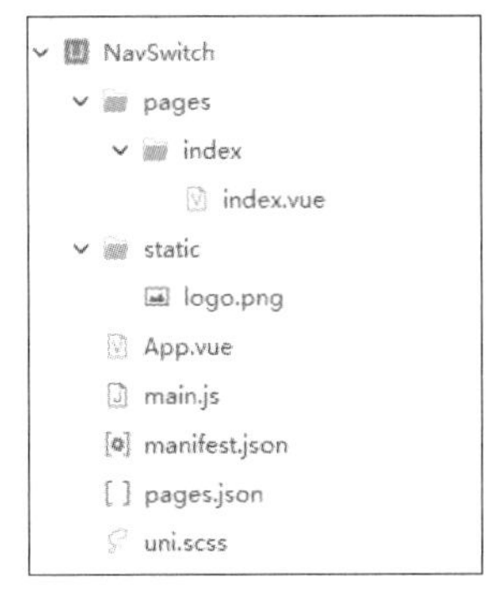

图2-5　默认项目目录结构

步骤03 现在项目已经有了一个index页面，接下来在项目的pages目录下再新建一个second页面。选中【pages】文件夹并右击，在弹出的快捷菜单中选择【新建页面】命令，如图2-6所示。

图2-6　新建页面

步骤04 弹出【新建uni-app页面】对话框，在下方的文本框中输入second，单击【浏览】按钮，选择文件的创建路径，在【选择模板】栏中选择【默认模板】，勾选【在pages.json中注册】复选框，最后单击【创建】按钮，即可成功创建页面，如图2-7所示。

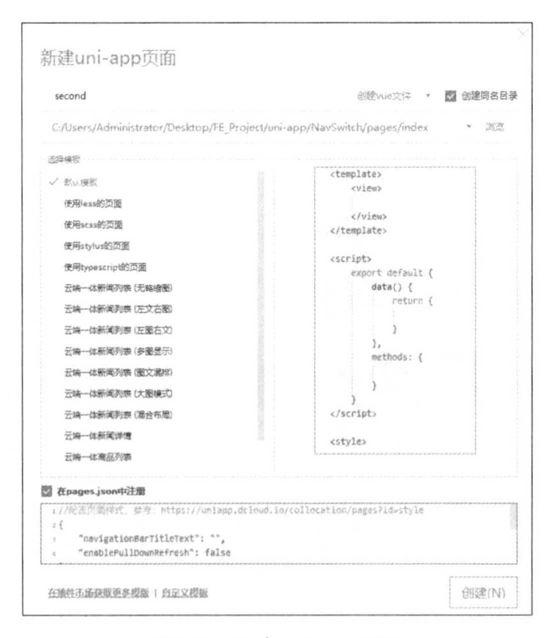

图2-7　创建uni-app页面

步骤05 页面创建成功后，pages目录下会出现新建的页面，页面中也会包含默认的模板代码，如图2-8所示。

图2-8　新建页面效果

同时，因为勾选了【在pages.json中注册】复选框，所以页面创建成功后会自动在pages.json中注册页面，不用再进行配置，如图2-9所示。

图2-9　页面配置

步骤06　在页面配置中修改页面标题。将index的标题修改为“首页”，second的标题修改为“页面二”，代码如下。

```
{
    "path": "pages/index/index",
    "style": {
        "navigationBarTitleText": "首页"
    }
},{
    "path" : "pages/second/second",
```

```
    "style" :
    {
        "navigationBarTitleText": "页面二",
        "enablePullDownRefresh": false
    }

}
```

步骤07 将second页面配置到tabBar导航中，配置代码如下。

```
"tabBar": {
            "color": "#7A7E83",
            "selectedColor": "#3cc51f",
            "borderStyle": "black",
            "backgroundColor": "#ffffff",
            "list": [{
                    "pagePath": "pages/index/index",
                    "text": "首页"
            },{
                    "pagePath": "pages/second/second",
                    "text": "页面二"
            }]
    }
```

步骤08 配置完成后，选择【运行】→【运行到浏览器】→【Chrome】选项，确定运行项目到Chrome浏览器，运行效果如图2-10所示。

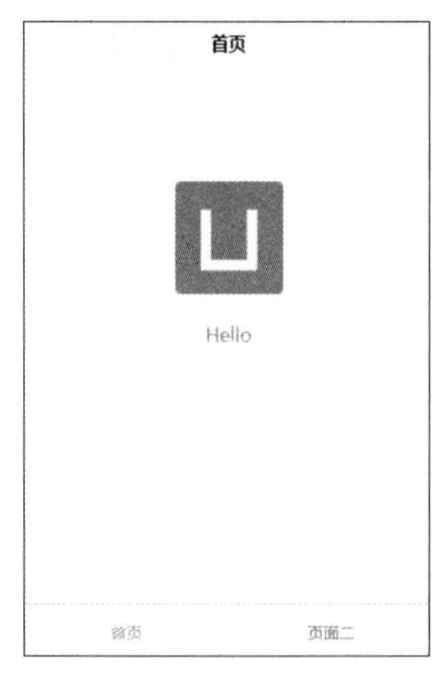

图2-10　项目运行效果

可以看到，项目底部有“首页”和“页面二”两个导航栏，点击即可进行页面切换。

步骤09 目前页面二还是空白的，下面在页面二中放置navigator组件，通过点击按钮返回首页，代码如下。

```
<template>
	<view>
		<navigator url="../index/index" open-type="switchTab">
			<button type="primary">回到首页</button>
		</navigator>
	</view>
</template>
```

页面二的显示效果如图2-11所示。

图2-11　页面二的显示效果

点击页面二中的【回到首页】按钮，即可切换到首页，一个简单的导航切换项目就完成了。

第3章 uni-app中Vue的使用

本章导读

Vue是一套用于构建用户界面的渐进式框架，不仅易于上手，还便于与第三方库或既有项目整合，是当前流行的前端框架之一。uni-app本着开发方便、快捷、易上手的原则，采用Vue作为开发语言，对于Vue开发者来说没有额外的学习成本，能够直接上手。

得益于uni-app对Vue语法的良好支持，uni-app在发布到H5时支持所有Vue语法；发布到App和小程序时，由于平台限制，无法支持全部Vue语法，但uni-app仍是对Vue语法支持度最高的跨端框架。本章将详细讲解在uni-app中使用Vue的相关知识。

知识要点

通过对本章内容的学习，可以掌握以下知识。

- Vue的基础知识。
- uni-app对Vue的具体支持情况。
- 在uni-app中使用Vue。
- 在小程序中使用Vue的注意事项。
- uni-app相对于Vue的区别和优势。
- uni-app表单的使用。

3.1 使用Vue的注意事项

uni-app在发布到H5时支持所有Vue语法，如果只是在H5项目中使用Vue，那么可以放心地进行开发。在需要支持多端的项目中使用Vue时，uni-app也能完整支持生命周期、模板语法、计算属性、条件渲染、列表渲染、表单控件绑定等Vue特性，可以放心使用。

但是相比H5平台，uni-app在其他平台有一些不同之处，主要集中在两个方面。

（1）uni-app除了支持Vue实例的生命周期，还支持应用启动、页面显示等生命周期。

（2）相比Web平台，uni-app在小程序和App端部分功能受限。

为了在uni-app中使用Vue更加得心应手，避免给程序运行造成问题，下面介绍在使用过程中需要注意的地方。

3.1.1　小程序中的data属性

在Vue中，data主要作为实例的数据对象，并且只能是数据，或者是纯粹的对象（含有0个或多个key/value对）。

当一个组件被定义时，data必须声明为返回一个初始数据对象的函数（注意：函数内返回的数据对象不要直接引用函数外的对象），因为组件可能被用来创建多个实例，否则页面关闭时，数据不会自动销毁，再次打开该页面时，会显示上次的数据。

通过提供data函数，每次创建一个新实例后，都能调用data函数，从而返回初始数据的一个全新副本数据对象。

data要求使用函数返回对象，正确用法如下。

```
data() {
    return {
        title: 'Hello'
    }
}
```

错误的写法会导致再次打开页面时显示上次的数据，代码如下。

```
data: {
    title: 'Hello'
}
```

错误解析：在组件中，data必须声明为一个对象函数，以上代码为纯粹的对象。

错误的写法同样会导致多个组件实例对象的数据相互影响，代码如下。

```
const obj = {
  title: 'Hello'
}
data() {
    return {
    obj
  }
```

```
}
```

错误解析：函数内的对象引用了函数外的对象。

注意：小程序端不支持更新属性值为undefined，框架内部将替换undefined为null，此时可能出现预期之外的情况，用户需要自行判断。

3.1.2 小程序中Vue组件的配置

Vue组件编译到小程序平台时会编译为对应平台的小程序组件，部分小程序平台组件支持options（自定义选项，具体选项参考对应小程序平台文档的自定义组件部分），如有特殊需求，可在Vue组件中增加options属性。

Vue组件还有以下两种属性。

（1）multipleSlots属性：表示是否在微信小程序中关闭当前组件的多slot支持，默认为启用。

（2）virtualHost属性：表示是否在微信小程序中将组件节点渲染为虚拟节点，以更加接近Vue组件的表现。

在微信小程序中关闭多slot支持，并将组件节点渲染为虚拟节点的具体配置代码如下。

```
export default {
  props: ['data'],
  options: {
    multipleSlots: false,
       virtualHost: true
  }
}
```

3.1.3 非H5端使用Class与Style绑定

H5端对Class与Style有很好的支持，但非H5端不支持Vue官方Class与Style绑定中的classObject和styleObject语法。

不支持使用Class与Style绑定的示例如下。

（1）Class使用的是activeClass对象，在非H5端不被支持，代码如下。

```
<template>
    <view :class="[activeClass]"></view>
</template>
<script>
    export default {
        data() {
            return {
```

```
                activeClass: {
                    'active': true,
                    'text-danger': false
                }
            }
        }
    }
</script>
```

（2）Style使用的是baseStyles对象，在非H5端不被支持，代码如下。

```
<template>
    <view :style="[baseStyles]"></view>
</template>
<script>
    export default {
        data() {
            return {
                baseStyles: {
                    color: 'green',
                    fontSize: '30px'
                }
            }
        }
    }
</script>
```

为了节约性能，这里将Class与Style的表达式通过compiler硬编码到uni-app中，支持语法和转换效果如下。

```
//给class传递一个对象
<view :class="{ active: isActive }">111</view>
//给对象中传入更多字段来动态切换多个class，也可以传入普通的class属性
<view class="static" v-bind:class="{ active: isActive, 'text-danger': hasError
}">222</view>
//把一个数组传给class
<view class="static" :class="[activeClass, errorClass]">333</view>
//用三元表达式，根据条件切换列表中的class
<view class="static" v-bind:class="[isActive ? activeClass : '',
errorClass]">444</view>
//在数组语法中使用对象语法
<view class="static" v-bind:class="[{ active: isActive }, errorClass]">555</
view>
```

Style支持的语法如下。

```
//给style传递一个对象
<view v-bind:style="{ color: activeColor, fontSize: fontSize + 'px' }">666</
view>
//把一个数组传给style
<view v-bind:style="[{ color: activeColor, fontSize: fontSize + 'px' }]">777</
view>
```

注意：以“:style=""”方式设置px值，其值为实际像素，不会被编译器转换。

用computed（计算属性）方法生成class或style字符串插入页面中，会更加灵活。但是computed生成的class或style对象是不被支持的，具体情况如下例所示。

```
<template>
    <!--支持-->
    <view class="container" :class="computedClassStr"></view>
    <view class="container" :class="{active: isActive}"></view>
    <!--不支持-->
    <view class="container" :class="computedClassObject"></view>
</template>
<script>
    export default {
        data () {
            return {
                isActive: true
            }
        },
        computed: {
            computedClassStr () {
                return this.isActive ? 'active' : ''
            },
            computedClassObject () {
                return { active: this.isActive }
            }
        }
    }
</script>
```

3.1.4 列表渲染

uni-app能够完整支持Vue列表渲染，但使用过程中仍有一些需要注意的地方，如key的使用。

如果列表中项目的位置会动态改变或有新的项目添加到列表中，并且希望列表中的项目保持自己的特征和状态（如<input>中的输入内容、<switch>的选中状态），需要使用“:key”指定列表中项目的唯一标识符。“:key”的值以两种形式提供。

（1）使用v-for指令循环数组对象中item（被迭代的数组元素的别名）的某个属性，该属性的值需要是列表中唯一的字符串或数字，且不能动态改变，代码如下。

```
<template>
    <view>
        <view v-for="(item,index) in objectArray" :key="item.id">
            {{index +':'+ item.name}}
        </view>
    </view>
</template>
<script>
export default {
  data () {
    return {
      objectArray:[{
          id:0,
          name:'li ming'
      },{
          id:1,
          name:'wang peng'
      }]
    }
  }
}
</script>
```

（2）使用v-for指令循环字符串数组中item本身，这时需要item本身是一个唯一的字符串或数字，代码如下。

```
<template>
    <view>
        <view v-for="(item,index) in stringArray" :key="item">
            {{index +':'+ item}}
        </view>
    </view>
</template>
<script>
export default {
  data () {
    return {
```

```
      stringArray:['a','b','c']
    }
  }
}
</script>
```

当数据发生改变触发渲染层重新渲染时，会校正带有key的组件，框架会确保它们被重新排序而不是重新创建，以保证组件保持自身的状态，并提高列表渲染时的效率。

若v-for指令循环中不提供“:key”，则系统会报出警告（warning）。如果明确知道该列表是静态的，或者不必关注其顺序，则可以选择忽略。

另外，还有以下几点需要注意。

（1）在H5平台使用v-for循环整数时和其他平台存在差异，如v-for="(item, index) in 10"中，在H5平台item是从1开始，在其他平台item是从0开始，可使用第二个参数index来使循环结果保持一致。

（2）在非H5平台循环对象时不支持第三个参数，如v-for="(value, name, index) in object"中，index参数是不被支持的。

（3）小程序端数据更新方式是差量更新，由于小程序不支持删除对象属性，使用的是设置值为null的方式来删除该对象属性，导致遍历时可能出现不符合预期的情况，需要自行过滤值为null的数据。

3.1.5 事件处理

uni-app几乎完全支持Vue的事件处理器。Vue中的click事件在uni-app中可以写作tap，当然在H5中也可以写作click，不过为了多段统一，建议实际开发过程中使用tap代替click。表3-1为uni-app和Vue的事件映射表，左侧为Vue事件，右侧为uni-app事件。

表3-1 事件映射表

Vue事件	uni-app事件
click	tap
touchstart	touchstart
touchmove	touchmove
touchcancel	touchcancel
touchend	touchend
tap	tap
longtap	longtap
input	input
change	change
submit	submit
blur	blur

续表

Vue事件	uni-app事件
focus	focus
reset	reset
confirm	confirm
columnchange	columnchange
linechange	linechange
error	error
scrolltoupper	scrolltoupper
scrolltolower	scrolltolower
scroll	scroll

事件处理同样有一些注意事项。

（1）对于长按事件的处理，uni-app做了一系列的优化，建议在uni-app中使用longpress替换longtap。

（2）为了兼容各端，事件需使用“v-on”或“@”的方式绑定。请勿使用小程序端的bind和catch进行事件绑定，以避免其他平台出现事件无法执行的问题。

（3）事件修饰符。

①.stop：各平台均支持，使用时会阻止事件冒泡，在非H5端同时也会阻止事件的默认行为。

②.native：监听原生事件，仅H5平台支持。

③.prevent：仅H5平台支持。

④.self：仅H5平台支持。

⑤.once：仅H5平台支持。

⑥.capture：仅H5平台支持。

⑦.passive：仅H5平台支持。

（4）若需要禁止蒙版下的页面滚动，可以使用“@touchmove.stop.prevent="moveHandle", moveHandle”来处理touchmove事件，也可以使用一个空函数，代码如下。

```
<view class="mask" @touchmove.stop.prevent="moveHandle"></view>
```

（5）按键修饰符：运行在PC端的H5版uni-app项目支持所有Vue按键修饰符。

3.1.6　组件的使用

下面主要讲解Vue组件、uni-app内置基础组件和全局组件的使用方式。

1. Vue组件

组件是Vue技术中非常重要的部分，可使与ui相关的“轮子”被更方便地制造和共享，进而使Vue使用者的开发效率大幅提升。

uni-app搭建了组件的插件市场，插件市场链接见“资源文件\网址索引.docx”。

系统默认在项目的/component目录下存放组件，组件相关的操作分为3步：导入、注册和使用。

下面以图3-1所示的评分组件的使用为例，介绍Vue组件的使用方式。

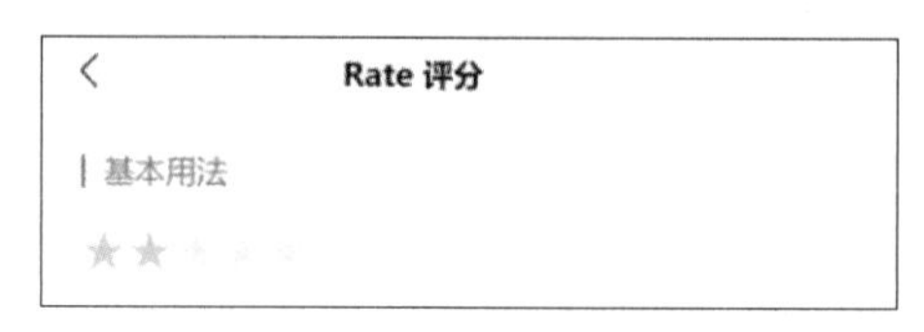

图3-1　评分组件

步骤01　导入组件，代码如下。

```
import uniRate from "@/components/uni-rate/uni-rate.Vue"
```

步骤02　注册组件，在components下添加uniRate，代码如下。

```
export default {
    components: {
        uniRate
    }
}
```

步骤03　使用组件。在代码中使用uniRate组件，并传值点亮2颗星，代码如下。

```
<template>
    <view>
        <uni-rate value="2"></uni-rate>
    </view>
</template>
```

注意：

（1）如果觉得以上引入组件的方式比较烦琐，可以通过easycom方式引入组件。easycom将引入组件精简为一步，只要组件安装在项目的/components目录下，目录结构为“components/组件名称/组件名称.Vue”，就可以直接在页面中使用。

（2）uni-app只支持Vue单文件组件（.vue组件），其他动态组件、自定义render、<script type="text/x-template">字符串模板等在非H5端不被支持。小程序端不支持的组件有以下几个。

①作用域插槽（字节跳动小程序不支持，除支付宝小程序外的小程序仅支持解构插槽，不可使用作用域外数据）。

②动态组件。

③异步组件。

④inline-template。

⑤X-Templates。

⑥keep-alive。

⑦transition（可使用animation或CSS动画替代）。

2. uni-app内置基础组件

uni-app内置了小程序的所有组件，如picker、map等。需要注意，原生组件上的事件需要以Vue的事件绑定语法来绑定，如“bindchange="eventName"”事件需要写成“@change="eventName"”。

示例代码如下。

```
<picker
    mode="date"
    :value="date"
    start="2015-09-01"
    end="2017-09-01"
    @change="bindDateChange"
>
    <view class="picker">当前选择: {{ date }}</view>
</picker>
```

3. 全局组件

uni-app支持配置全局组件，在main.js里进行全局注册后即可在所有页面里使用该组件。需要注意的是，Vue.component的第一个参数必须是静态字符串。Nvue页面暂不支持全局组件。

全局组件使用示例如下。

步骤01 在main.js文件里进行全局导入和注册，代码如下。

```
import Vue from 'Vue'
import pageHead from './components/page-head.Vue'
Vue.component('page-head',pageHead)
```

步骤02 在index.vue文件里可以直接使用组件，代码如下。

```
<template>
      <view>
            <page-head></page-head>
      </view>
</template>
```

在uni-app中使用组件时需要注意命名限制，表3-2所示为保留关键字，不可作为组件名。

表3-2 uni-app

保留关键字				
a	canvas	cell	content	countdown
datepicker	div	element	embed	header
image	img	indicator	input	link
list	loading-indicator	loading	marquee	meta
refresh	richtext	script	scrollable	scroller
select	slider-neighbor	slider	slot	span
spinner	style	svg	switch	tabbar
tabheader	template	text	textarea	timepicker
transition-group	transition	video	view	web

使用组件有以下几点需要注意。

（1）除表3-2中的保留关键字外，标准的HTML及SVG标签名也不能作为组件名。

（2）在百度小程序中使用组件时，不要在data内使用hidden，可能会导致渲染错误。

（3）methods中不可使用与生命周期同名的方法名。

3.2 Vue特性支持表

uni-app对Vue的特性有着很好的支持，在H5端可以使用Vue的所有特性，但App端和小程序端仅支持部分特性，具体情况如下。

1. 全局配置

Vue全局配置用于在启动应用之前修改全局的属性。uni-app对Vue全局配置特性支持情况如表3-3所示。

表3-3 uni-app对Vue全局配置特性支持情况

Vue全局配置参数	H5端	App端	微信小程序端	说明
Vue.config.silent	支持	支持	支持	无
Vue.config.optionMergeStrategies	支持	支持	支持	无
Vue.config.devtools	支持	不支持	不支持	只在Web环境下支持
Vue.config.errorHandler	支持	支持	支持	无
Vue.config.warnHandler	支持	支持	支持	无

续表

Vue全局配置参数	H5端	App端	微信小程序端	说明
Vue.config.ignoredElements	支持	支持	支持	不推荐，会覆盖uni-app框架配置的内置组件
Vue.config.keyCodes	支持	不支持	不支持	无
Vue.config.performance	支持	不支持	不支持	只在Web环境下支持
Vue.config.productionTip	支持	支持	支持	无

2. 全局API

Vue内置了一些全局API，可以用全局API函数定义新的功能。uni-app对Vue全局API支持情况如表3-4所示。

表3-4　uni-app对Vue全局API支持情况

Vue全局API	H5端	App端	微信小程序端	说明
Vue.extend	支持	支持	不支持	不可作为组件使用
Vue.nextTick	支持	不支持	不支持	无
Vue.set	支持	支持	支持	无
Vue.delete	支持	支持	支持	无
Vue.directive	支持	支持	不支持	无
Vue.filter	支持	支持	支持	无
Vue.component	支持	支持	支持	无
Vue.use	支持	支持	支持	无
Vue.mixin	支持	支持	支持	无
Vue.version	支持	支持	支持	无
Vue.compile	支持	不支持	不支持	uni-app使用的是Vue运行时的版本

3. 选项

Vue的选项用于对数据进行处理，包括数据的监听、传递、过滤、使用等。uni-app对Vue选项支持情况如表3-5所示。

表3-5　uni-app对Vue选项支持情况

Vue选项	H5端	App端	微信小程序端	说明
data	支持	支持	支持	无
props	支持	支持	支持	无
propsData	支持	支持	支持	无
computed	支持	支持	支持	无

续表

Vue选项	H5端	App端	微信小程序端	说明
methods	支持	支持	支持	无
watch	支持	支持	支持	无
el	支持	不支持	不支持	无
template	支持	不支持	不支持	uni-app使用的是Vue运行时的版本
render	支持	不支持	不支持	无
renderError	支持	不支持	不支持	无
directives	支持	支持	不支持	无
filters	支持	支持	支持	无
components	支持	支持	支持	无
parent	支持	支持	支持	不推荐
mixins	支持	支持	支持	无
extends	支持	支持	支持	无
provide/inject	支持	支持	支持	无
name	支持	支持	支持	无
delimiters	支持	不支持	不支持	无
functional	支持	不支持	不支持	无
model	支持	支持	不支持	无
inheritAttrs	支持	支持	不支持	无
comments	支持	不支持	不支持	无

4. 生命周期钩子

Vue实例从创建到销毁的整个生命周期中运行的函数称作生命周期钩子。uni-app对Vue生命周期钩子支持情况如表3-6所示。

表3-6　uni-app对Vue生命周期钩子支持情况

Vue生命周期钩子	H5端	App端	微信小程序端
beforeCreate	支持	支持	支持
created	支持	支持	支持
beforeMount	支持	支持	支持
mounted	支持	支持	支持
beforeUpdate	支持	支持	支持
updated	支持	支持	支持
activated	支持	支持	不支持
deactivated	支持	支持	不支持
beforeDestroy	支持	支持	支持
destroyed	支持	支持	支持
errorCaptured	支持	支持	支持

5. 实例属性

Vue暴露了一些有用的实例属性，用于访问组件实例。uni-app对Vue实例属性支持情况如表3-7所示。

表3-7　uni app对Vue实例属性支持情况

Vue实例属性	H5端	App端	微信小程序端	说明
vm.$data	支持	支持	支持	无
vm.$props	支持	支持	支持	无
vm.$el	支持	不支持	不支持	无
vm.$options	支持	支持	支持	无
vm.$parent	支持	支持	支持	H5端中的view、text等内置标签以Vue组件方式实现，$parent会获取这些内置组件
vm.$root	支持	支持	支持	无
vm.$children	支持	支持	支持	H5端中的view、text等内置标签以Vue组件方式实现，$children会获取这些内置组件
vm.$slots	支持	不支持	支持	无
vm.$scopedSlots	支持	支持	支持	无
vm.$refs	支持	支持	支持	非H5端只能用于获取自定义组件，不能用于获取内置组件实例（如view、text）
vm.$isServer	支持	支持	不支持	App端V3以上版本总是返回false
vm.$attrs	支持	支持	不支持	无
vm.$listeners	支持	支持	不支持	无

6. 实例方法

Vue提供了一些实例方法，用于操作组件实例。uni-app对Vue实例方法支持情况如表3-8所示。

表3-8　uni-app对Vue实例方法支持情况

Vue实例方法	H5端	App端	微信小程序端
vm.$watch()	支持	支持	支持
vm.$set()	支持	支持	支持
vm.$delete()	支持	支持	支持
vm.$on()	支持	支持	支持
vm.$once()	支持	支持	支持
vm.$off()	支持	支持	支持
vm.$emit()	支持	支持	支持
vm.$mount()	支持	不支持	不支持

续表

Vue实例方法	H5端	App端	微信小程序端
vm.$forceUpdate()	支持	支持	支持
vm.$nextTick()	支持	支持	支持
vm.$destroy()	支持	支持	支持

7. 模板指令

Vue使用基于HTML的模板语法，模板指令的职责是当表达式的值改变时，将其产生的连带影响响应式地作用于DOM。uni-app对Vue模板指令支持情况如表3-9所示。

表3-9　uni-app对Vue模板指令支持情况

Vue模板指令	H5端	App端	微信小程序端	说明
v-text	支持	支持	支持	无
v-html	支持	支持	不支持	微信小程序会被转换成rich-text组件
v-show	支持	支持	支持	无
v-if	支持	支持	支持	无
v-else	支持	支持	支持	无
v-else-if	支持	支持	支持	无
v-for	支持	支持	支持	无
v-on	支持	支持	支持	无
v-bind	支持	支持	支持	无
v-model	支持	支持	支持	无
v-pre	支持	支持	不支持	无
v-cloak	支持	不支持	不支持	无
v-once	支持	支持	不支持	无

8. 特殊属性

Vue拥有一些特殊属性，方便对DOM进行操作。uni-app对Vue特殊属性支持情况如表3-10所示。

表3-10　uni-app对Vue特殊属性支持情况

Vue特殊属性	H5端	App端	微信小程序端	说明
key	支持	支持	支持	无
ref	支持	支持	支持	非H5平台只能获取Vue组件实例，不能获取内置组件实例
is	支持	支持	不支持	无

9. 内置组件

将代码组件化是开发过程中的重要一环，Vue提供了内置组件，可方便灵活地对组件进行处理。uni-app对Vue内置组件支持情况如表3-11所示。

表3-11　uni-app对Vue内置组件支持情况

Vue内置组件	H5端	App端	微信小程序端
component	支持	支持	不支持
transition	支持	不支持	不支持
transition-group	支持	不支持	不支持
keep-alive	支持	支持	不支持
slot	支持	支持	支持

新手问答

NO1：如何获取上个页面传递的数据？

答： 可以通过onLoad函数获取上个页面传递的数据，onLoad函数的参数是上个页面跳转到当前页面所传递的数据。

NO2：如何设置全局数据和全局方法？

答： uni-app内置了Vuex状态管理插件，可以直接使用Vuex插件设置全局数据和全局方法，具体步骤如下。

步骤01　新建一个仓库store.js，代码如下。

```
import Vue from 'Vue'
import Vuex from 'Vuex'
Vue.use(Vuex)
const store = new Vuex.Store({
    state: {...},
    mutations: {...},
    actions: {...}
})

export default store
```

步骤02　在Vue根组件中注入store，代码如下。

```
import store from './store'
Vue.prototype.$store = store
const app = new Vue({
    store,...
```

```
})
```

步骤03 在需要的地方使用Vuex，代码如下。

```
import {mapState,mapMutations} from 'Vuex'
```

新手实训：使用uni-app内置表单组件替代Vue表单

【实训说明】

本实训的主要内容是用uni-app内置表单组件替代Vue表单。在实际使用uni-app的过程中，Vue表单不能很好地支持跨平台开发，因此学会使用uni-app内置表单组件是必不可少的。本实训旨在帮助读者熟悉uni-app内置组件的使用方法，深刻理解uni-app和Vue的差异。本实训的主要流程如下。

（1）创建表单项目，用uni-app内置表单替代Vue表单。

（2）用picker组件替代select标签，用picker组件实现性别选择。

（3）用radio组件替代表单元素radio。

温馨提示

原HTML规范中input不仅是输入框，还有radio、checkbox、时间、日期、文件选择功能；在uni-app和小程序规范中，input仅仅是输入框。

其他功能可以通过uni-app单独的组件或API实现，包括radio组件、checkbox组件、时间选择、日期选择、图片选择、视频选择、多媒体文件选择（含图片视频）、通用文件选择等。

实现方法

得益于uni-app对内置表单良好的封装，表单功能使用起来很方便，使用步骤如下。

步骤01 打开HBuilderX编译器，选择【文件】→【新建】→【项目】命令，如图3-2所示。

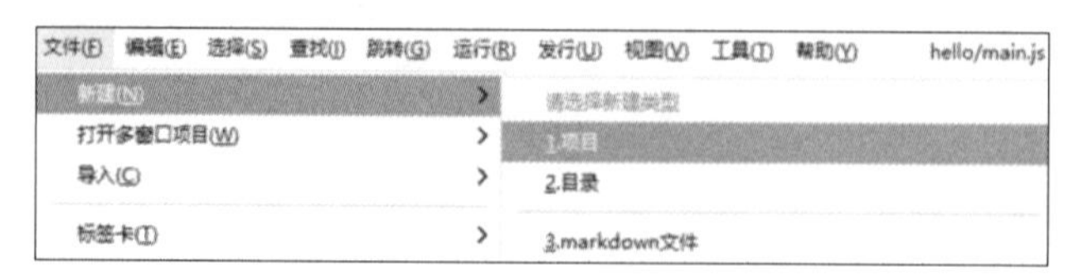

图3-2 新建项目操作图

步骤02 在弹出的【新建项目】对话框中选择【uni-app】选项，在下方的输入框中输入项目名称【FormExample】，单击【浏览】按钮，选择项目保存位置，在【选择模板】区域中选择【默认模板】，单击【创建】按钮，即可成功创建表单项目，如图3-3所示。

图3-3 创建表单项目

步骤03 创建picker组件，并实现选择操作。

（1）在页面中使用picker组件，给定动态属性值value="index"，设定range数组值，并绑定change事件，方便进行修改，具体代码如下。

```
<template>
      <view>
          <picker @change="bindPickerChange" :value="index" :range="array">
            <view class="picker">
             当前性别：{{array[index]}}
            </view>
          </picker>
        </view>
</template>
```

（2）设定相关参数，并实现change方法，代码如下。

```
<script>
      export default {
             data() {
                    return {
                           index: 0,
                           array: ['男', '女', '未知']
                    }
             },
```

```
            methods: {
                bindPickerChange: function(e) {
                    this.index = e.detail.value
                }
            }
        }
</script>
```

（3）运行效果如图3-4所示。

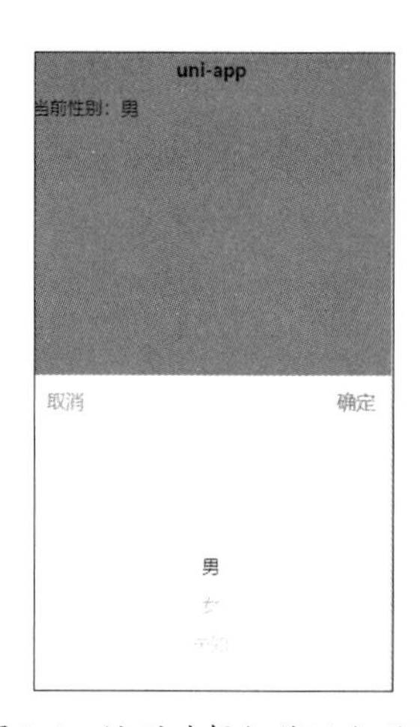

图3-4　性别选择组件运行效果

步骤04　创建单项选择器，并实现单选操作。

（1）创建radio组件，并标记是否选中，示例代码如下。

```
<label class="radio"><radio value="BOY" checked="true"/>男</label>
<label class="radio"><radio value="GIRL"/>女</label>
```

（2）用radio-group包裹radio，实现常见的单选操作。为了方便操作，这里把数据作为变量使用。同时，在radio-group上添加change事件，代码如下。

```
<radio-group class="radio-group" @change="radioChange">
    <label class="radio" v-for="(item, index) in items" :key="item.name">
        <radio :value="item.name" :checked="item.checked"/>
        {{item.value}}
    </label>
</radio-group>
```

（3）对数据和监听事件进行处理，完整代码如下。

```
<template>
      <view>
```

```
            <radio-group class="radio-group" @change="radioChange">
                <label class="radio" v-for="(item, index) in items"
:key="item.name">
                    <radio :value="item.name" :checked="item.checked" />
                    {{ item.value }}
                </label>
            </radio-group>
            当前性别：{{ index }}
        </view>
</template>

<script>
export default {
        data() {
            return {
                index: 'BOY',
                items: [
                    { name: 'BOY', value: '男', checked: 'true' },
                    { name: 'GIRL', value: '女' },
                    { name: 'OTHER', value: '未知' }
                ]
            };
        },
        methods: {
            radioChange(e) {
                this.index = e.detail.value;
            }
        }
};
</script>
```

（4）运行效果如图3-5所示。

图3-5　性别单项选择组件运行效果

实训到这里就结束了，当然还有更多的原生表单能够用uni-app表单组件替代，其使用方法与实训中的表单的使用方法相似，这里不再一一进行演示。

第4章 使用Nvue进行高性能开发

本章导读

在uni-app中逻辑和渲染是分离的，渲染层在App端提供了两套排版引擎：小程序方式的WebView渲染和Weex方式的原生渲染。两种渲染引擎可以根据自己的需求选择，Vue文件采用的是WebView渲染，Nvue文件采用的是原生渲染，二者也可以混用。本章将详细讲解Nvue的使用。

知识要点

通过对本章内容的学习，可以掌握以下知识。

- 什么是Nvue。
- 在什么情况下使用Nvue。
- 如何使用Nvue。
- Nvue和Vue的区别。
- Nvue和Vue的通信。

4.1 Nvue简介

uni-app的App端内置了一个基于Weex改进的原生渲染引擎，提供了原生渲染能力。

在App端如果使用Vue页面，则使用WebView渲染；如果使用Nvue页面，则使用原生渲染。一个App中也可以同时使用两种页面，如首页使用Nvue页面，二级页使用Vue页面，官方提供的hello uni-app示例就是如此。

虽然Nvue也可以多端编译，输出H5和小程序，但由于Nvue的CSS写法受限，如果不开发App，建议不要使用Nvue。

以往的Weex有一个很大的问题：它只是一个高性能的渲染器，没有足够的API能力（如各种push SDK集成、蓝牙等功能调用），使得开发时非常依赖原生工程师之间的协作。开发者本来想节约成本，结果需要前端、iOS端、Android端三方人员进行协调开发，最后适得其反。Nvue解决了这个问题，让前端工程师可以直接开发完整的App，并提供丰富的插件生态和云打包功能。这些组合方案可以帮助开发者提高效率，降低成本。

同时，uni-app扩展了Weex原生渲染引擎的排版能力，修复了很多bug。

（1）Android端可以更好地支持边框阴影。

（2）iOS端支持高斯模糊。

（3）可实现区域滚动长列表+左右拖动列表+吸顶的复杂排版效果。

（4）优化了圆角边框的绘制性能。

4.2 Nvue的适用场景

Nvue的组件和API写法与Vue页面一致，且其内置组件比Vue页面内置组件更丰富。

如果读者熟悉Weex或React Native开发，使用Nvue可以提升开发效率，降低成本。

如果读者熟悉Web前端，不熟悉原生排版，建议仍然以Vue页面为主，在App端某些Vue页面表现不佳的场景下再使用Nvue作为强化补充。相关场景如下。

（1）需要高性能的区域长列表或瀑布流滚动。WebView的页面级长列表滚动时没有性能问题（滚动条覆盖WebView整体高度），但在页面中某个区域实现长列表滚动，则需要使用Nvue的list、recycle-list、waterfall等组件，这些组件的性能要高于Vue页面里的区域滚动组件scroll-view。

（2）复杂、高性能的自定义下拉刷新。uni-app的pages.json中可以配置原生下拉刷新，但引擎内置的下拉刷新样式只有雪花和circle圈两种。如果要实现复杂的下拉刷新，推荐使用Nvue的refresh组件。当然，插件市场里也有很多Vue下的自定义下拉刷新插件，只是没有使用Nvue的refresh组件性能高。

（3）左右拖动的长列表。在WebView中，通过swiper+scroll-view组件可以实现左右拖动长列表，但这套方案的性能不好。推荐使用Nvue实现长列表，如新建uni-app项目时官方提供的新闻示例模板就采用了Nvue实现长列表，切换起来很流畅。

（4）实现区域滚动长列表+左右拖动列表+吸顶的复杂排版效果，效果可参考官方示例hello uni-app模板里的swiper-list。

（5）如需将软键盘右下角的按钮文字改为“发送”，则需要使用Nvue。例如，聊天场景中，除了软键盘右下角的按钮文字处理，还涉及聊天记录区域长列表滚动，适合使用Nvue。

（6）解决前端控件无法覆盖原生控件的层级问题。当使用map、video、live-pusher等原生组件时，会发现前端开发的view等组件无法覆盖原生组件，处理层级问题比较麻烦，此时使用Nvue会更好；也可以在Vue页面上覆盖一个subnvue（将一种非全屏的Nvue页面覆盖在WebView上），以解决App上的原生控件层级问题。

（7）若深度使用map组件，建议使用Nvue。除了可以解决层级问题，App端Nvue文件的map功能更完善，和小程序匹配度更高，各平台表现得一致性更好。

（8）若深度使用video组件，建议使用Nvue。例如，有以下两个场景：video内嵌到swiper中，以实现抖音式视频滑动切换（示例见插件市场）；video视频全屏后，可以通过cover-view实现内容的覆盖，如增加文字标题、分享按钮。

（9）直播推流：Nvue中有live-pusher组件，与小程序的live-pusher组件一致，功能更完善，也没有层级问题。

（10）对App启动速度要求高。App端V3编译器模式下，如果首页使用Nvue页面且在manifest中配置fast模式，那么App的启动速度可以控制在1s左右；而如果使用Vue页面，App的启动速度一般是3s以上，启动速度取决于代码性能和体积。

但需要注意，在某些场景下，Nvue页面不如Vue页面，具体如下。

（1）canvas。Nvue的canvas性能不高，尤其是在Android App平台，所以该组件没有被内置，而是需要单独引入。操作canvas动画性能最高的方式是使用Vue页面的renderjs技术，官方示例hello uni-app模板里的canvas示例就是如此。

（2）动态横竖屏。Nvue页面的CSS不支持媒体查询，因此实现横竖屏动态切换、动态适配屏幕比较困难。

4.3 Nvue的编译模式

Nvue的编译模式有两种，分别是Weex编译模式和uni-app编译模式，下面介绍这两种编译模式的异同。

（1）Weex编译模式的组件和JS API与uni-app不同。考虑到Weex用户迁移到uni-app，uni-app也支持Weex的代码写法。在manifest.json中可以配置使用Weex编译模式或uni-app编译模式。选择采用Weex编译模式时，将无法使用uni-app的组件和JS API，需要开发者参考Weex官方文档的写法来编写代码，如Weex编译模式使用<div>，uni-app编译模式则使用<view>。

（2）uni-app组件和JS API与微信小程序相同。建议使用uni-app模式，除非历史Weex代码较多，需要逐步过渡。同时注意，Weex编译模式的切换是项目级的，不支持同项目下一些Nvue页面使用Weex编译模式，另一些Nvue页面使用uni-app编译模式。

Weex编译模式和uni-app编译模式对比如表4-1所示。

表4-1　Weex编译模式和uni-app编译模式对比

	Weex编译模式	uni-app编译模式
平台	仅App	所有端，包含小程序和H5
组件	Weex组件，如div	uni-app组件，如view
生命周期	只支持Weex生命周期	支持所有uni-app生命周期
JS API	Weex API、uni API、Plus API	Weex API、uni API、Plus API
单位	屏幕宽度为750px，固定像素单位为wx	屏幕宽度为750rpx，固定像素单位为px
全局样式	手动引入	app.vue的样式即为全局样式
页面滚动	必须给页面嵌套组件	默认支持页面滚动

可以在manifest.json文件中切换这两种编译模式，在manifest.json→app-plus→nvueCompiler节点下切换编译模式。

nvueCompiler有两个值，分别是weex和uni-app，示例代码如下。

```
// manifest.json
{
    // ...
    /* App平台特有配置*/
    "app-plus": {
        "nvueCompiler":"uni-app" //是否启用uni-app模式
    }
}
```

如果没有在manifest.json文件中明确配置编译模式，HBuilderX 2.4以上版本默认为uni-app编译模式。

Weex编译模式不支持onNavigationBarButtonTap生命周期函数的写法，不支持onShow生命周期，但如果读者熟悉HTML5+API，可利用监听WebView的addEventListener show事件实现onShow效果。

Weex编译模式不支持Vuex。Nvue的页面跳转与Weex不同，仍然遵循uni-app的路由模型。Vue页面和Nvue页面之间不管如何跳转，都遵循这一模型，包括Nvue页面跳向Nvue页面。每个页面都需要在pages.json中注册，调用uni-app的路由API进行跳转。

原生开发没有页面滚动的概念，当页面内容超过屏幕高度时，内容不会自动滚动；只有将页面内容放在list、waterfall、scroll-view/scroller这几个组件下，内容才可以滚动。这不符合前端开发的习惯，因此在Nvue为uni-app编译模式时，uni-app框架会给Nvue页面外层自动嵌套一个scroller容器，从而实现页面内容的自动滚动。

注意：

（1）uni-app框架仅对Nvue页面嵌套scroller容器，不会为组件自动嵌套scroller容器。

（2）如果Nvue页面有recycle-list组件，uni-app框架也不会自动为页面嵌套scroller容器。

（3）如果不希望自动嵌套scroller容器，可在pages.json中通过以下配置进行关闭。

```
{
    "path": "",
    "style": {
        "disableScroll": true //不嵌套scroller
    }
}
```

Weex编译模式支持使用Weex ui，但相比uni-app插件市场及官方uni ui而言，Weex语法的组件生态仍有欠缺。

4.4 快速上手Nvue

前面介绍了Nvue的优势和适用场景，本节介绍如何使用Nvue进行开发。

4.4.1 Nvue页面的创建和开发

Nvue页面和Vue页面的创建方式与整体结构相似，但写法有一定的差异。

1. 新建Nvue页面

在HBuilderX的uni-app项目中新建页面，在弹出的新建页面窗口中选择创建Nvue文件，如图4-1所示。

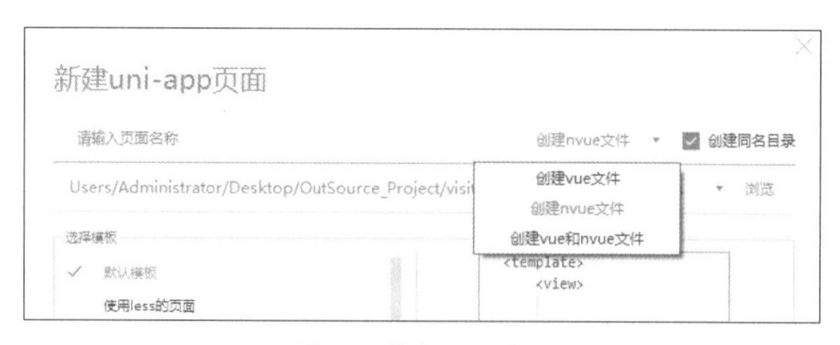

图4-1 创建Nvue页面

如果一个页面路由下同时有Vue页面和Nvue页面，即出现同名的Vue和Nvue文件，那么在App端会仅使用Nvue页面，同名的Vue文件不会被编译到App端；而在非App端，会优先使用Vue

页面。

如果只有Nvue页面，则在非App端，只有uni-app编译模式的Nvue文件才会被编译。

不管是Vue页面还是Nvue页面，都需要在pages.json中注册。在HBuilderX中新建页面时会自动注册，如果使用其他编辑器，则需要自行在pages.json中注册。

2. 开发Nvue页面

Nvue页面结构和Vue页面相同，都由template、style、script 3部分构成。Nvue的这3部分与Vue相比有一些差异，具体如下。

（1）template：模板写法、数据绑定同Vue。组件支持两种模式，Weex组件同Weex写法，uni-app组件同uni-app写法。App端Nvue专用组件文档见“资源文件\网址索引.docx”。

（2）style：由于Nvue采用原生渲染的方式，并不支持所有浏览器的CSS样式，布局模型只支持Flex布局，使用CSS样式时需要注意写法。

（3）script：写法同Vue，并支持3种API，分别如下。

①Nvue API ：仅支持App端，uni-app编译模式也可使用。使用前需先引入对应模块，参考模块引入API（相关网址见“资源文件\网址索引.docx”）。

②uni API：uni-app的JS API由标准ECMAScript的JS API和uni扩展API两部分组成（相关网址见“资源文件\网址索引.docx”）。

③Plus API：仅支持App端，参考HTML5+规范（相关网址见“资源文件\网址索引.docx”）。

3. 调试Nvue页面

HBuilderX内置了Weex调试工具的强化版，包括审查界面元素、查看log日志、debug打断点等功能，可以很方便地对页面进行调试。

4.4.2　Nvue和Vue相互通信

在uni-app中，Nvue和Vue页面可以混搭使用。

推荐使用uni.$on和uni.$emit这两个API进行页面通信，旧的通信方法（uni.postMessage及plus.webview.postMessageToUniNView）不推荐使用。

使用uni.$on和uni.$emit实现页面通信的示例代码如下。

```
// 接收信息的页面
// $on(eventName, callback)
uni.$on('page-popup', (data) => {
    console.log('标题: ' + data.title)
    console.log('内容: ' + data.content)
})
```

```
// 发送信息的页面
// $emit(eventName, data)
uni.$emit('page-popup', {
    title: '我是title',
    content: '我是content'
});
```

温馨提示

使用此页面通信时需注意，要在页面卸载前使用uni.$off移除事件监听器。

4.4.3 Vue和Nvue共享的变量和数据

除了通信事件，Vue和Nvue页面之间还可以共享变量和数据。uni-app提供的共享变量和数据的方案如下。

（1）Vuex：自HBuilderX 2.2.5版本起，Nvue支持Vuex，这是Vue官方的状态管理工具。

温馨提示

共享的变量和数据不支持直接引入store使用，可以使用mapState、mapGetters、mapMutations等辅助方法或使用this.$store。

（2）uni.storage：Vue和Nvue页面可以使用相同的uni.storage存储。该存储是能够长久保存的，如登录状态可以存储在这里。App端还支持plus.sqlite，该存储方式也是共享通用的。

（3）globalData：小程序有globalData机制，uni-app引入了这套机制，使其在各个平台都能使用。在App.vue文件里定义globalData，代码如下。

```
<script>
    export default {
        globalData: {
            text: 'text'
        },
        onLaunch: function() {
            console.log('App Launch')
        },
        onShow: function() {
            console.log('App Show')
        },
        onHide: function() {
            console.log('App Hide')
```

```
            }
        }
</script>
```

在JS中操作globalData的方式如下。

```
getApp().globalData.text = 'test'
```

如果需要把globalData的数据绑定到页面上，可以在页面的onShow生命周期里对变量进行重新赋值。

4.5 Nvue开发与Vue开发的区别

Nvue是基于原生引擎进行渲染的，虽然还是前端技术栈，但和Vue开发有所区别，其区别如下。

（1）Nvue页面控制显隐只能使用v-if，不能使用v-show。

（2）Nvue页面只能使用Flex布局，不支持其他布局方式。页面开发前，首先要想清楚该页面的纵向内容有什么、哪些内容是要滚动的、每个纵向内容的横轴排布有什么等，按Flex布局设计好界面。

（3）Nvue页面的布局排列方向默认为竖排（column），如需改变布局方向，可以在manifest.json → app-plus→ nvue→ flex-direction节点下修改，仅在uni-app模式下生效。

（4）Nvue页面编译为H5、小程序时，会将CSS默认值对齐。因为Weex渲染引擎只支持Flex，并且默认Flex方向是竖直的，而H5和小程序端使用Web渲染，默认不是Flex布局，使用display:flex设置成Flex布局后，它的Flex方向默认是水平的而不是竖直的，所以Nvue编译为H5、小程序时，会自动把页面默认布局设为Flex，方向为竖直。当然，开发者手动设置后会覆盖默认设置。

（5）文字内容必须在<text>组件下，不能在<div>、<view>的text区域里直接写文字，否则即使渲染了文字内容，也无法绑定JS里的变量。

（6）只有text标签可以设置字体大小和颜色。

（7）布局不能使用百分比，没有媒体查询。

（8）Nvue页面切换横竖屏时可能导致样式出现问题，建议使用Nvue的页面锁定手机方向。

（9）Nvue支持的CSS样式有限，但并不影响布局出用户需要的界面。

（10）Nvue不支持背景图，但可以使用image组件和层级实现类似Web中的背景效果。

（11）Nvue对CSS选择器支持的比较少，只能使用Class选择器，详见Nvue支持的样式（相关链接见“资源文件\网址索引.docx”）。

（12）Nvue的各组件在Android端默认是透明的，如果不设置background-color，可能会出现重影问题。

（13）Class进行绑定时只支持数组语法。

（14）Android端在一个页面内使用大量圆角边框会产生性能问题，尤其是当多个角的样式不一样时，更耗费性能。因此，应避免大量使用圆角边框。

（15）Nvue页面没有bounce回弹效果，只有几个列表组件有bounce回弹效果，包括list、recycle-list、waterfall组件。

（16）原生开发没有页面滚动的概念，当页面内容超过屏幕高度时不会自动滚动，只有部分组件可以滚动（如list、waterfall、scroll-view/scroller组件），要滚动的内容需要套在可滚动组件下。这不符合前端开发者的习惯，因此在Nvue编译为uni-app模式时，给页面外层自动套了一个scroller容器，当页面内容过高时就会自动滚动（组件不会套scroller容器，页面有recycle-list时也不会套scroller容器）。

（17）在App.vue中定义的全局JS变量不会在Nvue页面生效，在globalData和Vuex中定义的JS变量是生效的。

（18）在App.vue中定义的全局CSS对Nvue和Vue页面同时生效。如果全局CSS中有些CSS在Nvue下不支持，编译时控制台会报警。建议把这些不支持的CSS包裹在条件编译里，使用方法如下。

```
#ifdef APP-PLUS-NVUE
需条件编译的代码
#endif
```

（19）不能在Style中引入字体文件，Nvue中字体图标的使用方法参考加载自定义字体一文（相关链接见“资源文件\网址索引.docx”）。如果是本地字体，可以用plus.io的API转换路径。

（20）目前不支持在Nvue页面中使用typescript/ts。

（21）Nvue页面关闭原生导航栏时，要想模拟状态栏，可以参考文章《uni-app nvue沉浸式状态栏》（相关链接见“资源文件\网址索引.docx”）。但是，仍然建议在Nvue页面使用原生导航栏，Nvue的渲染速度再快，也没有原生导航栏快。原生排版引擎解析json绘制原生导航栏耗时很短，而解析Nvue的JS绘制整个页面耗时则长得多，尤其是在新页面进入动画期间，对于复杂页面，如果没有原生导航栏，那么在动画期间屏幕会白屏或闪屏。

新手问答

NO1：　如何处理Android平台阴影（box-shadow）显示异常的问题？

答： 在Android平台下Weex对阴影样式的支持不完善，如设置圆角边框时阴影样式显示不正常。为了解决这一问题，HBuilderX从2.4.7版本起，新增了elevation属性，用于设置组件的层级。层级值越大，阴影越明显；阴影效果也与组件的位置有关，组件越靠近页面底部，阴影效果越明显。

elevation属性用法如下。

```
<view elevation="5px"></view>
```

设置elevation属性产生的阴影暂时无法修改颜色。设置elevation后，当前组件的层级会高于其他未设置elevation的组件层级，如果组件都设置了elevation，值越大则层级越高。需要留意组件相互覆盖的使用场景，为了避免elevation属性的阴影效果与阴影样式冲突，设置elevation属性后box-shadow样式会失效。使用elevation需要阴影元素的父元素大于阴影范围，否则会对阴影进行裁剪。iOS端不支持elevation属性，应使用box-shadow设置阴影。

NO2： 如何解决iOS端内容太少，无法下拉刷新的问题？

答： 默认情况下，iOS端滚动容器组件（如list、waterfall组件）内容不足时，由于没有撑满容器的可视区域，内容无法上下滚动，无法使用下拉刷新功能，无法触发refresh组件的@refresh、@pullingdown事件。此时可通过在容器组件中配置alwaysScrollableVertical属性值为true来设置支持上下滚动，支持下拉刷新操作。

用法如下。

```
<list
    class="scroll-v list"
    enableBackToTop="true"
    scroll-y
    alwaysScrollableVertical="true"
>
    <refresh
        class="refresh"
        @refresh="onrefresh()"
        @pullingdown="onpullingdown"
    >
        //refresh content
    </refresh>
    <cell
        v-for="(newsitem,index) in list"
        :key="newsitem.id"
    >
        //cell content
    </cell>
</list>
```

新手实训：使用Nvue纯原生渲染模式运行App

【实训说明】

本实训主要帮助读者学习如何使用Nvue纯原生渲染模式运行App。uni-app在App端支持Vue

页面和Nvue页面混搭、互相跳转，也支持纯Nvue原生渲染。启用纯原生渲染模式，WebView渲染模式的相关模块将被移除，可以减少App端的包体积，减少使用时的内存占用。本实训主要流程如下。

（1）创建Nvue页面。

（2）实现Nvue页面和Vue页面通信。

（3）启动纯原生渲染模式。

（4）学会云打包App。

温馨提示

在pages.json文件中配置的Vue页面渲染时将被忽略，Vue组件也将被原生渲染引擎渲染。

实现方法

步骤01 创建新的uni-app项目，输入项目名【NvueDemo】，选择【默认模板】选项，单击【创建】按钮，即可成功创建项目。

步骤02 在创建好的uni-app项目中右击并选择【新建页面】，在弹出的【新建uni-app页面】对话框中选择【创建nvue文件】，如图4-2所示。

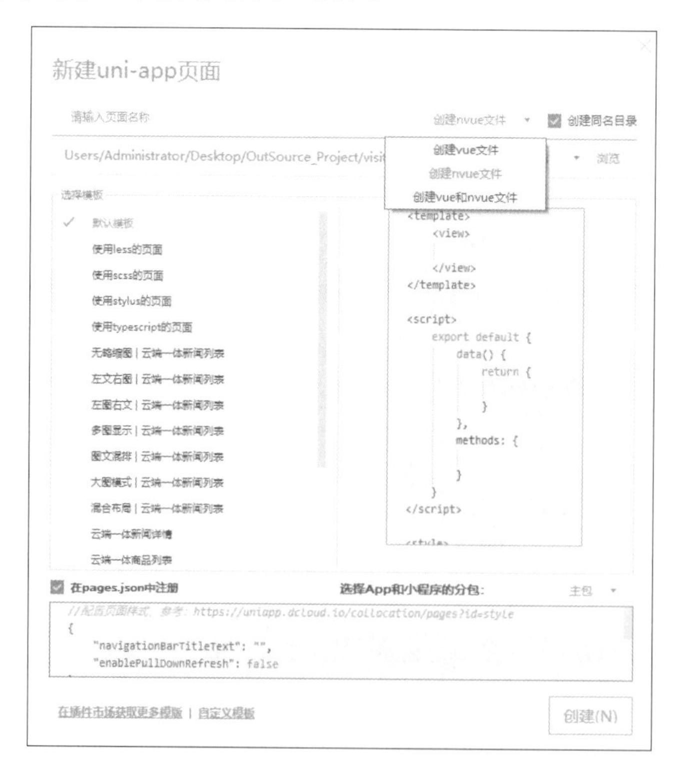

图4-2　新建Nvue页面

输入页面名，单击【创建】按钮，即可成功创建页面。页面创建成功后，页面左侧会显示创建好的页面，如图4-3所示。

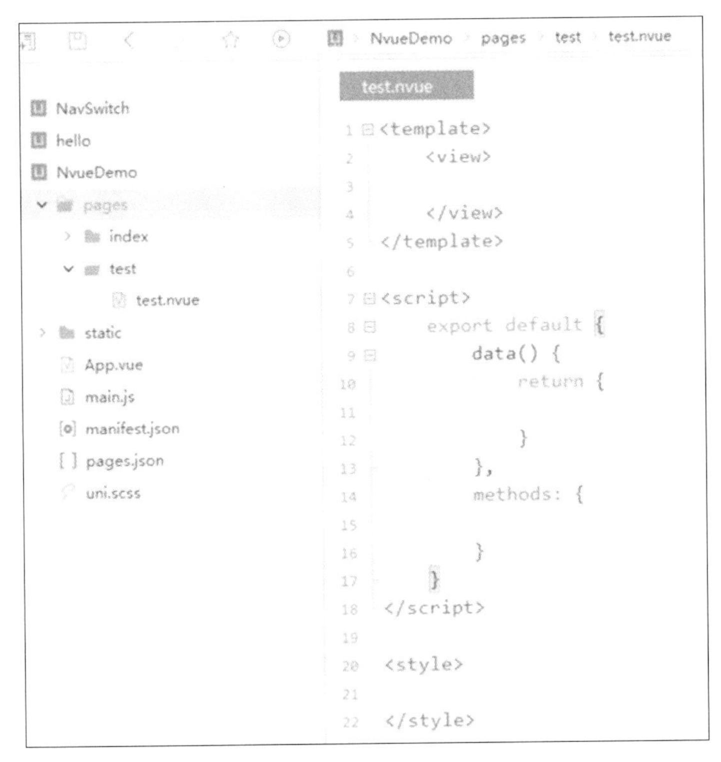

图4-3　Nvue页面创建成功

步骤03　在test.nvue页面实现发送消息的代码如下。

```
<template>
	<view @click="send">
		<text>点击页面发送数据</text>
	</view>
</template>

<script>
	export default {
		data() {
			return {

			}
		},
		methods: {
			send(){
```

```
                    console.log("发送数据")
                    uni.$emit('nvue-send', {
                        msg: '我是nvue页面的数据'
                    });
                }
            }
        }
</script>
```

步骤04 在index.vue页面onLoad中实现接收消息的代码如下。

```
onLoad() {
    uni.$on('nvue-send', (data) => {
        console.log(data.msg);
    });
}
```

步骤05 在index.vue页面onUnload中实现移除事件监听器的代码如下。

```
onUnload() {
    uni.$off('nvue-send');
}
```

步骤06 选择【运行】→【运行到浏览器】→【Chrome】选项，即可运行页面。出现图4-4所示的页面则表示项目运行成功。

图4-4　项目运行成功

步骤07 单击图4-4所示Nvue页面中的“点击页面发送数据”发送数据，控制台出现图4-5所示的数据，则表示数据传输成功。

```
23:28:45.585 发送数据  at pages/test/test.nvue:16
23:28:45.585 我是nvue页面的数据  at pages/index/index.vue:20
```

图4-5　数据传输成功

步骤08 在manifest.json文件中选择左侧的【App常用其他设置】，选中【纯nvue项目】复选框，开启纯原生渲染模式，如图4-6所示。

test.nvue
manifest.json
App图标配置
App启动界面配置
App模块配置
App权限配置
App原生插件配置
App常用其它设置
h5配置
微信小程序配置
百度小程序配置
字节跳动小程序配置
App常用其它设置
自定义404等错误页面
fast启动模式
详情
纯nvue项目
nvue页面编译模式
参考文档
uni-app

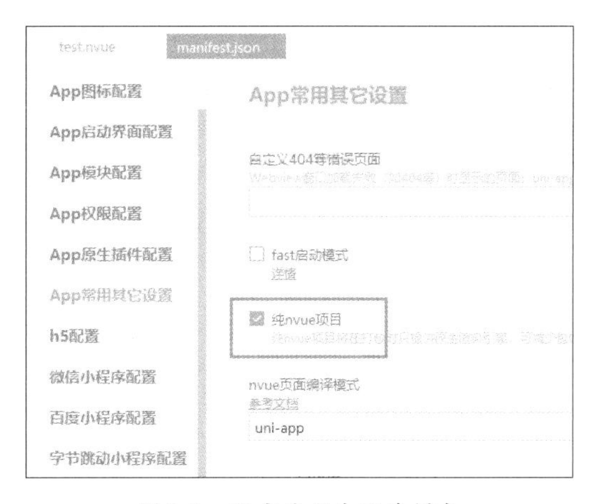

图4-6　开启纯原生渲染模式

注意：只有所有页面都是Nvue页面才建议开启纯原生渲染模式，这样可以极大地减小打包体积。

步骤09　将index.vue页面改为index.nvue页面，选择【发行】→【原生App-云打包】选项，在弹出的【NvueDemo-App打包】对话框中输入包名，单击【打包】按钮即可（这里只勾选了Android（apk包），填写的Android包名仅供参考，Android设置中使用的也是公共测试证书），如图4-7所示。

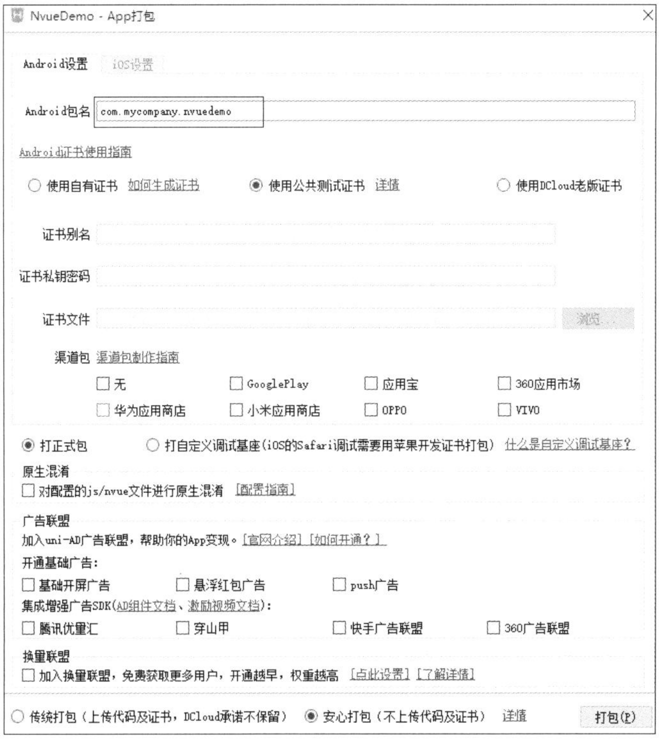

NvueDemo - App打包
Android设置
iOS设置
Android包名
com.mycompany.nvuedemo
Android证书使用指南
使用自有证书
如何生成证书
使用公共测试证书
详情
使用DCloud老版证书
证书别名
证书私钥密码
证书文件
浏览
渠道包
渠道包制作指南
无
GooglePlay
应用宝
360应用市场
华为应用商店
小米应用商店
OPPO
VIVO
打正式包
打自定义调试基座(iOS的Safari调试需要用苹果开发证书打包)
什么是自定义调试基座?
原生混淆
对配置的js/nvue文件进行原生混淆
[配置指南]
广告联盟
加入uni-AD广告联盟，帮助你的App变现。[官网介绍] [如何开通？]
开通基础广告：
基础开屏广告
悬浮红包广告
push广告
集成增强广告SDK(AD组件文档、激励视频文档)：
腾讯优量汇
穿山甲
快手广告联盟
360广告联盟
换量联盟
加入换量联盟，免费获取更多用户，开通越早，权重越高
[点此设置] [了解详情]
传统打包（上传代码及证书，DCloud承诺不保留）
安心打包（不上传代码及证书）
详情
打包(P)

图4-7　App打包配置

云打包成功后，控制台会出现图4-8所示的日志。

```
[HBuilder] 00:03:59.106 项目 NvueDemo [__UNI__0E4D927]的打包状态:
[HBuilder] 00:03:59.106 时间: 2021-01-04 00:01:59    类型: Android 公共测试证书    打包成功    安
ni-app/NvueDemo/unpackage/release/apk/__UNI__0E4D927_20210104000159.apk         [打开所在目录]
```

图4-8　打包成功日志

第二篇

进阶篇

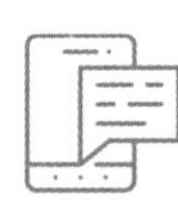

第5章 uni-app的基础配置

本章导读

uni-app是一个使用Vue.js开发所有前端应用的框架，实现了使用一套代码，同时运行到多个平台。无论是Vue开发还是各个平台的开发都需要进行一些基础配置。

本章将详细讲解uni-app的一些基础配置，并教读者如何配置页面。

知识要点

通过对本章内容的学习，可以掌握以下知识。

- uni-app的配置项。
- 如何优化项目。
- 组件的自动化导入。
- 各个平台的特有配置。
- 配置一个页面。
- 各个配置项的作用和使用方法。

5.1 全局配置

全局配置在pages.json文件中进行，它决定了页面文件的路径、窗口样式、原生的导航栏显示方式、底部的原生tabBar展现形式等。

5.1.1 设置应用的基本信息

在pages.json文件中添加globalStyle属性进行全局配置，设置应用的状态栏、导航栏、标题、窗口背景色等。globalStyle属性说明如表5-1所示。

表5-1　globalStyle属性说明

属性	类型	默认值	描述	平台差异说明
navigationBarBackgroundColor	HexColor	#F7F7F7	导航栏背景色（同状态栏背景色）	App与H5的导航栏背景色为#F7F7F7，小程序平台请参考相应小程序文档
navigationBarTextStyle	String	white	导航栏标题颜色及状态栏前景色，仅支持black/white	无差异
navigationBarTitleText	String	无	导航栏标题文字内容	无差异
navigationStyle	String	default	导航栏样式，仅支持default/custom。custom即取消默认的原生导航栏	仅微信小程序7.0+、百度小程序、H5、App 2.0.3+支持
backgroundColor	HexColor	#ffffff	下拉时显示出来的窗口的背景色	仅微信小程序支持
backgroundTextStyle	String	dark	下拉loading的样式，仅支持dark / light	仅微信小程序支持
enablePullDownRefresh	Boolean	false	是否开启下拉刷新	无差异
onReachBottomDistance	Number	50	页面上拉触底事件触发时距页面底部的距离，单位只支持px，详见页面生命周期	无差异
backgroundColorTop	HexColor	#ffffff	顶部窗口的背景色（bounce回弹区域）	仅iOS平台支持
backgroundColorBottom	HexColor	#ffffff	底部窗口的背景色（bounce回弹区域）	仅iOS平台支持
titleImage	String	无	导航栏图片地址（替换当前文字标题）	仅支付宝小程序、H5、App支持
transparentTitle	String	none	导航栏整体（前景、背景）透明设置。支持always（一直透明）/ auto（滑动自适应）/ none（不透明）	仅支付宝小程序、H5、App支持
titlePenetrate	String	NO	导航栏点击穿透	仅支付宝小程序、H5支持
pageOrientation	String	portrait	横屏配置，屏幕旋转设置，仅支持auto / portrait / landscape	仅App 2.4.7+、微信小程序支持
animationType	String	pop-in	窗口显示的动画效果	仅App支持

续表

属性	类型	默认值	描述	平台差异说明
animationDuration	Number	300	窗口显示动画的持续时间，单位为ms	仅App支持
app-plus	Object	无	设置编译到App平台的特定样式	仅App支持
h5	Object	无	设置编译到H5平台的特定样式	仅H5支持
mp-alipay	Object	无	设置编译到mp-alipay平台的特定样式	仅支付宝小程序支持
mp-weixin	Object	无	设置编译到mp-weixin平台的特定样式	仅微信小程序支持
mp-baidu	Object	无	设置编译到mp-baidu平台的特定样式	仅百度小程序支持
mp-toutiao	Object	无	设置编译到mp-toutiao平台的特定样式	仅字节跳动小程序支持
mp-qq	Object	无	设置编译到mp-qq平台的特定样式	仅QQ小程序支持
usingComponents	Object	无	引用小程序组件	无差异
renderingMode	String	无	同层渲染，webrtc（实时音视频）无法正常显示时，尝试配置seperated，强制关闭同层	仅微信小程序支持
leftWindow	Boolean	true	当存在leftWindow时，默认是否显示leftWindow	仅H5支持
topWindow	Boolean	true	当存在topWindow时，默认是否显示topWindow	仅H5支持
rightWindow	Boolean	true	当存在rightWindow时，默认是否显示rightWindow	仅H5支持
rpxCalcMaxDeviceWidth	Number	960	使用rpx单位计算支持的最大设备宽度，单位为px	仅App、H5 2.8.12+支持
rpxCalcBaseDeviceWidth	Number	375	使用rpx单位计算使用的基准设备宽度，设备实际宽度超出rpx计算支持的最大设备宽度时，将按基准宽度计算，单位为px	仅App、H5 2.8.12+支持

续表

属性	类型	默认值	描述	平台差异说明
rpxCalcIncludeWidth	Number	750	rpx计算特殊处理的值，始终按实际的设备宽度计算，单位为rpx	仅App、H5 2.8.12+支持
maxWidth	Number	1190	单位为px，当浏览器可见区域宽度大于maxWidth时，两侧留白；小于等于maxWidth时，页面铺满。不同页面支持配置不同的maxWidth。maxWidth = leftWindow（可选）+page（页面主体）+rightWindow（可选）	仅H5 2.9.9+支持

globalStyle属性的使用示例代码如下。

```
"globalStyle": {
        "navigationBarTextStyle": "black",
        "navigationBarTitleText": "演示",
        "navigationBarBackgroundColor": "#F8F8F8",
        "backgroundColor": "#F8F8F8",
        "usingComponents":{
            "collapse-tree-item":"/components/collapse-tree-item"
        },
        "renderingMode": "seperated", //仅微信小程序支持，webrtc无法正常使用时尝试强制关闭同层渲染
        "pageOrientation": "portrait", //横屏配置，全局屏幕旋转设置(仅App/微信/QQ小程序)，支持auto/portrait/landscape
        "rpxCalcMaxDeviceWidth": 960,
        "rpxCalcBaseDeviceWidth": 375,
        "rpxCalcIncludeWidth": 750
    }
```

温馨提示

使用globalStyle时，需要注意以下几点。

①支付宝小程序使用titleImage时必须用https开头的图片链接地址，并且需要在真机上调试才能看到显示效果，在支付宝小程序开发者工具内无发看到显示效果。

②在globalStyle中设置的titleImage会覆盖在pages→style中配置的文字标题。

③使用maxWidth时，页面内的fixed元素需要使用--window-left、--window-right来保证布局位置正确。

5.1.2 自动引入组件

传统Vue组件需要经过安装、引用、注册3个步骤后才能使用。easycom将其精简为一步，只要组件安装在项目的components目录下，且符合“components/组件名称/组件名称.vue”目录结构，就可以不用引用、注册，直接在页面中使用，具体内容如下。

```
<template>
    <view class="container">
        <uni-list>
            <uni-list-item title="第一行"></uni-list-item>
        </uni-list>
    </view>
</template>
<script>
    //这里不用import引入uni-list组件，也不用在components内注册uni-list组件，可以直接在
template里使用
    export default {
        data() {
            return {
            }
        }
    }
</script>
```

在uni-app插件市场下载的符合“components/组件名称/组件名称.vue”目录结构的组件，均可直接使用。

不管components目录下安装了多少个组件，easycom打包后都会自动剔除没有使用过的组件。以uni-ui插件为例，在HBuilderX新建项目界面选择uni-ui项目模板，只需在页面中输入u，就会显示大量组件代码块，供用户选择使用，大幅提升了开发效率，降低了使用门槛；同时uni-ui插件中没有被使用过的组件，在打包后会被自动剔除。

easycom是自动开启的，不需要手动开启，用户有需求时可以在pages.json的easycom节点进行个性化设置，如关闭自动扫描或自定义扫描匹配组件。easycom设置参数如表5-2所示。

表5-2 easycom设置参数

属性	类型	默认值	描述
autoscan	Boolean	true	是否开启自动扫描，开启后将自动扫描符合“components/组件名称/组件名称.vue”目录结构的组件
custom	Object	#	以正则表达式的方式自定义组件匹配规则。如果autoscan不能满足需求，可以使用custom自定义匹配规则

自定义easycom配置的使用示例如下。

如果要匹配node_modules内的Vue文件，需要使用packageName/path/to/vue-file-$1.vue形式的匹配规则，其中packageName为安装的包名，/path/to/vue-file-$1.vue为Vue文件在包内的路径。设置参数代码如下。

```
"easycom": {
  "autoscan": true,
  "custom": {
    "^uni-(.*)": "@/components/uni-$1.vue", //匹配components目录内的Vue文件
     "^vue-file-(.*)": "packageName/path/to/vue-file-$1.vue" //匹配node_modules内的Vue文件
  }
}
```

使用说明：

（1）通过easycom方式引入的组件无须在页面内引入，也不需要在components内声明，即可在任意页面中使用。

（2）通过easycom方式引入的组件不是全局引入，而是局部引入，如在H5端只有加载相应页面时才会加载使用的组件。

（3）在组件名完全一致的情况下，easycom引入的优先级低于手动引入（区分连字符形式与驼峰形式）。

（4）考虑到编译速度，直接在pages.json内修改easycom不会触发重新编译，改动页面内容时才会触发。

（5）easycom只处理Vue组件，不处理小程序专用组件（如微信的wxml格式组件），不处理扩展名为.nvue的组件。但Vue组件可以全端运行，包括小程序和app-nvue。可以参考uni-ui插件，使用了扩展名.vue，也兼容了Nvue页面。

（6）在Nvue页面里引用扩展名为.vue的组件，会按照Nvue方式使用原生渲染，其中不支持的CSS样式会被忽略。在Nvue页面里同样支持使用easycom。

5.1.3　设置底部tab的表现

如果应用是一个多tab应用，可以通过tabBar配置项指定一级导航栏，以及tab切换时显示的对应页。

pages.json中提供tabBar配置，不仅是为了方便快速开发导航，更重要的是在App和小程序端提升性能。在这两个平台，底层原生引擎在启动时无须等待JS引擎初始化，即可直接读取pages.json中配置的tabBar信息，渲染原生tab。

温馨提示

tabBar的使用过程中，需要注意以下几点。

①当设置position为top时，将不会显示icon。

② tabBar中的list是一个数组，只能配置最少2个、最多5个tab，tab按数组的顺序排序。

③ tabBar在第一次加载时可能会渲染不及时，可以在每个tabBar页面的onLoad生命周期里先弹出一个等待的雪花提示。

④ tabBar的页面展现过一次后会保留在内存中，再次切换tabBar页面，只会触发每个页面的onShow，不会再触发onLoad。

⑤顶部的tabBar目前仅微信小程序支持。如果需要用到顶部选项卡，建议不要使用tabBar的顶部设置，而是自己实现顶部选项卡，可参考hello uni-app→模板→顶部选项卡的实现方式。

tabBar配置属性说明如表5-3所示。

表5-3　tabBar配置属性说明

属性	类型	必填	默认值	描述	平台差异说明
color	HexColor	是	无	tab上的文字默认颜色	无差异
selectedColor	HexColor	是	无	tab上的文字选中时的颜色	无差异
backgroundColor	HexColor	是	无	tab的背景色	无差异
borderStyle	String	否	black	tabBar上边框的颜色，可选值为black、white	App 2.3.4+支持其他颜色值、H5 3.0.0+支持
blurEffect	String	否	none	iOS高斯模糊效果，可选值为dark、extralight、light、none	App 2.4.0+支持、H5 3.0.0+（只有最新版浏览器支持）
list	Array	是	无	tab的列表，只能配置最少2个、最多5个tab	无差异
position	String	否	bottom	可选值为bottom、top	仅微信小程序支持
fontSize	String	否	10px	文字默认大小	仅App 2.3.4+、H5 3.0.0+支持
iconWidth	String	否	24px	图标默认宽度（高度等比例缩放）	仅App 2.3.4+、H5 3.0.0+支持
spacing	String	否	3px	图标和文字的间距	仅App 2.3.4+、H5 3.0.0+支持
height	String	否	50px	tabBar默认高度	仅App 2.3.4+、H5 3.0.0+支持
midButton	Object	否	无	中间按钮，仅在list项为偶数时有效	仅App 2.3.4+、H5 3.0.0+支持

其中，list接收一个数组，数组中的每个项都是一个对象，其属性说明如表5-4所示。

表5-4 list配置属性说明

属性	类型	必填	说明
pagePath	String	是	页面路径，必须在pages中先定义
text	String	是	tab上的按钮文字，在App和H5平台为非必填项。例如，中间可放置一个没有文字的“+”号图标
iconPath	String	否	图片路径，icon大小限制为40KB，建议尺寸为81px×81px。当postion为top时，此参数无效，不支持网络图片，不支持字体图标
selectedIconPath	String	否	选中时的图片路径，icon大小限制为40KB，建议尺寸为81px×81px。当postion为top时，此参数无效

如果想要一个中间带“+”号的tabBar，且需要“+”号在中间凸起，就需要用到midButton属性。midButton配置属性说明如表5-5所示。

表5-5 midButton配置属性说明

属性	类型	必填	默认值	描述
width	String	否	80px	中间按钮的宽度，tabBar其他项的宽度是页面宽度减去此宽度后的平均宽度，默认值是与其他项平分后的宽度
height	String	否	50px	中间按钮的高度，可以大于tabBar高度，实现中间凸起的效果
text	String	否	无	中间按钮的文字
iconPath	String	否	无	中间按钮的图片路径
iconWidth	String	否	24px	图片宽度（高度等比例缩放）
backgroundImage	String	否	无	中间按钮的背景图片路径

midButton没有pagePath属性，需监听点击事件，自行处理点击后的行为逻辑。监听点击事件调用API为：uni.onTabBarMidButtonTap，相关使用方法说明文档网址见“资源文件\网址索引.docx”。

使用tabBar还需要注意以下常见问题。

（1）tabBar的JS API可实现动态显示隐藏（如弹出层无法覆盖tabBar）、内容修改、item加角标等功能。

（2）实现tabBar的item点击事件监听，可使用onTabItemTap事件。

（3）转到tabBar页面的API只能使用uni.switchTab，不能使用uni.navigateTo、uni.redirectTo；使用navigator组件跳转时，必须设置open-type="switchTab"。

（4）tabBar的默认高度在不同平台是不一样的。App端的默认高度自HBuilderX 2.3.4版本起从56px调整为50px，与H5端统一。开发者也可以自行设定高度，调回56px。

（5）tabBar在H5端是使用div生成的，属于前端屏幕窗口的一部分；如果要使用bottom居底定位方式，应使用CSS变量--window-bottom，如悬浮在tabBar上方10px的按钮样式为“bottom: calc(var(--window-bottom) + 10px)”。

（6）如果需要登录后再进入tab页面，不必把登录页配置为首页，具体实现方式可参考HBuilderX新建uni-app项目时的登录模板。

（7）遇到弹出遮罩层无法覆盖tabBar的问题，可以动态隐藏tabBar。App端可以使用plus.nativeObj.view或subNVue做弹出和遮罩，可参考底部原生图标分享菜单的示例（相关链接见“资源文件\网址索引.docx”）。

（8）微信小程序模拟器1.02.1904090版有bug，在缩放模拟器页面百分比后，tabBar点击多次后会出现卡死的情况，使用时需注意。

（9）在PC端的宽屏上，当页面存在topWindow、leftWindow或rightWindow等多窗体结构时，若想改变tabBar显示的位置，需使用custom-tab-bar组件配置。

tabBar的配置示例代码如下所示。

```
"tabBar": {
    "color": "#7A7E83",
    "selectedColor": "#3cc51f",
    "borderStyle": "black",
    "backgroundColor": "#ffffff",
    "list": [{
        "pagePath": "pages/component/index",
        "iconPath": "static/image/icon_component.png",
        "selectedIconPath": "static/image/icon_component_HL.png",
        "text": "组件"
    }, {
        "pagePath": "pages/API/index",
        "iconPath": "static/image/icon_API.png",
        "selectedIconPath": "static/image/icon_API_HL.png",
        "text": "接口"
    }]
}
```

5.1.4 启动模式配置

启动模式仅在开发期间生效，用于模拟直达页面的场景，如小程序被转发后，用户点击链接打开的页面。启动模式的配置避免了开发期间需要手动点击页面跳转的问题，极大地提高了开发效率。

使用启动模式需要在pages.json中配置condition属性。condition的属性如表5-6所示。

表5-6　condition属性

属性	类型	是否必填	描述
current	Number	是	当前激活的模式，list节点的索引值
list	Array	是	启动模式列表

其中，list接收一个数组，数组中的每个项都是一个对象，其属性如表5-7所示。

表5-7　list属性

属性	类型	是否必填	描述
name	String	是	启动模式名称
path	String	是	启动页面路径
query	String	否	启动参数，可通过页面的onLoad函数获得

注意，在App中真机运行可直接打开配置的页面；在微信小程序开发者工具中运行需要手动更改启动页面，如图5-1所示。

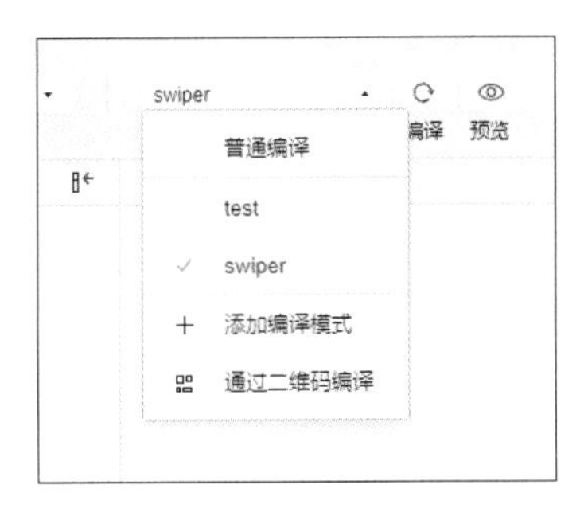

图5-1　微信小程序开发者工具更改启动页面

condition的配置示例代码如下所示。

```
"condition": { //模式配置，仅开发期间生效
    "current": 0, //当前激活的模式（list的索引项）
    "list": [{
            "name": "swiper", //模式名称
            "path": "pages/component/swiper/swiper", //启动页面，必选
             "query": "interval=4000&autoplay=false" //启动参数，在页面的onLoad函数中得到
        },
        {
            "name": "test",
```

```
        "path": "pages/component/switch/switch"
      }
    ]
}
```

5.1.5 分包加载配置

使用分包加载配置需要在pages.json中配置subPackages属性，此配置为小程序的分包加载机制。

小程序有体积和资源加载的限制，因此各小程序平台都提供了分包方式，优化小程序的下载和启动速度。

主包放置默认启动页面、tabBar页面，以及一些所有分包都需要用到的公共资源、JS脚本；而分包则是根据pages.json中的配置进行划分的。

当小程序启动时，默认会下载主包并启动主包内的页面。当用户进入分包内某个页面时，小程序会把对应分包自动下载下来，下载完成后再进行展示，此时终端界面会有等待提示。

App默认为整包。从uni-app 2.7.12+版本开始，也支持分包配置，其目的是在首页是Vue的情况下提升启动速度。在App下开启分包，除在pages.json中配置分包规则外，还需要在manifest中开启App端的分包配置（相关文档地址见“资源文件\网址索引.docx”）。

subPackages节点接收一个数组，数组的每一项都是应用的子包，其属性如表5-8所示。

表5-8 subPackages属性

属性	类型	是否必填	描述
root	String	是	子包的根目录
pages	Array	是	子包由哪些页面组成，参数同pages

温馨提示

使用subPackages时需要注意以下几点。

① subPackages里的pages的路径是root下的相对路径，不是全路径。

②微信小程序每个分包的大小为2MB，总体积不能超过16MB。

③百度小程序每个分包的大小为2MB，总体积不能超过8MB。

④支付宝小程序每个分包的大小为2MB，总体积不能超过4MB。

⑤ QQ小程序每个分包的大小为2MB，总体积不能超过24MB。

⑥字节跳动小程序每个分包的大小为2MB，总体积不能超过16MB（字节跳动小程序基础库1.88.0及以上版本开始支持分包加载配置，字节跳动小程序开发者工具应使用高于2.0.6且低于3.0.0的版本）。

⑦分包下支持独立的static目录，用于对静态资源进行分包。

⑧ uni-app支持对微信小程序、QQ小程序、百度小程序、支付宝小程序、字节跳动小程序分包优化，即将静态资源或JS文件放入分包内，不占用主包容量。

⑨针对生成的vendor.js文件过大的情况，可以启用运行时压缩代码功能，启用该功能有两种配置方式，第一种是在HBuilderX创建的项目中选择【运行】→【运行到小程序模拟器】→【运行时是否压缩代码】选项；第二种是在cli创建的项目的pacakge.json中添加参数--minimize，示例："dev:mp-weixin": "cross-env NODE_ENV=development UNI_PLATFORM=mp-weixin vue-cli-service uni-build --watch --minimize"。

subPackages的使用示例如下所示。

假设支持分包的uni-app目录结构如图5-2所示。

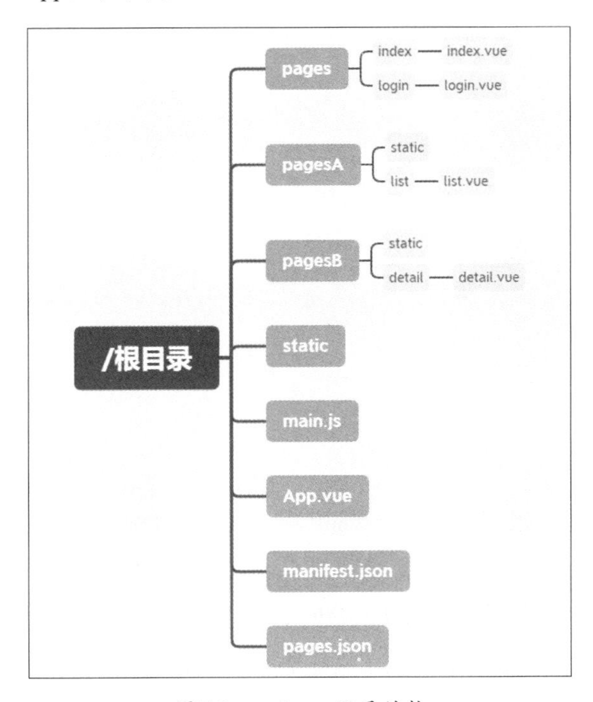

图5-2　uni-app目录结构

在pages.json中进行如下配置。

```
{
    "pages": [{
        "path": "pages/index/index",
        "style": { ...}
    }, {
        "path": "pages/login/login",
        "style": { ...}
    }],
    "subPackages": [{
        "root": "pagesA",
```

```
        "pages": [{
            "path": "list/list",
            "style": { ...}
        }]
    }, {
        "root": "pagesB",
        "pages": [{
            "path": "detail/detail",
            "style": { ...}
        }]
    }],
    "preloadRule": {
        "pagesA/list/list": {
            "network": "all",
            "packages": ["__APP__"]
        },
        "pagesB/detail/detail": {
            "network": "all",
            "packages": ["pagesA"]
        }
    }
}
```

上面的示例中使用了分包预载配置preloadRule。配置preloadRule后，在进入小程序某个页面时，由框架自动预下载可能需要的分包，提升进入后续分包页面时的启动速度。

在preloadRule中，key是页面路径，value是进入页面的预下载配置，预下载配置项如表5-9所示。

表5-9　预下载配置项

字段	类型	必填	默认值	说明
packages	StringArray	是	无	进入页面后预下载分包的root或name，App表示主包
network	String	否	wifi	在指定网络下预下载，可选值为all（不限网络）、wifi（仅Wi-Fi下预下载）

App的分包同样支持preloadRule，但网络规则无效。

5.2 应用配置

应用的配置文件是manifest.json，用于指定应用的名称、图标、权限等。当使用HBuilderX创建工程时，此配置文件位于根目录下；当使用cli创建工程时，此配置文件位于src目录下。

5.2.1　指定应用的名称、图标、权限

要指定应用的名称、图标、权限，在manifest.json文件中直接配置即可。manifest.json配置项如表5-10所示。

表5-10　manifest.json配置项

属性	类型	默认值	描述	最低版本
name	String	无	应用名称	无
appid	String	新建uni-app项目时，DCloud云端分配appid	应用标识	无
description	String	无	应用描述	无
versionName	String	无	版本名称，如1.0.0	无
versionCode	String	无	版本号，如36	无
transformPx	Boolean	true	是否转换项目的px，值为true时将px转换为rpx，值为false时px为传统的实际像素	无
networkTimeout	Object	无	网络超时时间	无
debug	Boolean	false	是否开启debug模式，开启后调试信息以info的形式显示，其信息有页面注册、页面路由、数据更新、事件触发等	无
uniStatistics	Object	无	是否开启uni统计	2.2.3+
app-plus	Object	无	App特有配置	无
h5	Object	无	H5特有配置	无
quickapp	Object	无	快应用特有配置	无
mp-weixin	Object	无	微信小程序特有配置	无
mp-alipay	Object	无	支付宝小程序未提供可配置项	无
mp-baidu	Object	无	百度小程序特有配置	无
mp-toutiao	Object	无	字节跳动小程序特有配置	1.6.0
mp-qq	Object	无	QQ小程序特有配置	2.1.0

温馨提示

manifest.json的配置需要注意以下几点。

① uni-app的appid由DCloud云端分配，主要用于DCloud相关的云服务，请勿自行修改。

②注意区分uni-app的appid与微信小程序、iOS等其他平台分配的appid，以及与第三方SDK的appid之间的区别。

③versionName在云打包App和生成wgt应用资源时会被使用。如需升级App版本，应先修改versionName再云打包。导出wgt资源用于离线打包和热更新时也会以此版本为依据。

④在本地打包和热更新时，App版本和wgt应用资源版本将不再保持一致。此时通过plus.runtime.version可获取App版本，通过plus.runtime.getProperty可获取wgt资源版本。

了解manifest.json的配置项后，可以很容易地配置应用的名称、图标、权限，其配置使用方式如下。

（1）应用的名称配置。在manifest.json文件中配置name属性，配置示例如下。

```
"name": " uni-app",
```

（2）应用的图标配置。在manifest.json文件中配置icons属性，配置示例如下。

```
"icons": {
    "ios": {
        "appstore": "必选, 1024x1024, 提交app store使用的图标",
        "iphone": {
            "app@2x": "可选, 120x120, iOS7-11程序图标（iPhone4S/5/6/7/8）",
            "app@3x": "可选,180x180,iOS7-11程序图标（iPhone6plus/7plus/8plus/X)",
            "spotlight@2x": "可选,80x80,iOS7-11 Spotlight搜索图标（iPhone5/6/7/8)",
            "spotlight@3x": "可选,120x120,iOS7-11 Spotlight搜索图标（iPhone6plus/
             7plus/8plus/X）",
            "settings@2x": "可选,58x58,iOS5-11 Settings设置图标（iPhone5/6/7/8)",
            "settings@3x": "可选, 87x87, iOS5-11 Settings设置图标（iPhone6plus/
             7plus/8plus/X）",
             "notification@2x": "可选, 40x40, iOS7-11通知栏图标（iPhone5/6/7/8）",
            "notification@3x": "可选, 60x60, iOS7-11通知栏图标（iPhone6plus/
             7plus/8plus/X）"
        },
        "ipad": {
            "app": "可选, 76x76, iOS7-11程序图标",
            "app@2x": "可选, 152x152, iOS7-11程序图标（高分屏）",
            "proapp@2x": "可选, 167x167, iOS9-11程序图标（iPad Pro）",
            "spotlight": "可选, 40x40, iOS7-11 Spotlight搜索图标",
            "spotlight@2x": "可选, 80x80, iOS7-11 Spotlight搜索图标（高分屏）",
            "settings": "可选, 29x29, iOS5-11设置图标",
            "settings@2x": "可选, 58x58, iOS5-11设置图标（高分屏）",
```

```
            "notification": "可选, 20x20, iOS7-11通知栏图标",
            "notification@2x": "可选, 40x40, iOS7-11通知栏图标（高分屏）"
        }
    },
    "android": {
        "mdpi": "必选, 48x48, 普通屏程序图标",
        "ldpi": "必选, 48x48, 大屏程序图标",
        "hdpi": "必选, 72x72, 高分屏程序图标",
        "xhdpi": "必选, 96x96, 720P高分屏程序图标",
        "xxhdpi": "必选, 144x144, 1080P高分屏程序图标",
        "xxxhdpi": "可选, 192x192"
    }
}
```

（3）应用的权限配置。应用的权限配置属于App特有的配置，在manifest.json文件中的distribute属性中针对android和ios进行配置。android的权限是配置在permissions属性中，ios的权限是配置在plistcmds属性中。示例代码如下。

```
"distribute": {
    //Android与iOS证书相关信息均在打包时完成配置
    "android": {
        //...
        "permissions": [ //可选, 字符串数组类型, Android权限配置
            "<uses-feature android:name=\"android.hardware.camera\"/>"
        ],
        //...
    },
    "ios": {
        //...
        "privacyDescription": [ //可选, JSON对象, iOS隐私信息访问的许可描述
            "NSCameraUsageDescription": "" //可选, 字符串类型, 摄像头使用权限描述
        ]
    }
    //...
}
```

如果使用HBuilderX作为开发工具，双击manifest.json文件会出现可视化的配置界面，如图5-3所示。

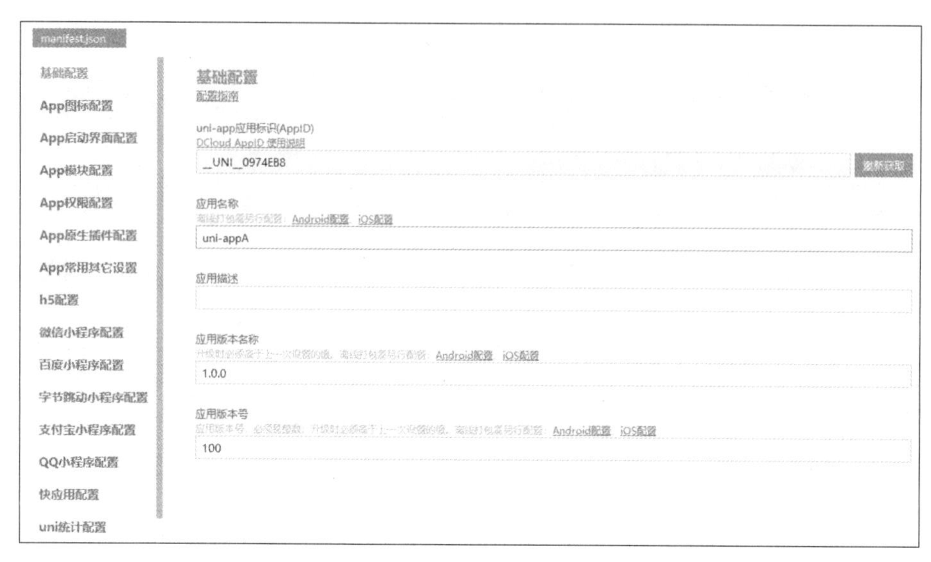

图5-3 应用可视化配置界面

5.2.2 uni统计配置项

uni-app自2.2.3版本起新增了uni统计，支持全平台业务统计，包括App、H5及各家小程序。

uni统计有以下优点。

（1）一张报表看遍业务全景，无须在各端接收不同的SDK，无须在不同报表中看数据。

（2）联通内容，知道用户喜欢什么内容，不管是新闻App里的新闻，还是购物App里的商品，都可以一目了然地看到。

下面介绍uni统计配置的实现方法，步骤如下。

步骤01 配置统计开关。在HBuilderX中打开manifest，选择uni统计配置，如图5-4所示。

图5-4 uni统计配置

如果不使用HBuilderX，也可以在manifest.json的源码视图中手动关闭uni统计。

将manifest.json→uniStatistics下的enable字段设置为false，可以关闭uni统计，配置代码如下。

```
"uniStatistics": {
    "enable": false//全局关闭
}
```

注意，uniStatistics支持分平台设置，如仅需关闭微信平台的uni统计，则在mp-weixin节点下设置uniStatistics →enable即可，配置代码如下。

```
"mp-weixin":{
    "uniStatistics": {
        "enable": false //微信平台关闭统计
    }
}
```

步骤02 小程序端需添加域名访问白名单。想要访问的域名必须配置到各家小程序的白名单中，否则无法联网访问，因此需要将tongji.dcloud.io配入域名白名单中。详细配置方法可参考小程序统计域名配置（相关链接见“资源文件\网址索引.docx”）。

步骤03 使用HBuilderX 2.2.3以上版本或对应的cli版发行应用。应用在运行、调试时不会上报统计数据，仅在发行并启动新版的App、H5、小程序后才会上报数据。

步骤04 登录统计后台查看数据。

uni统计报表网址为https://tongji.dcloud.net.cn。

使用DCloud账户登录后台，即可看到账户名下创建的应用。如果看不到应用，则说明该账户不是应用的所有者。

如果appid对应的项目的所有者发生变更，需转让应用，具体方法可参考“如何转让应用”介绍（网址见“资源文件\网址索引.docx”）。

5.2.3 App特有配置

App特有配置指的是manifest.json文件中app-plus的属性配置，如表5-11所示。

表5-11　app-plus属性

属性	类型	说明	最低版本
splashscreen	Object	App启动界面信息	无
screenOrientation	Array	重力感应、横竖屏配置，可选值：portrait-primary（竖屏正方向）、portrait-secondary（竖屏反方向）、landscape-primary（横屏正方向）、landscape-secondary（横屏反方向）	无

续表

属性	类型	说明	最低版本
modules	Object	权限模块	无
distribute	Object	App发布信息	无
nvueCompiler	String	切换Nvue编译模式，可选值：weex（默认值，老编译模式）、uni-app（新编译模式）	2.0.3+
nvueStyleCompiler	String	切换Nvue样式编译模式，可选值：weex（默认值，老编译模式）、uni-app（新编译模式）	3.1.1+
render	String	可不加载基于WebView的运行框架，减小包体积，提升启动速度。可选值为native	App-nvue 2.2.0+
compilerVersion	Number	编译器版本，可选值为2、3，默认值为2	HBuilderX alpha 2.4.4+或HBuilderX 2.5.0+
nvueLaunchMode	Number	Nvue首页启动模式，在compilerVersion值为3时生效，可选值为normal、fast，默认值为normal	2.5.0+
nvue	Object	Nvue页面布局初始配置	2.0.3+
uniStatistics	Object	App是否开启uni统计，配置方法同全局配置	2.2.3+

温馨提示

App的配置需要注意以下几点。

①部分配置可在打包时的操作界面中补全，如证书等。

② Native.js的权限会根据配置的模块权限在打包后自动填充。

下面详细介绍app-plus常用的几个属性。

（1）splashscreen（启动界面）是App的一部分，其属性值如表5-12所示。

表5-12　splashscreen属性

属性	类型	默认值	描述	最低版本
alwaysShowBeforeRender	Boolean	true	首页白屏时不关闭启动界面	1.6.0
autoclose	Boolean	true	是否自动关闭程序启动界面。如需手动关闭启动界面，需将alwaysShowBeforeRender及autoclose均设置为false	无
waiting	Boolean	true	是否在程序启动界面显示等待圈或雪花图标	无
delay	Number	0	启动界面在应用首页面加载完成后延迟关闭的时间，autoclose为true时生效	无

配置一个启动界面，并在程序加载完成后自动关闭启动界面，相关配置如下。

```
"splashscreen": {
    "waiting": true,
    "autoclose": true
}
```

温馨提示

使用splashscreen时有以下注意事项。

①如果不配置自己的splashscreen图，App端会默认把App的icon放到splash中。

② splashscreen图只能是标准png格式，不要将jpg格式改名为png格式，也不支持gif格式。

③ splashscreen配置后，只有云打包后才生效，真机运行测试时不生效。本地打包需自行在原生工程中配置后才生效。

④ App启动图中iOS的Max等大屏设备的splash图若不配，会导致iOS认为此App没有为Max优化，App将无法全屏，四周会有黑边。

⑤ Android的splashscreen图支持.9.png格式。

（2）distribute是发布应用时打包的一些配置信息，其属性如表5-13所示。

表5-13 distribute属性

属性	类型	描述
android	Object	Android应用配置
ios	Object	iOS应用配置
sdkConfigs	Object	SDK配置，仅打包生效
orientation	Array	同screenOrientation配置，仅打包生效，该属性已废弃，推荐使用screenOrientation

distribute属性的相关配置示例如下。

```
"distribute": { //必选，JSON对象，云端打包配置
    "android": { //可选，JSON对象，Android平台云端打包配置
        "packagename": "",              //必填，字符串类型，Android包名
        "keystore": "",                 //必填，字符串类型，Android签名证书文件路径
        "password": "",                 //必填，字符串类型，Android签名证书文件的密码
        "aliasname": "",                //必填，字符串类型，Android签名证书别名
        "schemes": "",                  //可选，字符串类型
        "abiFilters": [                 //可选，字符串数组类型
            "armeabi-v7a",
            "arm64-v8a",
            "x86",
            "x86_64"
```

```
        ],
        "permissions": [ //可选，字符串数组类型，Android权限配置
            "<uses-feature android:name=\"android.hardware.camera\"/>"
        ],
        "custompermissions": false,       //可选，Boolean类型，是否自定义Android权限
配置
        "permissionExternalStorage": {   //可选，JSON对象，Android平台应用启动时申请
读写手机存储权限策略
            "request": "always",           //必填，字符串类型，申请读写手机存储权限策略，
可取值none、once、always
            "prompt": ""                    //可选，字符串类型，当request设置为always
值用户拒绝时弹出提示框上的内容
        },
        "permissionPhoneState": {          //可选，JSON对象，Android平台应用启动时申请
读取设备信息权限配置
            "request": "always",           //必填，字符串类型，申请读取设备信息权限策略，
可取值none、once、always
            "prompt": ""                    //可选，字符串类型，当request设置为always
值用户拒绝时弹出提示框上的内容
        },
        "minSdkVersion": 21,               //可选，数字类型，Android平台最低支持版本
        "targetSdkVersion": 30,            //可选，数字类型，Android平台目标版本
        "packagingOptions": [              //可选，字符串数组类型，Android平台云端打包
时build.gradle的packagingOptions配置项
            "doNotStrip '*/armeabi-v7a/*.so'",
            "merge '**/LICENSE.txt'"
        ],
        "jsEngine": "v8",                  //可选，字符串类型，uni-app使用的JS引擎，可
取值v8、jsc
        "debuggable": false,             //可选，Boolean类型，是否开启Android调试开关
        "locale": "default",               //可选，应用的语言
        "forceDarkAllowed": false,         //可选，Boolean类型，是否强制允许暗黑模式
        "resizeableActivity": false,     //可选，Boolean类型，是否支持分屏调整窗口大小
          "hasTaskAffinity": false,          //可选，Boolean类型，是否设置android:
taskAffinity
    },
    "ios": { //可选，JSON对象，iOS平台云端打包配置
        "appid": "",                       //必填，字符串类型，iOS平台Bundle ID
        "mobileprovision": "",             //必填，字符串类型，iOS打包使用的profile文
件路径
        "p12": "",                         //必填，字符串类型，iOS打包使用的证书文件路径
        "password": "",                    //必填，字符串类型，iOS打包使用的证书密码
```

```
        "devices": "iphone",               //必填，字符串类型，iOS支持的设备类型，可取
值iphone、ipad、universal
        "urlschemewhitelist": "baidumap",//可选，字符串类型，应用访问白名单列表
        "urltypes": "",                    //可选，字符串类型
        "UIBackgroundModes": "audio",      //可选，字符串类型，应用后台运行模式
        "deploymentTarget": "10.0",        //可选，字符串类型，iOS支持的最低版本
        "privacyDescription": {            //可选，JSON对象，iOS隐私信息访问的许可描述
            "NSPhotoLibraryUsageDescription": "", //可选，字符串类型，系统相册读取
权限描述
        },
        "idfa": true,                      //可选，Boolean类型，是否使用广告标识
          "capabilities": {                          //可选，JSON对象，应用的能力配置
(Capabilities)
        },
        "CFBundleName": "HBuilder",        //可选，字符串类型，CFBundleName名称
        "validArchitectures": [            //可选，字符串数组类型，编译时支持的CPU指令，
可取值arm64、arm64e、armv7、armv7s、x86_64
            "arm64"
        ]
    },
    "sdkConfigs": {}
}
```

其中，sdkConfigs是第三方原生SDK配置。使用第三方SDK需要向这些SDK提供商申请，并配置SDK相关参数到sdkConfigs中。可以在HBuilderX可视化界面（App SDK配置）中输入配置，此配置仅云打包后生效，本地打包需要在原生工程中配置。sdkConfigs属性如表5-14所示。

表5-14 sdkConfigs属性

属性	类型	描述
oauth	Object	授权登录，配置后可调用uni.login进行登录操作，目前支持的授权登录平台有QQ、微信、微博
share	Object	分享，配置后可调用uni.share进行分享，目前支持QQ、微信、微博等
push	Object	push配置目前支持uniPush、个推、小米推送。注意，App仅支持一种push方式，配置多个push则无效，建议使用uniPush，支持多厂商推送
payment	Object	第三方支付配置，配置后可调用uni.payment进行支付，目前支持微信支付、支付宝支付、苹果内购
statics	Object	统计配置，目前仅支持友盟统计，在uni-app中使用plus.statistic接口进行调用
speech	Object	语音识别配置，支持讯飞语音、百度语音，在uni-app中使用plus.speech接口进行调用
maps	Object	原生地图配置，目前仅支持高德地图

sdkConfigs属性对应的配置示例代码如下。

```
"sdkConfigs": {
    "maps": {
        "baidu": {
            "appkey_ios": "",
            "appkey_android": ""
        }
    },
    "oauth": {
        "weixin": {
            "appid": "",
            "appsecret": ""
        }
    },
    "payment": {
        "appleiap": {},
        "alipay": {
            "scheme": ""
        },
        "weixin": {
            "appid": ""
        }
    },
    "push": {
        "igexin": {
            "appid": "",
            "appkey": "",
            "appsecret": ""
        }
    },
    "share": {
        "weixin": {
            "appid": ""
        }
    },
    "statics": {
        "umeng": {
            "appkey_ios": "",
            "channelid_ios": "",
            "appkey_android": "",
            "channelid_android": ""
```

```
        }
    }
}
```

5.2.4　H5特有配置

H5特有配置指的是manifest.json文件中H5的属性配置，如表5-15所示。

表5-15　H5属性

属性	类型	说明
title	String	页面标题，默认使用manifest.json的name
template	String	index.html模板相对于应用根目录的路径
router	Object	路由
async	Object	页面JS加载配置
devServer	Object	开发环境server配置
publicPath	String	引用资源的地址前缀，仅发布时生效
sdkConfigs	String	SDK配置，如地图
optimization	Object	打包优化配置（HBuilderX 2.1.5以上支持）
uniStatistics	Object	H5是否开启uni统计，配置方法同全局配置

下面详细介绍H5的部分属性与使用方式。

（1）template用作自定义模板，在需要使用自定义模板的场景下使用，通常有以下几种情况。

①调整页面head中的meta配置。

②补充SEO（Search Engine Optimization，搜索引擎优化）相关的配置（仅首页）。

③加入百度统计等三方JS。

template的使用步骤如下。

步骤01　在工程根目录下新建一个HTML文件。

步骤02　复制基本模板内容到HTML文件，在此基础上修改meta和引入JS。

基本模板内容如下。

```
<!DOCTYPE html>
<html lang="zh-CN">
    <head>
        <meta charset="utf-8">
        <meta http-equiv="X-UA-Compatible" content="IE=edge">
        <title>
            <%= htmlWebpackPlugin.options.title %>
        </title>
        <!-- Open Graph data -->
```

```
        <!-- <meta property="og:title" content="Title Here" /> -->
        <!-- <meta property="og:url" content="http://www.example.com/" /> -->
        <!-- <meta property="og:image" content="http://example.com/image.jpg"
/> -->
        <!-- <meta property="og:description" content="Description Here" /> -->
        <script>
                var coverSupport = 'CSS' in window && typeof CSS.supports
=== 'function' && (CSS.supports('top: env(a)') || CSS.supports('top:
constant(a)'))
            document.write('<meta name="viewport" content="width=device-width,
user-scalable=no, initial-scale=1.0, maximum-scale=1.0, minimum-scale=1.0' +
(coverSupport ? ', viewport-fit=cover' : '') + '" />')
        </script>
        <link rel="stylesheet" href="<%= BASE_URL %>static/index.<%= VUE_APP_
INDEX_CSS_HASH %>.css" />
    </head>
    <body>
        <noscript>
            <strong>Please enable JavaScript to continue.</strong>
        </noscript>
        <div id="app"></div>
        <!-- built files will be auto injected -->
    </body>
</html>
```

步骤03 在manifest.json→H5→template节点中关联该HTML文件的路径。

温馨提示

hello uni-app示例中有一个template.h5.html文件，就是使用的自定义模板。

（2）router（路由）用于配置页面跳转，其属性如表5-16所示。

表5-16 router属性

属性	类型	默认值	说明
mode	String	hash	路由跳转模式，支持hash、history
base	String	无	应用基础路径。例如，如果整个单页应用服务在/app/下，base就应该设为“/app/”，支持设置为相对路径“./”

router的配置示例代码如下。

```
"router" : {
    "mode" : "history",
```

```
    "base" : "/h5/"
}
```

温馨提示

使用history模式时需要注意以下几点。

①部分浏览器不支持history模式，iOS微信内置浏览器无法观测到URL（Uniform Resource Locator，统一资源定位系统）变动，默认（不使用微信JSSDK的情况下）分享的链接为入口页链接。

②以history模式发行H5需要后台配置支持。

（3）devServer用于配置开发环境server（服务器），其属性如表5-17所示。

表5-17　devServer属性

属性	类型	默认值	说明
https	Boolean	false	启用https协议
disableHostCheck	Boolean	false	禁用Host检查

devServer属性可用于解决请求跨域的问题，其配置使用示例如下。

```
"devServer": {
    "port": 8000,
    "disableHostCheck": true,
    "proxy": {
        "/api": {
            "target": "http://www.example.com/",
            "changeOrigin": true,
            "secure": false
        }
    }
}
```

温馨提示

uni-app中的manifest.json→H5→devServer对应Webpack中的devServer，鉴于manifest为json文件，故webpack.config.js→devServer配置项下的简单类型属性均可在manifest.json→H5→devServer节点下配置，funciton等复杂类型暂不支持配置。

（4）publicPath用于设置引用资源的地址前缀，仅发布时生效。

例如，配置publicPath为cdn资源地址前缀，这样编译出来的HTML文件，引用的JS、CSS路径会自动变成cdn上的地址。

如果想对图片生效，image组件的图片地址需要使用相对路径。

使用publicPath的示例如下。

以hello-uniapp发布H5为例，未配置publicPath时，发布到index.html的结果如下。

```
<script src=/h5/static/js/chunk-vendors.803ce52d.js></script>
<script src=/h5/static/js/index.34e8497d.js>
```

配置publicPath为https://www.example.com/h5/（无效地址，仅用作示例）后，发布到index.html的结果如下。

```
<script src=https://www.example.com/h5/static/js/chunk-vendors.803ce52d.js></
script>
<script src=https://www.example.com/h5/static/js/index.34e8497d.js>
```

（5）sdkConfigs（SDK配置）用作第三方的SDK配置，以腾讯地图SDK的配置为例，示例代码如下。

```
"sdkConfigs": {
    "maps": {
        "qqmap": {
            //腾讯地图密钥（key）
            "key": ""
        }
    }
}
```

（6）optimization用于在打包时优化文件资源，提升浏览体验，其属性如表5-18所示。

表5-18　optimization属性

属性	类型	默认值	说明
prefetch	Boolean	false	资源预取
preload	Boolean	false	资源预加载
treeShaking	Object	无	摇树优化，根据项目需求动态打包框架所需的组件及API，保持框架代码最精简

其中，treeShaking（摇树优化）能够很好地精简文件体积。启动treeShaking配置示例如下。

```
"optimization": {
    "treeShaking": {
        "enable": true
```

```
    }
}
```

5.3 页面配置

uni-app通过pages.json文件中pages节点进行页面的配置，页面的配置包括页面的样式、标题、导航栏等。下面详细介绍这些配置。

5.3.1 页面路径配置

在pages节点中进行页面路径的配置，pages会接收一个数组，数组的每一项都是一个对象。pages属性如表5-19所示。

表5-19　pages属性

属性	类型	默认值	描述
path	String	无	配置页面路径
style	Object	无	配置页面窗口表现

温馨提示

pages节点的配置需要注意以下几点。

① pages节点的第一项为应用入口页（首页）。

②应用中新增或减少页面时，都需要对pages数组进行修改。

③文件名不需要写扩展名，框架会自动寻找路径下的页面资源。

下面通过一个示例介绍具体的路径配置。假设开发目录为图5-5所示的结构。

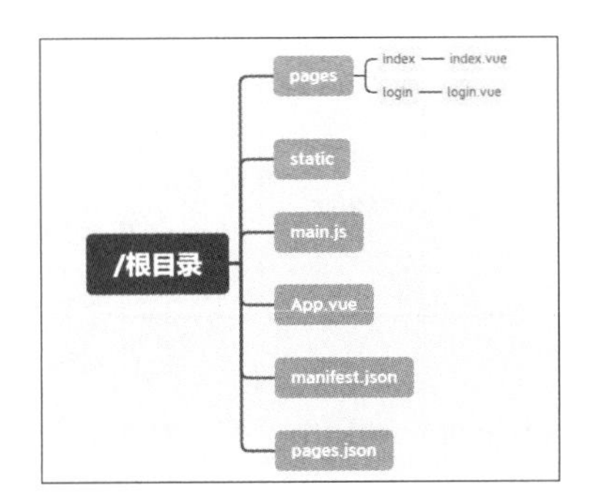

图5-5　开发目录结构

需要在pages.json中输入以下代码。

```
{
    "pages": [
        {
            "path": "pages/index/index",
            "style": { ... }
        }, {
            "path": "pages/login/login",
            "style": { ... }
        }
    ]
}
```

路径即配置完成。

5.3.2 页面窗口表现

在pages.json文件中，pages节点通过style属性设置每个页面的状态栏、导航栏、标题、窗口背景色等。style属性的配置项会覆盖globalStyle中相同的配置项。style属性如表5-20所示。

表5-20 style属性

属性	类型	默认值	描述	平台差异说明
navigationBarBackgroundColor	HexColor	#000000	导航栏背景颜色（同状态栏背景色），如#000000	无差异
navigationBarTextStyle	String	white	导航栏标题颜色及状态栏前景色，仅支持black/white	无差异
navigationBarTitleText	String	无	导航栏标题的文字内容	无差异
navigationBarShadow	Object	无	导航栏阴影	无差异
navigationStyle	String	default	导航栏样式，仅支持default/custom。custom即取消默认的原生导航栏	仅微信小程序7.0+、百度小程序、H5、App 2.0.3+支持
disableScroll	Boolean	false	设置为true则页面整体不能上下滚动（bounce效果），只在页面配置中有效，在globalStyle中设置无效	仅微信小程序（iOS）、百度小程序（iOS）支持
backgroundColor	HexColor	#ffffff	窗口的背景色	仅微信小程序、百度小程序、字节跳动小程序支持

续表

属性	类型	默认值	描述	平台差异说明
backgroundTextStyle	String	dark	下拉loading的样式，仅支持dark/light	无差异
enablePullDownRefresh	Boolean	false	是否开启下拉刷新	无差异
onReachBottomDistance	Number	50	页面上拉触底事件触发时距页面底部的距离，单位只支持px	无差异
backgroundColorTop	HexColor	#ffffff	顶部窗口的背景色（bounce回弹区域）	仅iOS平台支持
backgroundColorBottom	HexColor	#ffffff	底部窗口的背景色（bounce回弹区域）	仅iOS平台支持
titleImage	String	无	导航栏图片地址（用于替换当前标题栏内的文字），支付宝小程序内必须使用https的图片链接地址	仅支付宝小程序、H5支持
transparentTitle	String	none	导航栏透明设置。可选值有always（一直透明）、aut（滑动自适应）、none（不透明）	仅支付宝小程序、H5、App支持
titlePenetrate	String	NO	导航栏点击穿透	仅支付宝小程序、H5支持
app-plus	Object	无	设置编译到App平台的特定样式	仅App支持
h5	Object	无	设置编译到H5平台的特定样式	仅H5支持
mp-alipay	Objcct	无	设置编译到mp-alipay平台的特定样式	仅支付宝小程序支持
mp-weixin	Object	无	设置编译到mp-weixin平台的特定样式	仅微信小程序支持
mp-baidu	Object	无	设置编译到mp-baidu平台的特定样式	仅百度小程序支持
mp-toutiao	Object	无	设置编译到mp-toutiao平台的特定样式	仅字节跳动小程序支持
mp-qq	Object	无	设置编译到mp-qq平台的特定样式	仅QQ小程序支持
usingComponents	Object	无	引用小程序组件	仅App、微信小程序、支付宝小程序、百度小程序支持

续表

属性	类型	默认值	描述	平台差异说明
leftWindow	Boolean	true	当存在leftWindow时，当前页面是否显示leftWindow	仅H5支持
topWindow	Boolean	true	当存在topWindow时，当前页面是否显示topWindow	仅H5支持
rightWindow	Boolean	true	当存在rightWindow时，当前页面是否显示rightWindow	仅H5支持
maxWidth	Number	1190	单位为px，当浏览器可见区域宽度大于maxWidth时，两侧留白；小于等于maxWidth时，页面铺满。不同页面支持配置不同的maxWidth。maxWidth = leftWindow（可选）+page（页面主体）+rightWindow（可选）	仅H5 2.9.9+支持

温馨提示

style属性的配置需要注意以下几点。

①使用maxWidth时，页面内的fixed元素需要使用--window-left、--window-right来保证布局位置正确。

②支付宝小程序使用titleImage时必须使用https的图片链接地址，需要真机调试才能看到效果，支付宝小程序开发者工具内无效果。

style的配置示例代码如下。

```
{
  "pages": [{
      "path": "pages/index/index",
      "style": {
        "navigationBarTitleText": "首页",//设置页面标题文字
        "enablePullDownRefresh":true//开启下拉刷新
      }
    },
    ...
  ]
}
```

接下来详细介绍style中的app-plus属性。app-plus是配置编译到App平台时的特定样式，H5平台也支持部分常用配置。以下仅列出app-plus的常用属性，如表5-21所示。

表5-21 app-plus属性表

属性	类型	默认值	描述	平台兼容
background	HexColor	#FFFFFF	窗体背景色。无论是Vue页面还是Nvue页面，在App上都有一个父级原生窗体，该窗体的背景色生效时间早于页面里的CSS生效时间	仅App支持
titleNView	Object	无	导航栏	仅App、H5支持
subNVues	Object	无	原生子窗体	仅App 1.9.10+支持
bounce	String	无	页面回弹效果，设置为none时关闭效果	App（Nvue Android无页面级bounce效果，仅list、recycle-list、waterfall等滚动组件有bounce效果）支持
popGesture	String	close	侧滑返回功能，可选值为close（启用侧滑返回）、none（禁用侧滑返回）	仅iOS App支持
softinputNavBar	String	auto	iOS软键盘上工具栏的显示模式，设置为none时关闭工具栏	仅iOS App支持
softinputMode	String	adjustPan	软键盘弹出模式，支持adjustResize、adjustPan两种模式	仅App支持
pullToRefresh	Object	无	下拉刷新	仅App支持
scrollIndicator	String	无	滚动条显示策略，设置为none时不显示滚动条	仅App支持
animationType	String	pop-in	窗口显示的动画效果	仅App支持
animationDuration	Number	300	窗口显示动画的持续时间，单位为ms	仅App支持

使用app-plus配置来关闭窗口回弹效果，其配置代码如下。

```
{
    "path": "pages/inex/index",
    "style": {
        "app-plus": {
            "bounce": "none", //关闭窗口回弹效果
        }
    }
}
```

Nvue页面仅支持titleNView、pullToRefresh、scrollIndicator配置，其他配置项暂不支持。

H5的属性配置只有titleNView（导航栏）和pullToRefresh（下拉刷新）两项，配置项相对app-plus来说较少。如果H5节点没有配置，默认会使用app-plus下的配置；如果配置了H5节点，则会覆盖app-plus下的配置。

5.3.3 页面的基础配置

页面的基础配置绕不开titleNView和pullToRefresh这两个属性。下面将从App端和H5端两个平台分别介绍这两个配置。

1. titleNView配置

（1）App端的titleNview配置。

App端的titleNView在app-plus中进行配置，它能给原生导航栏提供更多配置，包括自定义按钮、滚动渐变效果、搜索框等。App端的titleNView属性如表5-22所示。

表5-22 App端的titleNView属性

属性	类型	默认值	描述	版本兼容性
backgroundColor	String	#F7F7F7	背景颜色，颜色值格式为#RRGGBB。在使用半透明标题栏时，也可以设置为rgba格式	全支持
buttons	Array	无	自定义按钮	纯Nvue，即render:native时暂不支持
titleColor	String	#000000	标题文字颜色	全支持
titleOverflow	String	ellipsis	标题文字超出显示区域时的处理方式。clip表示超出显示区域时裁剪内容；ellipsis表示超出显示区域时尾部显示省略标记“...”	全支持
titleText	String	无	标题文字内容	全支持
titleSize	String	无	标题文字字体大小	全支持
type	String	default	导航栏样式。default表示默认样式，transparent表示滚动透明渐变，float表示悬浮导航栏	仅App-nvue 2.4.4+支持
tags	Array	无	原生View增强	全支持
searchInput	Object	无	原生导航栏上的搜索框配置	1.6.0+支持
homeButton	Boolean	false	标题栏控件是否显示Home按钮	全支持
autoBackButton	Boolean	true	标题栏控件是否显示左侧返回按钮	2.6.3+支持

续表

属性	类型	默认值	描述	版本兼容性
backButton	Object	无	返回按钮的样式	2.6.3+支持
backgroundImage	String	无	支持以下类型。 （1）背景图片路径：如“./img/t.png”，仅支持本地文件路径、相对路径，背景图片会根据实际标题栏宽高进行拉伸； （2）渐变色：仅支持线性渐变。如“linear-gradient(to top, #a80077, #66ff00)”，其中第一个参数为渐变方向，取值to right表示从左向右渐变，to left表示从右向左渐变，to bottom表示从上向下渐变，to top表示从下向上渐变，to bottom right表示从左上角向右下角渐变，to top left表示从右下角向左上角渐变	2.6.3+支持
backgroundRepeat	String	无	仅在backgroundImage设置为图片路径时有效。取值repeat表示背景图片在竖直方向和水平方向平铺；repeat-x表示背景图片在水平方向平铺，竖直方向拉伸；repeat-y表示背景图片在竖直方向平铺，水平方向拉伸；no-repeat表示背景图片在竖直方向和水平方向都拉伸，默认使用no-repeat	2.6.3+支持
titleAlign	String	auto	取值center表示居中对齐，left表示居左对齐，auto表示根据平台自动选择（Android平台居左对齐，iOS平台居中对齐）	2.6.3+支持
blurEffect	String	none	此效果将会高斯模糊显示标题栏后的内容，仅在type为transparent或float时有效。取值dark表示暗风格模糊，对应iOS原生UIBlurEffectStyleDark效果；extralight表示高亮风格模糊，对应iOS原生UIBlurEffectStyleExtraLight效果；light表示亮风格模糊，对应iOS原生UIBlurEffectStyleLight效果；none表示无模糊效果。 注意：使用模糊效果时应避免设置背景颜色，设置背景颜色可能会覆盖模糊效果	2.4.3+支持

续表

属性	类型	默认值	描述	版本兼容性
coverage	String	132px	标题栏控件变化作用范围，仅在type值为transparent时有效，页面滚动时标题栏背景透明度将发生变化。当页面滚动到指定偏移量时标题栏背景变为完全不透明。支持百分比、像素值	全支持
splitLine	Boolean	false	标题栏的底部分割线（SplitLineStyles），设置此属性则在标题栏控件的底部显示分割线，可配置颜色值及高度。设置此属性值为undefined或null则隐藏分割线，默认不显示底部分割线	2.6.6+支持
subtitleColor	String	无	副标题文字颜色，颜色值格式为#RRGGBB或rgba(R,G,B,A)，如#FF0000表示标题文字颜色为红色。默认与主标题文字颜色一致	2.6.6+支持
subtitleSize	String	auto	副标题文字字体大小，字体大小单位为px，如14px表示字体大小为14像素，默认值为12像素	2.6.6+支持
subtitleOverflow	String	ellipsis	标题文字超出显示区域时的处理方式，取值clip表示超出显示区域时裁剪内容；ellipsis表示超出显示区域时尾部显示省略标记“...”	2.6.6+支持
subtitleText	String	无	副标题文字内容，设置副标题后将显示两行标题，副标题显示在主标题（titleText）下方 注意：设置副标题后将居左显示	2.6.6+支持
titleIcon	String	无	标题图标，图标路径如“./img/t.png”，仅支持本地文件路径、相对路径，图标固定宽高值为34px，要求图片的宽高相同。 注意：设置标题图标后标题将居左显示	2.6.6+支持
titleIconRadius	String	无圆角	标题图标圆角，取值格式为XXpx，其中XX为像素值（逻辑像素），如10px表示图标圆角为10px	2.6.6+支持

温馨提示

titleNView的配置需要注意以下几点。

①titleNView的type值为transparent时，导航栏为滚动透明渐变导航栏，默认只有button，滚动后标题栏底色和title文字会渐变出现；type值为float时，导航栏为悬浮标题栏，此时页面内容的位置在屏幕顶部，

导航栏悬浮于页面上方，一般这种场景会同时设置导航栏的背景色为rgba半透明。

②在titleNView配置buttons后，监听按钮的点击事件使用onNavigationBarButtonTap。

③在titleNView配置searchInput后，相关的事件监听使用onNavigationBarSearchInputChanged。

④可通过<navigation-bar>组件进行导航栏配置。

⑤App下原生导航栏的按钮如果使用字体图标，应注意检查字体库的名称（font-family）是否使用了默认的iconfont。这个名称是保留名称，不能作为外部引入的字体库的名称，若使用了这个名称，则需要调整为自定义的名称，否则无法显示。

常见的titleNView配置示例代码如下。

```
{
    "pages": [{
            "path": "pages/index/index", //首页
            "style": {
                "app-plus": {
                    "titleNView": false //禁用原生导航栏
                }
            }
        }, {
            "path": "pages/log/log", //日志页面
            "style": {
                "app-plus": {
                    "bounce": "none", //关闭窗口回弹效果
                    "titleNView": {
                        "buttons": [ //原生标题栏按钮配置
                            {
                                "text": "分享" //原生标题栏增加【分享】按钮，点击事件可通过页面的onNavigationBarButtonTap函数进行监听
                            }
                        ],
                        "backButton": { //自定义backButton
                            "background": "#00FF00"
                        }
                    }
                }
            }
        }, {
            "path": "pages/detail/detail", //详情页面
            "style": {
                "navigationBarTitleText": "详情",
                "app-plus": {
                    "titleNView": {
```

```
                    "type": "transparent"//透明渐变导航栏，App-nvue 2.4.4+以
上版本支持
                }
            }
        }
    }, {
        "path": "pages/search/search", //搜索页面
        "style": {
            "app-plus": {
                "titleNView": {
                    "type": "transparent",//透明渐变导航栏，App-nvue 2.4.4+以
上版本支持
                    "searchInput": {
                        "backgroundColor": "#fff",
                        "borderRadius": "6px", //输入框圆角
                        "placeholder": "请输入搜索内容",
                        "disabled": true //disable时点击输入框不会聚焦，可以跳
转到新页面搜索
                    }
                }
            }
        }
    }
    ...
  ]
}
```

温馨提示

要想了解更全面的导航栏配置，可参考一个完善的演示工程，其中演示了导航栏的各种效果，相关链接见“资源文件\网址索引.docx”。

（2）H5端titleNView配置。

H5端的titleNView在H5中配置，其属性如表5-23所示。

表5-23　H5端的titleNView属性

属性	类型	默认值	描述	最低版本
backgroundColor	String	#F7F7F7	背景颜色，颜色值格式为#RRGGBB	无
buttons	Array	无	自定义按钮	无
titleColor	String	#000000	标题文字颜色	无

续表

属性	类型	默认值	描述	最低版本
titleText	String	无	标题文字内容	无
titleSize	String	无	标题文字字体大小	无
type	String	default	导航栏样式。default表示默认样式，transparent表示透明渐变	无
searchInput	Object	无	导航栏上的搜索框样式	1.6.5

2. pullToRefresh配置

（1）App端的pullToRefresh配置。

App端的pullToRefresh在app-plus中进行配置，是一个比较常用的功能，其属性如表5-24所示。

表5-24　App端的pullToRefresh属性

属性	类型	默认值	描述
support	Boolean	false	是否开启窗口的下拉刷新功能
color	String	#2BD009	颜色值格式为#RRGGBB，仅circle样式下拉刷新支持此属性
style	String	Android平台为circle，iOS平台为default	取值default表示经典下拉刷新样式（下拉拖动时页面内容跟随）；circle表示圆圈状态的下拉刷新样式（下拉拖动时仅刷新控件跟随）
height	String	无	窗口的下拉刷新控件进入刷新状态的拖曳高度。支持百分比，如10%；支持像素值，如50px；不支持rpx
range	String	无	窗口可下拉拖曳的范围。支持百分比，如10%；支持像素值，如50px；不支持rpx
offset	String	0px	下拉刷新控件的起始位置，仅对circle样式下拉刷新控件有效，用于定义刷新控件下拉时的起始位置。支持百分比，如10%；支持像素值，如50px；不支持rpx。若使用了非原生title且需要原生下拉刷新，一般使用circle方式并将offset调至自定义title的高度
contentdown	Object	无	目前支持一个属性，caption表示在下拉可刷新状态时下拉刷新控件上显示的标题内容。仅对default样式下拉刷新的控件有效
contentover	Object	无	目前支持一个属性，caption表示在释放可刷新状态时下拉刷新控件上显示的标题内容。仅对default样式下拉刷新控件有效
contentrefresh	Object	无	目前支持一个属性，caption表示正在刷新状态时下拉刷新控件上显示的标题内容。仅对default样式下拉刷新控件有效

pullToRefresh使用注意事项如下。

① enablePullDownRefresh与pullToRefresh→support同时设置时，后者优先级较高。

②如果希望在App和小程序上均开启下拉刷新，应配置页面的enablePullDownRefresh属性为true。

③若仅希望在App上开启下拉刷新，则不需要配置页面的enablePullDownRefresh属性，而是配置pullToRefresh→support为true。

④开启原生下拉刷新时，页面中不应该使用和屏幕等高的scroll-view，因为向下拖动内容时，会优先触发下拉刷新而不是scroll-view滚动。

⑤原生下拉刷新的起始位置在原生导航栏下方，如果取消原生导航栏，使用自定义导航栏，则原生下拉刷新的位置会在屏幕顶部。如果希望下拉刷新的位置在自定义导航栏下方，则只能使用circle方式的下拉刷新，并设置offset参数，将下拉刷新的起始位置调整到自定义导航栏下方。

⑥如果想在App端实现更多复杂的下拉刷新，如下拉刷新时出现一个特殊的图形，可以使用Nvue的组件实现。从HBuilderX 2.0.3+版本起，新建项目选择新闻模板可以体验到下拉刷新时出现特殊图形。

⑦如果想在Vue页面通过Web前端技术实现下拉刷新，插件市场中有示例，但通过Web前端技术实现的下拉刷新性能不如原生，在复杂的长列表中将会很卡。

⑧ iOS中，default模式的下拉刷新和bounce回弹是绑定的，如果设置了bounce:none，会导致无法使用default下拉刷新。

pullToRefresh使用示例代码如下。

```
{
    "pages": [
        {
            "path": "pages/index/index", //首页
            "style": {
                "app-plus": {
                    "pullToRefresh": {
                        "support": true,
                        "color": "#ff3333",
                        "style": "default",
                        "contentdown": {
                            "caption": "下拉可刷新自定义文本"
                        },
                        "contentover": {
                            "caption": "释放可刷新自定义文本"
                        },
                        "contentrefresh": {
                            "caption": "正在刷新自定义文本"
                        }
```

```
                                        }
                                }
                        }
                }
        ]
}
```

（2）H5端的PullToRefresh配置。

H5端的下拉刷新动画样式只有circle类型，其属性如表5-25所示。

表5-25　H5端的pullToRefresh属性

属性	类型	默认值	描述
color	String	#2BD009	颜色值格式为#RRGGBB
offset	String	0px	下拉刷新控件的起始位置。支持百分比，如10%；支持像素值，如50px；不支持rpx

5.4 小程序插件配置

使用uni-app开发小程序时，需要在manifest.json文件中进行一些配置。这里以微信小程序为例，介绍小程序的相关配置。

5.4.1 微信小程序配置

微信小程序在manifest.json文件中对应的配置属性为mp-weixin，其具体配置如表5-26所示。

表5-26　mp-weixin配置

属性	类型	说明
appid	String	微信小程序的AppID
setting	Object	微信小程序项目设置
functionalPages	Boolean	微信小程序是否启用插件功能页，默认为关闭
requiredBackgroundModes	Array	微信小程序需要在后台使用的功能
plugins	Object	使用到的插件
resizable	Boolean	在iPad上小程序是否支持屏幕旋转，默认为关闭
navigateToMiniProgramAppIdList	Array	需要跳转的小程序列表
permission	Object	微信小程序接口权限相关设置
workers	String	Worker代码放置的目录

续表

属性	类型	说明
optimization	Object	对微信小程序的优化配置
cloudfunctionRoot	String	配置云开发目录
uniStatistics	Object	微信小程序是否开启uni统计，配置方法同全局配置
scopedSlotsCompiler	String	作用域插槽编译模式，从HBuilderX 3.1.19+版本开始支持，可选值为legacy、auto、augmented，默认为auto

其配置示例代码如下。

```
"mp-weixin": {
        "appid": "wx开头的微信小程序appid",
        "uniStatistics": {
            "enable": false
        }
    }
```

如果需要使用微信小程序的云开发，需要在mp-weixin配置cloudfunctionRoot（云开发目录），其相关配置如下。

```
"mp-weixin":{
  //...
   "cloudfunctionRoot": "cloudfunctions/", //配置云开发目录
  //...
}
```

配置云开发目录后，需要在项目根目录新建vue.config.js配置对应的文件编译规则，代码如下。

```
{
 plugins: [
     new CopyWebpackPlugin([
       {
         from: path.join(__dirname, '../cloudfunctions'),
             to: path.join(__dirname, 'unpackage', 'dist', process.env.
             NODE_ENV === 'production' ? 'build' : 'dev', process.env.UNI_
             PLATFORM, 'cloudfunctions'),
       },
     ]),
   ],
}
```

注意：支付宝、百度、头条、QQ小程序配置和微信小程序类似，但不同平台会有一些差异，具体配置参考小程序相关配置官方文档（网址见“资源文件\网址索引.docx”）。

5.4.2　分包优化的使用

在实际开发过程中，随着业务的复杂度增加，项目会不可避免地变得非常复杂、庞大，这时就需要进行一系列的优化。特别是在小程序中，项目大小有限制，这时就需要用到分包优化。

分包优化目前只支持mp-weixin、mp-qq、mp-baidu，在对应平台的配置下添加"optimization":{"subPackages":true}即可开启分包优化。

分包优化的具体逻辑如下。

（1）静态文件：分包下支持static等静态资源复制，即分包目录内放置的静态资源不会被打包到主包中，也不可在主包中使用。

（2）JS文件：当某个JS仅被一个分包引用时，该JS会被打包到该分包内，否则仍打包到主包（即被主包引用，或被超过一个分包引用）。

（3）自定义组件：若某个自定义组件仅被一个分包引用，且未放入分包内，则编译时会输出提示信息。

分包内静态文件配置示例如下。

```
"subPackages": [{
    "root": "pages/sub",
    "pages": [{
        "path": "index/index"
    }]
}]
```

上面的分包配置表示放在每个分包root对应目录下的静态文件都会被打包到此分包内。

5.5　快应用配置

快应用是九大手机厂商基于硬件平台共同推出的新型应用生态，用户无须下载安装应用，即点即用，享受原生应用的性能体验。快应用同样在manifest.json文件中配置，其配置如表5-27所示。

表5-27　快应用配置

属性	类型	说明
icon	String	应用图标，华为推荐192px×192px
package	String	应用包名
minPlatformVersion	Number	最小平台运行支持（华为最低支持1070版本，vivo最低支持1063版本）
versionName	String	版本名称
versionCode	Number	版本号

快应用的配置示例如下。

```
"quickapp-webview": {//快应用通用配置
  "icon": "/static/logo.png",
  "package": "com.example.demo",
  "versionName": "1.0.0",
  "versionCode": 100
},
"quickapp-webview-union": {//快应用联盟，目前仅支持vivo、OPPO
  "minPlatformVersion": 1063 //最小平台支持
},
"quickapp-webview-huawei": {//快应用华为
  "minPlatformVersion": 1070 //最小平台支持
}
```

新手问答

NO1：常用的配置有哪些?

答：在pages.json和manifest.json文件中存在很多配置，有些配置不常用，只需要了解用法即可；有些配置比较常用，需要熟练掌握，以下是两个文件中常用的配置属性。

（1）pages.json中的常用配置：globalStyle（应用的全局页面配置）、tabBar（设置底部tab的表现）、pages（单个页面配置）、subPackages（分包加载配置）、preloadRule（分包预下载配置）。

（2）manifest.json中的常用配置：name（应用名称）、description（应用描述）、versionName（版本名称）、versionCode（版本号）、app-plus（App特有配置）、h5（H5特有配置）、mp-weixin（微信小程序特有配置）。

NO2：配置时有哪些注意事项?

答：自定义导航栏比较常用，因此这里主要介绍自定义导航栏的注意事项。

当navigationStyle设为custom或titleNView设为false时，原生导航栏不显示，这时可以使用自定义的导航栏。此时要注意以下几个问题。

（1）非H5端，手机顶部状态栏区域会被页面内容覆盖，这是因为窗体是沉浸式的，即全屏可写内容。uni-app提供了状态栏高度CSS变量--status-bar-height，如果需要让状态栏的区域置空，可以写一个占位div，高度设为css变量，如下代码所示。

```
<template>
  <view>
      <view class="status_bar">
          <!--这里是状态栏-->
      </view>
      <view>状态栏下的文字</view>
  </view>
</template>
<style>
  .status_bar {
      height: var(--status-bar-height);
      width: 100%;
  }
</style>
```

（2）如果原生导航栏不能满足需求，推荐使用uni ui的自定义导航栏NavBar组件。这个前端导航栏自动处理了状态栏高度占位问题。

（3）前端导航栏搭配原生下拉刷新时，在小程序端会有问题，具体如下。

在微信小程序中，iOS端需要下拉更远的距离才能看到下拉刷新3个点；Android端需要从屏幕顶部下拉才能看到，无法从导航栏下方下拉。如果一定要从前端导航栏下拉，小程序需要放弃原生下拉刷新，采用纯前端模拟方案，参考mescroll插件的下拉刷新方案，但这样很容易产生性能问题。目前小程序平台自身没有提供更好的方案。

（4）非H5端，前端导航栏无法覆盖原生组件。如果页面中有video、map、textarea（仅小程序）等原生组件，滚动时会覆盖导航栏。可以参考以下方法解决这一问题。

①如果是在小程序中，可以使用cover-view做导航栏，避免覆盖问题。

②如果是在App中，建议使用titleNView或subNVue做导航栏，性能会更好。

（5）前端组件在渲染速度上不如原生导航栏，原生导航栏可以在动画期间渲染，保证动画期间不白屏；但使用前端导航栏，在新窗体进入动画期间可能会整页白屏。

（6）页面禁用原生导航栏后，要想改变状态栏的前景字体样式，仍可设置页面的navigationBarTextStyle属性，但只能设置为black或white。如果想单独设置状态栏颜色，App端可使用plus.navigator.setStatusBarStyle设置。注意，部分Android手机（4.4以下版本）自身不支持设置状态栏前景色。

鉴于以上问题，在原生导航栏能解决业务需求的情况下，建议尽量使用原生导航栏。在App端和H5端，uni-app提供了灵活的处理方案：titleNView、subNVue或整页使用Nvue；但在小程序中，由于其自身的限制，没有太好的方案。如有必要，也可以用条件编译分端处理。

新手实训：配置底部导航栏和标题栏

【实训说明】

底部导航栏和标题栏的配置是项目中经常使用的，必须熟练掌握。本实训主要步骤如下。

（1）配置底部导航栏，实现导航栏的切换。

（2）配置标题栏，并设置标题。

（3）修改标题栏的背景和文字颜色。

（4）修改底部导航栏的背景和文字颜色。

实现方法

步骤01 创建一个名为“ConfigDemo”的uni-app项目，用来作为配置示例。

步骤02 在ConfigDemo项目下的static目录中导入几张准备好的图片，作为底部导航栏的图标，如图5-6所示。

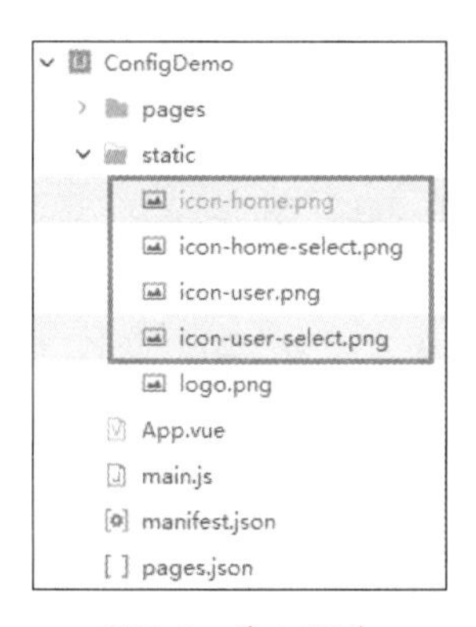

图5-6 导入图片

步骤03 为了演示状态栏切换效果，需要再创建一个user页面。创建完成后，在pages.json文件中，将现有的两个页面标题分别设置为“首页”和“个人”，配置代码如下。

```
{
    "path": "pages/index/index",
    "style": {
        "navigationBarTitleText": "首页"
    }
}
,{
    "path" : "pages/user/user",
    "style" :
    {
        "navigationBarTitleText": "个人"
```

```
    }
}
```

步骤04　执行完上述操作后，准备工作即完成。接下来在pages.json中配置底部导航栏，配置代码如下。

```
"tabBar": {
    "color": "#666",
    "selectedColor": "#d81e06",
    "borderStyle": "black",
    "backgroundColor": "#F8F8F8",
    "list": [{
            "pagePath": "pages/index/index",
            "iconPath": "static/icon-home.png",
            "selectedIconPath": "static/icon-home-select.png",
            "text": "首页"
        },
        {
            "pagePath": "pages/user/user",
            "iconPath": "staticA/icon-user.png",
            "selectedIconPath": "static/icon-user-select.png",
            "text": "个人"
        }
    ]
}
```

步骤05　运行项目，观察运行效果。选择【运行】→【运行到浏览器】→【Chrome】选项，运行效果如图5-7所示。

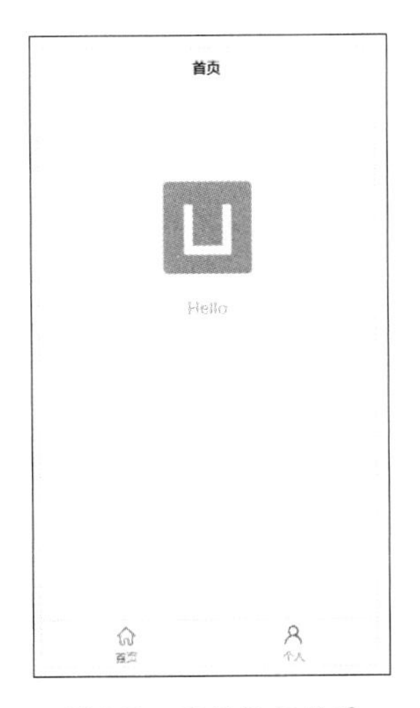

图5-7　项目运行效果

可以看到，底部导航栏已配置成功。点击【个人】按钮，可以切换页面。标题栏也会对应显示【首页】和【个人】。

步骤06 尝试修改导航栏更多配置，如将标题栏背景改为红色，文字改为白色。在pages.json文件的globalStyle属性中进行全局修改，配置代码如下。

```
"globalStyle": {
    "navigationBarTextStyle": "white",
    "navigationBarTitleText": "uni-app",
    "navigationBarBackgroundColor": "#d81e06",
    "backgroundColor": "#d81e06"
}
```

修改完成后，运行效果如图5-8所示。

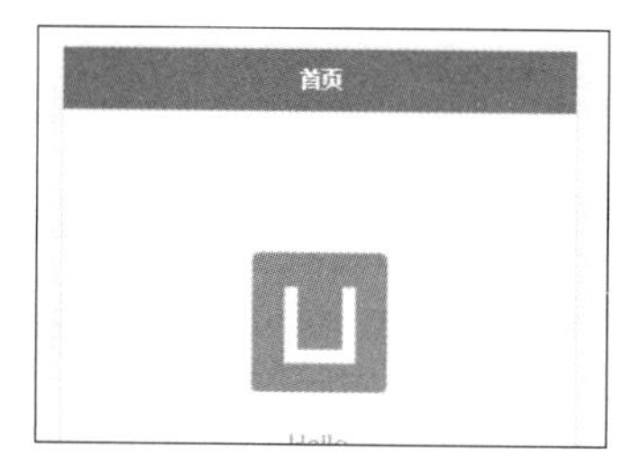

图5-8　导航栏修改后的运行效果

步骤07 尝试修改底部导航栏的背景颜色和文字颜色。在pages.json文件的tabBar属性中进行修改，将背景修改为绿色，文字修改为白色，配置代码如下。

```
"tabBar": {
            "color": "#FFFFFF",
            "selectedColor": "#d81e06",
            "borderStyle": "black",
            "backgroundColor": "#00aa00",
            ...
}
```

修改完成后，运行效果如图5-9所示。

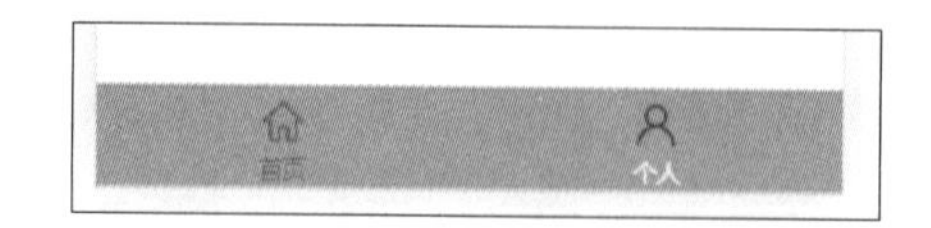

图5-9　底部导航栏修改后的运行效果

熟悉了uni-app的一些配置方法后，读者可以尝试使用这些配置。

第6章 uni-app的相关组件

本章导读

uni-app为开发者提供了一系列基础组件，类似HTML里的基础标签元素，但又与HTML不同，而是与小程序相同，更适合在手机端使用。开发者可以通过组合这些基础组件进行快速开发。

本章将详细介绍uni-app的相关组件。

知识要点

通过对本章内容的学习，可以掌握以下知识。

- uni-app都有哪些组件。
- uni-app组件属性。
- uni-ui组件。
- 使用组件。
- 修改制作组件。

6.1 uni-app组件基础信息

组件是页面视图的基本组成单位，是一个独立的功能模块的封装。uni-app为开发者提供了一系列方便实用的基础组件，基于这些基础组件，还可以开发各种扩展组件。

6.1.1 组件的使用

在演示使用组件之前，首先介绍组件的结构。组件包括以下几个部分：以组件名称为标记的开始标签和结束标签（也称闭合标签）、组件内容、组件属性、组件属性值。基础的组件结构示例代码如下。

```
<component-name property1="value" property2="value">
    content
</component-name>
```

从以上示例中可以看出组件有以下结构特征。

（1）组件名称由“< >”包裹，称为标签，有开始标签和结束标签。结束标签的“<”后面用“/”表示结束。例如，示例中的<component-name>是开始标签，</component-name>是结束标签。

（2）开始标签和结束标签之间的内容称为组件内容，如示例中的content。

（3）开始标签上可以写属性，属性可以有多个，多个属性之间用空格分隔，如示例中的property1和property2。注意结束标签上不能写属性。

（4）组件的各属性通过“=”赋值，如示例中属性property1的值被设为字符串value。

温馨提示

所有组件与属性名都为小写，单词之间以连字符“-”连接。

了解了组件的结构之后，下面通过一个实例演示在Vue页面中使用<button>组件，并给组件设置一个属性“size”，示例代码如下。

```
<template>
    <view>
        <button size="mini">按钮</button>
    </view>
</template>
```

温馨提示

按照Vue单文件组件规范，每个Vue文件的根节点必须为<template>，且该<template>下只能且必须有一个根<view>组件。

6.1.2 组件的属性

组件的属性很丰富，包括共同属性、特殊属性、自定义的属性等，能够满足组件使用过程中的各种操作，使组件可以灵活地适应各种业务场景。

1. 组件的属性类型

组件的属性类型如表6-1所示。

表6-1　组件的属性类型

类型	描述	注解
Boolean	布尔值	组件上存在该属性时，不管该属性等于什么，其值都为true；组件上不存在该属性时，属性值为false。如果属性值为变量，变量的值会被转换为Boolean类型
Number	数字	1、2.5
String	字符串	string
Array	数组	[1, "string"]
Object	对象	{ key: value }
EventHandler	事件处理函数名	handlerName是methods中定义的事件处理函数名
Any	任意属性	根据实际情况会有不同的类型

下面用按钮组件的示例，演示Boolean、Number、String这三种属性类型的使用。示例代码如下。

```
<button size="mini" :disabled="false" hover-start-time=20 >按钮</button>
```

其中，Boolean类型的属性值为false，作为一个JS变量，在组件的属性中使用时，属性前面需添加冒号（：）前缀，属性值仍使用引号包裹。

2. 组件的共同属性

组件的属性多种多样，还有专属于自己的属性。所有组件都有表6-2所示的共同属性。

表6-2　组件的共同属性

属性名	类型	描述	注解
id	String	组件的唯一标示	保持整个页面唯一
class	String	组件的样式类	在对应的CSS中定义的样式类
style	String	组件的内联样式	可以动态设置的内联样式
hidden	Boolean	组件是否隐藏	所有组件默认为显示
data-*	Any	自定义属性	组件上触发事件时，会发送给事件处理函数
@*	EventHandler	组件的事件	详见各组件文档，事件绑定参考事件处理器

除了上述共同属性，组件还有一类以“v-”开头的特殊属性，称为vue指令，如v-if、v-else、v-for、v-model。

这里通过一个表单提交页面介绍这些组件属性的使用方法，相关代码如下。

```
<template>
  <form @submit="formSubmit" @reset="formReset">
      <view class="uni-form-item uni-column">
          <view class="title">滑动选择器</view>
          <slider value="50" name="slider" :show-value="false" ></slider>
      </view>
      <view class="uni-form-item uni-column">
          <view class="title">输入框</view>
           <input v-if="isText" name="input" type="text" placeholder="请输入文本
            " />
          <input v-else name="input type="number" placeholder="请输入数字" />
      </view>
      <view class="uni-btn-v">
          <button form-type="submit">提交</button>
      </view>
  </form>
</template>
<script>
    export default {
        data() {
            return {
              isText: true
            }
        },
        methods: {
            formSubmit: function(e) {
                        console.log('form发生了submit事件，携带数据为：' + JSON.
                        stringify(e.detail.value))
            },
            formReset: function(e) {
                console.log('清空数据')
            }
        }
    }
</script>

<style>
    .uni-form-item .title {
       padding: 20rpx 0;
    }
</style>
```

以上示例中，slider组件使用了Number和Boolean类型的属性值，input组件使用了v-if、v-else特殊指令，form组件使用了@submit、@reset事件属性，button组件使用了form-type自定义属性。

6.1.3　组件的类别

uni-app支持的组件分为Vue组件和小程序自定义组件。日常开发中推荐使用Vue组件，这得益于Vue丰富的生态，足以满足日常开发需求。如果要兼容更多平台生态，满足跨平台的需求，可以使用小程序组件。

此外，uni-app还有一系列的拓展组件，其类别如下。

（1）easycom组件。easycom组件是满足easycom组件规范的组件，可以免注册直接使用。

（2）uni_module组件。uni_module组件是满足uni_module组件规范的组件，通常是对一组JS SDK、组件、页面、uniCloud云函数、公共模块等的封装。

（3）原生组件。uni-app的基础组件里有一批原生组件，如video、map等。这些组件如果用于Vue页面，即Webview渲染时，会造成原生组件的层级高于普通前端组件的情况。

（4）App端原生插件。uni-app的App端支持原生插件，这类插件使用iOS或Android原生语言编写，封装成插件，供其他开发者使用JS进行调用。原生插件分为原生组件component和原生模块module，其中原生组件component只能在App-nvue环境中使用。

（5）datacom组件。datacom组件是一种数据驱动的、可云端一体的组件。传统组件只涉及前端概念，而datacom连通了uniCloud云端数据，是uni-app+uniCloud协同开发的必备提效工具。

注意：组件可以同时属于多个类别，如uni-ui同时属于easycom、uni_module、datacom这三个组件类别。

6.2　uni-ui扩展组件

内置组件只能满足基础需求，当需求增多，需要更多场景时，则需要使用扩展组件。扩展组件是基于内置组件的二次封装，最典型的就是官方提供的uni-ui扩展组件。

6.2.1　uni-ui简介

uni-ui扩展组件是DCloud提供的一个跨端ui库，它是基于Vue组件、Flex布局、无DOM的跨全端ui框架。uni-ui不包括基础组件，它是基础组件的补充。作为官方提供的ui插件，uni-ui除了高性能、对多端支持良好，还有很多其他特点。其特点具体如下。

1. 高性能

在小程序和混合App领域，uni-ui是性能的标杆，其高性能体现在以下方面。

（1）自动差量更新数据。虽然uni-app支持小程序自定义组件，所有小程序的ui库都可以使用，但小程序自定义组件的ui库都需要使用setData手动更新数据，在数据量大或高频更新数据时很容易产生性能问题。而uni-ui属于Vue组件，会自动使用diff算法更新数据。

（2）优化逻辑层和视图层通信折损。除了H5，不管是小程序还是App，不管是App的Webview渲染还是原生渲染，逻辑层和视图层都是分离的。因此，这里就有一个逻辑层和视图层通信的折损问题，如在视图层拖动一个可以跟手的组件，由于通信的损耗，用JS监听很难做到组件实时跟手。这时就需要使用CSS动画及平台底层提供的wxs、bindingx等技术。这些技术都比较复杂，因此uni-ui里做了封装，在需要跟手式操作的ui组件中，如SwiperAction列表项左滑显示菜单的功能实现，就在底层使用了这些技术，实现了高性能的交互体验。

（3）背景停止。很多ui组件会一直动，如轮播图、跑马灯，因此即便某一窗体被新窗体挡住，它在背景层仍然会消耗硬件资源。在使用Android的Webview（Webview版本为chrome66以上）进行渲染时，背景操作ui会引发很严重的性能问题，造成前台界面明显卡顿。而uni-ui的组件会自动判断自己的显示状态，当组件不可见时，将不会消耗硬件资源。

2. 全端

uni-ui的组件都是多端自适应的，底层会抹平很多小程序平台的差异或bug。例如，导航栏navbar组件会自动处理不同端的状态栏；再如，SwiperAction组件在App和微信小程序上会使用交互体验更好的wxs技术，但在不支持wxs的其他小程序端会使用JS模拟类似的效果。

uni-ui还支持Nvue原生渲染，也支持PC等大屏设备。

3. 风格扩展

uni-ui的默认风格是中性的，与uni-app基础组件风格一致。uni-ui也支持uni.scss，可以方便地扩展和切换App的风格。

4. 与uniCloud协作

uni-ui里的很多组件与uniCloud打通后，可以大幅提升开发效率。

5. 与uni统计自动集成实现免打点

uni统计是优秀的多端统计平台。除了一张报表看全端，它还有一个重要特点是免打点。例如，使用uni-ui的navbar标题栏、收藏、购物车等组件均可实现自动打点、统计页面标题等各种行为数据。当然，用户也可以关闭uni统计。

6. uni-ui符合全套DCloud组件规范

easycom、uni_module、datacom这些组件规范，uni-ui全部都遵循。

6.2.2　uni-ui的使用方式

uni-ui是官方提供的一套高性能的跨端ui框架，有助于快速进行项目开发，节省开发成本。在实际开发中，uni-ui支持HBuilderX直接新建项目模板、npm安装和单独导入个别组件等多种使用方式。

1. HBuilderX直接新建项目模板

如图6-1所示，可以看到HBuilderX已经内置了uni-ui项目模板，使用起来十分方便。

图6-1　HBuilderX内置uni-ui项目模板

在使用HBuilderX新建uni-app项目时，选择uni-ui项目作为模板，即可使用uni-ui中的各种组件。同时，由于uni-ui支持easycom组件规范，可以免引用、注册，直接使用。在代码区输入u，会显示uni-ui的组件列表，选择其中一个组件即可使用。将鼠标指针放置在组件名称上，按F1键，可以查阅组件的文档，如图6-2所示。

图6-2　在HBuilderX中使用uni-ui

2. npm安装组件

如果是使用HBuilderX创建的项目，需要先执行以下命令进行初始化。

```
npm init -y
```

安装uni-ui。

```
npm i @dcloudio/uni-ui -save
```

uni-ui依赖scss语言，需要安装node-sass和sass-loader插件才能正常使用，相关命令如下。

```
npm i sass -D
npm i sass-loader -D
```

在script中引用组件，如需要导入uni-badge组件。

```
import {uniBadge} from '@dcloudio/uni-ui'
export default {
    components: {uniBadge}
}
```

3. 单独安装组件

如果没有创建uni-ui项目模板，也可以在项目工程中单独安装需要的组件。表6-3为uni-ui的扩展组件清单，每个组件可以单独导入项目下，导入后直接使用即可，无须import和注册。

表6-3　uni-ui的扩展组件清单

组件名	说明
Badge	数字角标
Calendar	日历
Card	卡片
Collapse	折叠面板
Combox	可下拉选择的输入框
CountDown	倒计时
Drawer	抽屉
Fab	悬浮按钮
Fav	收藏按钮
GoodsNav	底部购物导航
Grid	宫格
Icons	图标
IndexedList	字母索引列表

续表

组件名	说明
List	列表
LoadMore	加载更多
NavBar	自定义导航栏
NoticeBar	通告栏
NumberBox	数字输入框
Pagination	分页器
PopUp	弹出层
Rate	评分
SearchBar	搜索栏
SegmentedControl	分段器
Steps	步骤条
SwipeAction	滑动操作
SwiperDot	轮播图指示点
Tag	标签

6.3 其他组件

除了常见的基础组件，还有一些组件并不常用，但也需要读者熟悉和了解，使用插件市场中的组件更是开发过程中的一大利器。

6.3.1　导航栏组件

导航栏相关的组件有两个，即navigation-bar（页面跳转组件）和custom-tab-bar（自定义tabBar组件）。

1. navigation-bar

navigation-bar是页面导航栏配置节点，用于指定导航栏的一些属性，只能是page-meta（页面属性配置节点）组件内的第一个节点，需要配合page-meta一同使用。navigation-bar各平台兼容性如表6-4所示。

表6-4　navigation-bar各平台兼容性

App	H5	微信小程序	支付宝小程序	百度小程序	字节跳动小程序	QQ小程序
√ 2.6.3+	2.6.3+	√ 2.9.0+	√	√	√	√

从HBuilderX 2.9.3版本起，项目编译到所有平台均支持navigation-bar，但编译到微信小程序时会受微信基础库版本限制。

navigation-bar组件属性说明如表6-5所示。

表6-5 navigation-bar组件属性说明

属性	类型	默认值	必填	说明	最低版本
title	string	无	否	导航栏标题	微信基础库2.9.0
title-icon	string	无	否	标题图标，图标路径如“./img/t.png”，仅支持本地文件路径和相对路径。图标固定宽高为34px（逻辑像素值），要求图片的宽高相同。 注意：设置标题图标后标题将居左显示	App 2.6.7+
title-icon-radius	string	无圆角	否	标题图标圆角，取值格式为XXpx，其中XX为像素值（逻辑像素），如10px表示10像素半径圆角	App 2.6.7+
subtitle-text	string	无	否	副标题文字内容，设置副标题后将显示两行标题，副标题显示在主标题（titleText）下方。 注意：设置副标题后将居左显示	App 2.6.7+
subtitle-size	string	auto	否	副标题文字字体大小，单位为像素，如14px表示字体大小为14像素，默认值为12像素	App 2.6.7+
subtitle-color	string	无	否	副标题文字颜色，颜色值格式为#RRGGBB或rgba(R,G,B,A)，如#FF0000表示标题文字颜色为红色。默认值与主标题文字颜色一致	App 2.6.7+
subtitle-overflow	string	ellipsis	否	标题文字超出显示区域时的处理方式，可取值：clip表示超出显示区域时内容被裁剪，ellipsis表示超出显示区域时尾部显示省略标记“...”	App 2.6.7+
title-align	string	auto	否	可取值：center表示居中对齐，left表示居左对齐，auto表示根据平台自动选择（Android平台居左对齐，iOS平台居中对齐）	App 2.6.7+
background-image	string	无	否	支持以下类型：背景图片路径，仅支持本地文件路径和相对路径，如“./img/t.png”（会根据实际标题栏宽高进行拉伸绘制）；渐变色，仅支持线性渐变，如“linear-gradient(to top, #a80077, #66ff00)”	App 2.6.7+

续表

属性	类型	默认值	必填	说明	最低版本
background-repeat	string	无	否	仅在backgroundImage设置为图片路径时有效。可取值：repeat表示背景图片在竖直方向和水平方向平铺；repeat-x表示背景图片在水平方向平铺，竖直方向拉伸；repeat-y表示背景图片在竖直方向平铺，水平方向拉伸；no-repeat表示背景图片在竖直方向和水平方向都拉伸。默认使用no-repeat	App 2.6.7+
blur-effect	string	none	否	此效果将会高斯模糊显示标题栏后的内容，仅在type为transparent或float时有效。可取值：dark表示暗风格模糊，对应iOS原生UIBlurEffectStyleDark效果；extralight表示高亮风格模糊，对应iOS原生UIBlurEffectStyleExtraLight效果；light表示亮风格模糊，对应iOS原生UIBlurEffectStyleLight效果；none表示无模糊效果。注意：使用模糊效果时应避免设置背景颜色，设置背景颜色可能覆盖模糊效果	App 2.6.7+
loading	string	false	否	是否在导航栏显示loading加载提示	微信基础库2.9.0
front-color	string	无	否	导航栏前景颜色值，包括按钮、标题、状态栏的颜色，仅支持#ffffff和#000000	微信基础库2.9.0
background-color	string	无	否	导航栏背景颜色值，有效值为十六进制的颜色	微信基础库2.9.0
color-animation-duration	number	0	否	改变导航栏颜色时的动画时长，默认值为0（没有动画效果）	微信基础库2.9.0
color-animation-timing-func	string	linear	否	改变导航栏颜色时的动画的速度曲线，支持linear、easeIn、easeOut和easeInOut	微信基础库2.9.0

注意：（1）navigation-bar目前支持的配置仅为表6-5所列，并不支持pages.json中关于导航栏的所有配置。

（2）当navigation-bar与pages.json的设置冲突时，会覆盖pages.json的配置。

navigation-bar使用示例代码如下。

```
<template>
  <page-meta>
    <navigation-bar
```

```
      :title="nbTitle"
      :title-icon="titleIcon"
      :title-icon-radius="titleIconRadius"
      :subtitle-text="subtitleText"
      :subtitle-color="nbFrontColor"
      :loading="nbLoading"
      :front-color="nbFrontColor"
      :background-color="nbBackgroundColor"
      :color-animation-duration="2000"
      color-animation-timing-func="easeIn"
    />
  </page-meta>
  <view class="content"></view>
</template>

<script>
  export default {
    data() {
      return {
        nbTitle: '标题',
        titleIcon: '/static/logo.png',
        titleIconRadius: '20px',
        subtitleText: 'subtitleText',
        nbLoading: false,
        nbFrontColor: '#000000',
        nbBackgroundColor: '#ffffff'
      }
    },
    onLoad() {
    },
    methods: {
    }
  }
</script>
```

2. custom-tab-bar

在小程序和App端，为了提升性能，可在pages.json中配置固定的原生tabBar；但在H5端并不会提升性能。

在H5端，适配PC宽屏时，对tabBar的位置和样式有不同的需求，更多的时候需要tabBar在PC网页顶部而不是底部。这样的情况下需要使用custom-tab-bar（自定义tabBar组件），它会读取pages.json中配置的tabBar信息，可以自定义摆放的位置，灵活地配置各种CSS样式。

该组件支持pages.json中tabBar的相关配置（兼容性和H5端保持一致），但不支持borderStyle配置。

custom-tab-bar仅H5端支持，HBuilderX需要使用2.9.9以上版本。

custom-tab-bar组件属性说明如表6-6所示。

表6-6　custom-tab-bar组件属性说明

属性名	类型	默认值	说明
direction	String	horizontal	选项的排列方向，可选值为horizontal、vertical
show-icon	Boolean	false	是否显示icon
selected	Number	0	选中的tabBar选项索引值
onTabItemTap	EventHandle	无	点击事件，参数为Object

表6-6中onTabItemTap的参数说明如表6-7所示。

表6-7　onTabItemTap参数说明

属性	类型	说明
index	String	被点击tabItem的序号，从0开始
pagePath	String	被点击tabItem的页面路径
text	String	被点击tabItem的按钮文字

custom-tab-bar组件无须配置tabBar的list，每个tabItem仍然从pages.json中读取，避免了多端编写重复代码。

这里以官方的hello uni-app项目为例，介绍custom-tab-bar组件的使用方式。

在hello uni-app中的topWindow放置自定义tabBar组件，将页面一级导航栏放置在网页顶部。源码获取方式为在HBuilderX 2.9.9以上版本的客户端中新建uni-app项目，选择hello uni-app模板，即可看到项目源码。

项目custom-tab-bar组件的配置如下。

```
<template>
      <view>
            <custom-tab-bar
                  direction="horizontal"
                  :show-icon="false"
                  :selected="selected"
                  @onTabItemTap="onTabItemTap"
```

```
            />
        </view>
</template>
```

使用PC浏览器打开https://hellouniapp.dcloud.net.cn，即可体验该示例。

配置后的运行效果如图6-3和图6-4所示。

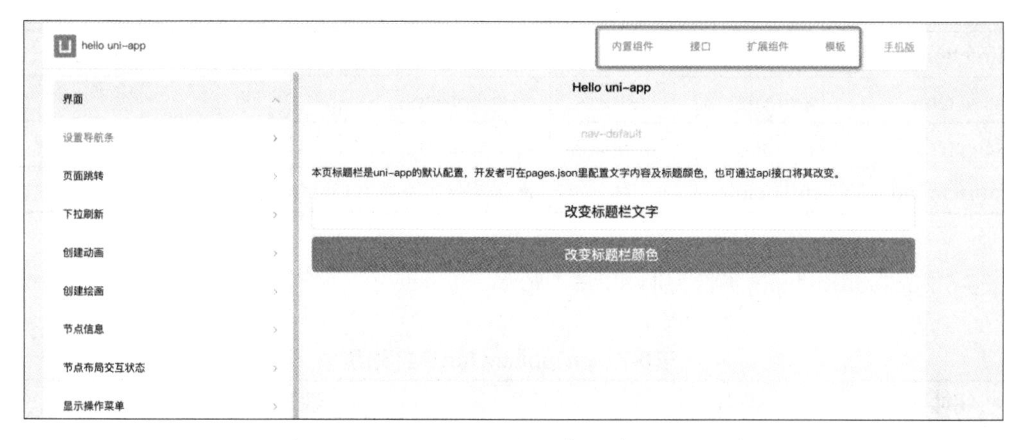

图6-3　custom-tab-bar水平布局（horizontal）

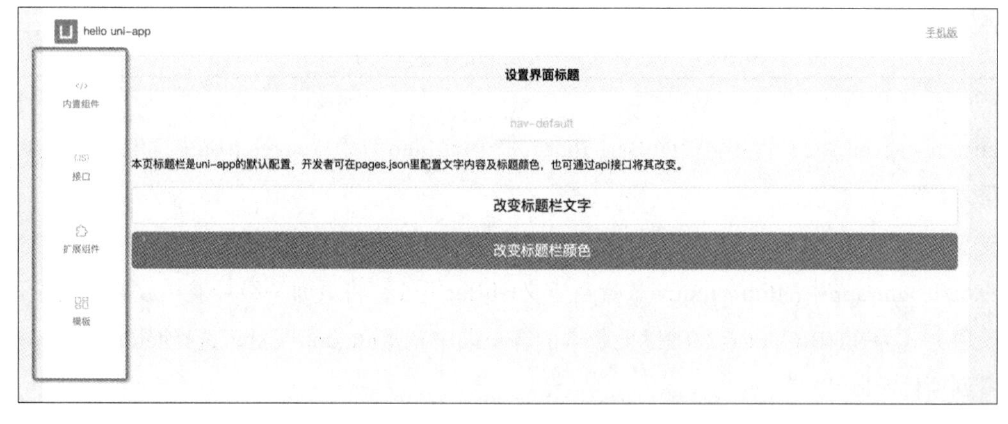

图6-4　custom-tab-bar竖直布局（vertical）

6.3.2　小程序开放能力组件

uni-app为小程序提供了official-account和open-data两个开放能力组件。

1. official-account

official-account是微信公众号关注组件。开发者在小程序内配置official-account后，当用户扫描小程序码打开小程序时，可以很方便地关注公众号。official-account可嵌套在原生组件内。

温馨提示

仅微信小程序平台支持official-account；支付宝小程序平台另提供了lifestyle组件，该组件和official-account组件类似，可用于关注支付宝的生活号。

official-account使用注意事项如下。

（1）使用组件前，需前往小程序后台，在【设置】→【关注公众号】中设置要展示的公众号。注意，设置的公众号需与小程序主体一致。

（2）在一个小程序的生命周期内，只有从以下场景进入小程序，页面才具有展示引导关注公众号组件的能力。

①当小程序从扫描小程序码场景打开时。

②当小程序从聊天顶部场景中的【最近使用】内打开时，若小程序之前未被销毁，则该组件保持上一次打开小程序时的状态。

③当从其他小程序返回当前小程序时，若小程序之前未被销毁，则该组件保持上一次打开小程序时的状态。

（3）为便于开发者调试，微信基础库从2.7.3版本起，开发版小程序增加以下场景用于展示公众号组件。

①开发版小程序从扫二维码打开。

②开发版小程序从体验版小程序打开。

（4）组件限定最小宽度为300px，高度为定值84px。

（5）每个页面只能配置一个该组件。

official-account组件使用示例代码如下。

```
<official-account></official-account>
```

2. open-data

open-data组件用于在小程序中展示平台开放的数据，各平台兼容性如表6-8所示。

表6-8　open-data组件各平台兼容性

App	H5	微信小程序	支付宝小程序	百度小程序	字节跳动小程序	QQ小程序	快应用	360小程序
×	×	√	×	√	×	√	×	×

从表6-8中可以看出，因为该功能是为各小程序平台提供的开放能力，App端和H5端不涉及此概念，所以不支持该组件。支付宝小程序和字节跳动小程序没有open-data组件，但提供了API方式获取相关信息。open-data组件属性如表6-9所示。

表6-9 open-data组件属性

属性名	类型	默认值	说明	平台兼容性
type	String	无	开放数据类型	全支持
open-gid	String	无	当type="groupName"时生效，有效值为群id	仅微信小程序、QQ小程序支持
lang	String	en	当type="user*"时生效，表示以哪种语言展示userInfo，有效值为en、zh_CN、zh_TW	仅微信小程序、QQ小程序支持

表6-9中的type属性的有效值如表6-10所示。

表6-10 type属性的有效值

值	说明	平台兼容性
userNickName	用户昵称	全支持
userAvatarUrl	用户头像	全支持
userGender	用户性别	全支持
groupName	拉取群名称	仅微信小程序、QQ小程序支持
userCity	用户所在城市	仅微信小程序、QQ小程序支持
userProvince	用户所在省份	仅微信小程序、QQ小程序支持
userCountry	用户所在国家	仅微信小程序、QQ小程序支持
userLanguage	用户语言	仅微信小程序、QQ小程序支持

open-data组件使用示例代码如下。

```
<open-data type="userNickName"></open-data>
<open-data type="userAvatarUrl"></open-data>
<open-data type="userGender"></open-data>
```

6.3.3 App Nvue专用组件

Nvue是uni-app App端内置的一个基于Weex改进的原生渲染引擎，提供了原生渲染能力。App端Nvue专用组件使用了原生的能力，在App端相比Vue组件端性能更佳。

1. Barcode

Barcode是App端Nvue专用的扫码组件，用于在App端Nvue页面实现内嵌到界面上的扫码功能。

其他场景、其他平台请使用全屏扫码API：uni.scanCode。

App端下的纯Nvue项目（manifest中的renderer为native）暂不支持uni.scanCode API，只能使用Barcode组件来替代。

HBuilderX自2.1.5+起支持Barcode组件。

Barcode扫码组件可以设置扫码框、扫码条的颜色等属性，其属性如表6-11所示。

表6-11　Barcode组件属性

属性	类型	默认值	必填	说明
autostart	boolean	false	否	是否自动开始扫码
background	string	无	否	条码识别控件背景颜色，颜色值支持颜色名称、十六进制值、rgb值，默认值为黑色
frameColor	string	无	否	扫码框颜色，颜色值支持颜色名称、十六进制值、rgb值、rgba值，默认值为红色
scanbarColor	string	无	否	扫码条颜色，颜色值支持颜色名称、十六进制值、rgb值、rgba值，默认值为红色
filters	Array[Number]	[0,1,2]	否	扫码识别支持的条码类型，值为条码类型常量数组，默认支持QR、EAN13、EAN8类型（注意：设置的条码类型过多，会降低扫描识别的速度）

2. list

在app-nvue下，如果页面是长列表，使用list组件的性能将高于使用view或scroll-view的性能，原因在于list在不可见部分的渲染资源回收有特殊的优化处理。

原生渲染的资源回收机制与Webview渲染不同，Webview不需要数据有规则格式，长页面处于不可视的部分，其渲染资源会自动回收（使用区域滚动除外）。因此，Vue页面只要不用scroll-view，就不需要关注这个问题；而原生渲染则必须注意。

如果需要跨端，建议使用uni-ui的uni-list组件，该组件自动处理了Webview渲染和原生渲染的情况。uni-list组件在app-nvue下使用list组件实现高性能滚动，而在其他平台则使用页面滚动。

list组件是提供垂直列表功能的核心组件，拥有平滑的滚动效果和高效的内存管理，非常适合用于长列表的展示。其最简单的使用方法是在<list>标签内填充使用数组循环生成的<cell>标签。

使用示例代码如下。

```
<template>
  <list>
    <!--注意事项:不能使用index作为key的唯一标识-->
    <cell v-for="(item, index) in dataList" :key="item.id">
      <text>{{item.name}}</text>
    </cell>
  </list>
</template>

<script>
  export default {
    data () {
      return {
        dataList: [{id: "1", name: 'A'}, {id: "2", name: 'B'}, {id: "3", name:
        'C'}]
      }
    }
  }
</script>
```

温馨提示

相同方向的<list>或<scroll-view>互相嵌套时，Android平台的子<list>不可滚动，iOS平台的子<list>可以滚动，iOS平台有Bounce效果，Android平台仅在可滚动时有Bounce效果。

<list>需要显式地设置其宽高，可使用position:absolute定位或使用width、height设置其宽高值。

<list>属于区域滚动，不会触发页面滚动，无法触发pages.json配置的下拉刷新、页面触底onReachBottomDistance、titleNView的transparent透明渐变。

Android平台中，因<list>高效内存回收机制，不在屏幕可见区域内的组件不会被创建，导致一些内部需要计算宽高的组件无法正常工作，如<slider>、<progress>、<swiper>。

3. cell

cell组件的重要价值在于告知原生引擎哪些部分是可重用的。<cell>必须以一级子组件的形式存在于list、recycler、waterfall组件中。

温馨提示

不要给<cell>设置flex值。cell的宽度是其父容器决定的，用户也不需要指定它的高度。

cell的排版位置是由父容器控制的，所以一般不需要为其指定margin样式。

4. recycle-list

<recycle-list>是一个新的列表容器，具有回收和复用能力，可以大幅优化内存占用和渲染性能。其性能比list组件更高，但写法受限制。<recycle-list>除了会释放不可见区域的渲染资源，在非渲染的数据结构上也有更多优化。此组件自HBuilderX 2.2.6+起开始支持。

5. waterfall

<waterfall>组件是提供瀑布流布局的核心组件。瀑布流又称瀑布流式布局，是比较流行的一种页面布局，视觉表现为参差不齐的多栏布局。这种布局可以随着页面的滚动，不断地加载数据块并附加到当前页面尾部。

在Nvue中，使用普通View做瀑布流，无法实现重用和不可见渲染资源释放。但使用<waterfall>组件指定cell后，原生引擎会自动优化性能。

使用示例代码如下。

```
<template>
  <waterfall column-count="2" column-width="auto">
    <cell v-for="num in lists" >
      <text>{{num}}</text>
    </cell>
  </waterfall>
</template>
<script>
  export default {
    data () {
      return {
        lists: ['A', 'B', 'C', 'D', 'E']
      }
    }
  }
</script>
```

waterfall是区域滚动，不会触发页面滚动，无法触发pages.json配置的下拉刷新、页面触底onReachBottomDistance、titleNView的transparent透明渐变。

6. refresh

<refresh>为容器提供下拉刷新功能。在Nvue中，可通过此组件实现灵活、自定义、高性能的下拉刷新。

温馨提示

<refresh>组件是<scroll-view>、<list>、<waterfall>的子组件，只有<refresh>组件被包含在<scroll-view>、<list>、<waterfall>组件中时才能被正确渲染。

使用示例代码如下。

```
<scroll-view>
  <refresh>
    <text>Refreshing...</text>
  </refresh>
  <view v-for="num in lists">
    <text>{{num}}</text>
  </view>
</scroll-view>
```

6.3.4 原生组件

小程序和App的Vue页面主体是由Webview渲染的。为了提升性能，小程序和App的Vue页面下的部分ui元素，如导航栏、tabBar、video、map等使用了原生组件。这种渲染方式称为混合渲染。

原生组件虽然提升了性能，但也带来了其他问题，具体如下。

（1）前端组件无法覆盖原生控件的层级。

（2）原生组件不能嵌入特殊前端组件（如scroll-view）中。

（3）原生组件的ui无法灵活自定义。

（4）在Android上，原生组件的字体会被渲染为ROM的主题字体，而Webview如果不经过单独改造不会使用ROM的主题字体。

H5端和App端的Nvue页面不存在混合渲染的情况，它们或是全部为前端渲染，或是全部为原生渲染，不涉及层级问题。

uni-app中的原生组件清单如下。

（1）map：地图组件。

（2）video：视频播放组件。

（3）camera：页面内嵌的区域相机组件，仅微信小程序、百度小程序支持。

（4）canvas：画布，仅在微信小程序、百度小程序中表现为原生组件。

（5）input：输入框，仅在微信小程序、支付宝小程序、字节跳动小程序、QQ小程序中input置焦时表现为原生组件。

（6）textarea：多行输入框，仅在微信小程序、百度小程序、字节跳动小程序中表现为原生组件。

（7）live-player：实时音视频播放，仅微信小程序、百度小程序支持，App端直接使用video组件可同时实现拉流。

（8）live-pusher：实时音视频录制，仅微信小程序、百度小程序、app-nvue支持，app-vue使用plus.video.LivePusher可实现推流。

（9）cover-view：覆盖在原生组件上的文本视图。

（10）cover-image：覆盖在原生组件上的图片视图。

（11）ad：应用内展示的广告组件，仅App、微信小程序、百度小程序、字节跳动小程序、QQ小程序支持。

原生组件脱离在WebView渲染流程外，因此在使用时有以下限制。

（1）原生组件的层级是最高的，因此页面中的其他组件无论设置z-index为多少，都无法覆盖在原生组件上。后插入的原生组件可以覆盖之前的原生组件。

（2）原生组件无法在scroll-view、swiper、picker-view、movable-view中使用。

（3）同层渲染：微信基础库自2.4.4版本起支持video的同层渲染，微信基础库2.8.3版本支持map的同层渲染。支持同层渲染后，相关组件不再有层级问题，无须再使用cover-view覆盖，也可以内嵌swiper等组件。app-nvue不涉及层级问题，所有组件都是同层渲染。

微信原生组件的同层渲染能力可能会在特定情况下失效，因此在开发时需要稍加注意。另外，同层渲染失败会触发bindrendererror事件，在必要时根据该回调做好UI回退的准备，可根据组件中监听同层失败回调bindrendererror来判断。

（4）部分CSS样式无法应用于原生组件，如：①无法对原生组件设置CSS动画；②无法定义原生组件为position: fixed；③不能在父级节点使用overflow: hidden来裁剪原生组件的显示区域。

（5）在小程序端真机上，原生组件会遮挡vConsole插件弹出的调试面板。

除了原生组件，uni-app在非H5端还有其他原生界面元素，清单如下。

（1）原生navigationBar和tabBar（在pages.json里进行配置）

（2）web-view组件：虽然不是原生组件，但该组件相当于一个原生WebView覆盖在页面上，并且在小程序上web-view组件是强制全屏的，无法在上面覆盖前端元素。

（3）弹出框：picker、showModal、showToast、showLoading、showActionSheet、previewImage、chooseImage、chooseVideo等弹出元素也无法被前端组件覆盖。

（4）plus下的plus.nativeObj.view、plus.video.LivePusher、plus.nativeUI、plus.webview，层级均高于前端元素。

App的Nvue页面里的组件虽然不涉及map、video等原生组件的层级遮挡问题，但pages.json中配置的原生tabBar、原生navigationBar，在Nvue页面里也无法被其他组件遮挡。

6.3.5 插件市场的组件使用

uni-app的插件市场有很多扩展组件，有的是单独的，有的是成套的，读者可以在实际开发过程中根据情况进行选择。

这里以插件市场中一款热门的UI框架uView为例，介绍扩展组件的使用方式。uView整合了很多组件，功能丰富、文档清晰，集成起来非常方便，使用步骤如下。

1. 安装组件

下面介绍两种安装组件的方式。

（1）下载安装。

使用下载的方式安装组件能更方便地阅读源码，但每次升级都需要重新下载并覆盖uview-ui文件夹。

在uni-app插件市场右上角单击【使用HBuilderX导入插件】按钮或【下载插件ZIP】按钮，如图6-5所示。下载地址见“资源文件\网址索引.docx”。

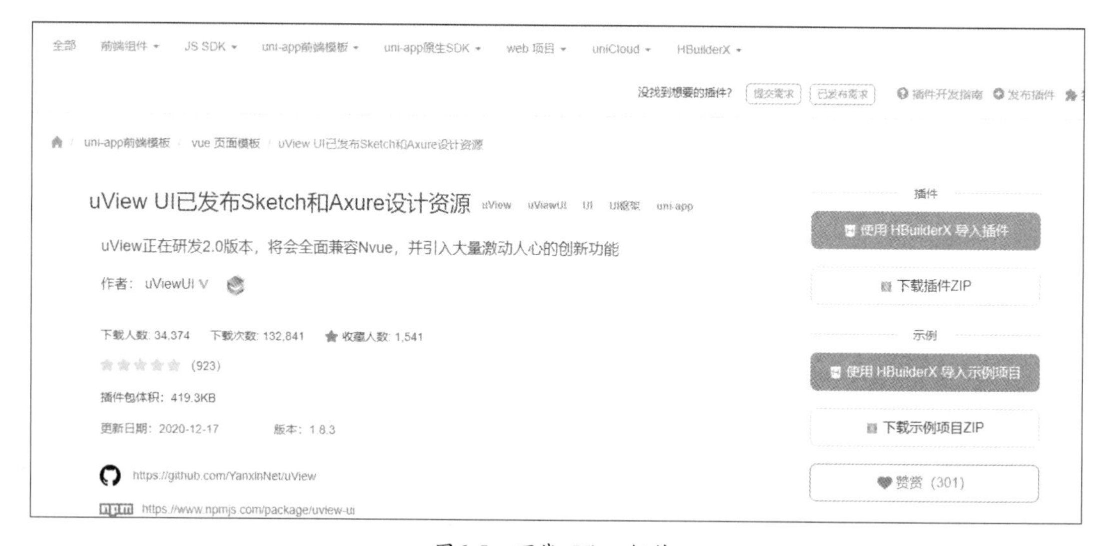

图6-5　下载uView组件

如果项目是由HBuilderX创建的标准uni-app项目，应将下载后的uview-ui文件夹复制到项目根目录；如果项目是由vue-cli模式创建的，应将下载后的uview-ui文件夹放置到项目的src文件夹中。

温馨提示

uView使用easycom模式，因此无须引入组件即可直接使用。但是，此功能需要HBuilderX 2.5.5及以上版本才能支持。easycom打包时是按需引入的，可以放心引入uView的整个组件库，发布打包时会自动剔除没有使用过的组件（注意：调试时项目仍然是全部引入）。

请确保下载的HBuilderX为App开发版，而非标准版，并且在【工具】→【插件安装】中安装了“scss/sass编译”插件。

（2）npm安装。

使用npm的方式安装组件能更方便地进行插件升级。

如果项目是通过vue-cli模式创建的，则无须手动npm安装scss相关插件，因为vue-cli已内置scss。

注意：此安装方式必须按照npm方式安装了配置中的说明配置才可用，且项目名称中不能有中文字符。

如果项目是由HBuilderX创建的，根目录下又没有package.json文件，则先执行如下命令。

```
npm init -y
```

安装命令如下。

```
npm install uview-ui
```

更新命令如下。

```
npm update uview-ui
```

2. 配置组件

（1）引入uView主JS库。在项目根目录的main.js中引入并使用uView的JS库，相关代码如下，注意这两行代码要放在import Vue之后。

```
// main.js
import uView from "uview-ui";
Vue.use(uView);
```

（2）引入uView的全局scss主题文件。在项目根目录的uni.scss中引入此文件，相关代码如下。

```
/* uni.scss */
@import 'uview-ui/theme.scss';
```

（3）引入uView基础样式，相关代码如下。

```
<style lang="scss">
    /*注意下面这行代码要写在第一行，同时给style标签加入lang="scss"属性*/
    @import "uview-ui/index.scss";
</style>
```

（4）配置easycom组件模式。此配置需要在项目根目录的pages.json中进行，相关代码如下。

```
// pages.json
{
    "easycom": {
```

```
            "^u-(.*)": "@/uview-ui/components/u-$1/u-$1.vue"
        },

        //本身已有内容
        "pages": [
            // ...
        ]
}
```

温馨提示

uni-app基于调试性能的原因，修改easycom规则不会实时生效，配置完成后需要重启HBuilderX或重新编译项目才能正常使用uView的功能。

请确保pages.json中只有一个easycom字段，否则需自行合并多个引入规则。

3. 组件使用

通过npm安装或直接在插件市场下载安装组件之后，在某个页面可以直接使用组件，无须通过import引入组件。

下面以ActionSheet操作菜单组件为例，介绍组件的使用方法，相关代码如下。

```
<template>
    <u-action-sheet :list="list" v-model="show"></u-action-sheet>
</template>
<script>
    export default {
        data() {
            return {
                list: [{
                    text: '点赞',
                    color: 'blue',
                    fontSize: 28
                }, {
                    text: '分享'
                }, {
                    text: '评论'
                }],
                show: true
            }
        }
    }
</script>
```

ActionSheet操作菜单组件运行效果如图6-6所示。

图6-6　组件运行效果

新手问答

NO1：如何判断开发过程中是否有必要使用第三方组件?

答： 传统的Web开发基本不用基础组件，因为HTML的基础组件的默认样式无法适配手机风格，所以一般都是找一个UI库，包含全套组件。

但uni-app体系并非如此，uni-app有内置组件，内置组件就是适配了手机风格的。但内置组件只能满足基础需求，当需要更多场景时，就要用到扩展组件。从性能上来说，扩展组件的性能略低于内置组件，因此开发者切勿抛弃内置组件，直接使用全套三方UI组件库。

uni-app官方对组件的使用建议如下。

（1）首先使用内置组件。

（2）然后使用uni ui扩展组件。

（3）其他需求依靠插件市场的其他组件灵活补充。

NO2：如何使用小程序插件?

答： 小程序插件是可被添加到小程序内直接使用的功能组件，在不同的小程序内叫法可能略有区别，微信小程序、支付宝小程序中称其为插件，百度小程序中称其为动态库。这里以微信小程序为例，介绍如何使用小程序插件。

1. 引入插件代码包

使用插件之前，开发者需要在manifest.json中各平台对应的字段内声明使用的插件，具体配置参照所用插件的开发文档。示例代码如下。

```
"mp-weixin": {
  "plugins": {
    "myPlugin": {
      "version": "1.0.0",
      "provider": "wxidxxxxxxxxxxxxxxxx"
    }
  }
}
```

2. 在页面中使用

在页面中使用插件，需要在pages.json文件内对应页面的style节点下配置对应平台的usingComponents或usingSwanComponents，示例如下。

以"hello-component": "plugin://myPlugin/hello-component"为例，key（冒号前的hello- component）为在页面内使用的组件名称；value分为三段，plugin为协议；myPlugin为插件名称，即引入插件时的名称；hello-component为插件暴露的组件名称。示例代码如下。

```
{
  "path": "pages/index/index",
  "style": {
    "mp-weixin": {
      "usingComponents": {
        "hello-component": "plugin://myPlugin/hello-component"
      }
    }
  }
}
```

3. 在分包内引入插件代码包

支付宝小程序、百度小程序不支持在分包内引入插件，故此内容仅针对微信小程序。

如果插件只在一个分包中被用到，可以单独配置到分包中，这样插件不会随主包加载，开发者可以在pages.json的subPackages中声明插件。示例代码如下。

```
"subPackages": [{
    "root": "pagesA",
    "pages": [{
        "path": "list/list"
    }]
    "plugins": {
        "pluginName": {
```

```
            "version": "1.0.0",
            "provider": "wxidxxxxxxxxxxxxxxx"
        }
    }
}]
```

在分包内使用插件有一定的限制，具体如下。

（1）分包内的插件仅能在该分包中使用。

（2）同一个插件不能被多个分包同时引用。

（3）不能从分包外的页面直接跳入分包内的插件页面，需要先跳入分包内的非插件页面，再跳入同一分包内的插件页面。

温馨提示

某些插件可能需要一些权限才能正常运行，应在manifest.json中的mp-weixin内配置permission。

微信开发工具提示“插件版本不存在”，可能是因为该插件开发文档示例代码中使用的版本已经不存在，此时应在声明插件处更改版本。

新手实训：制作属于自己的组件并上传到插件市场

【实训说明】

DCloud有活跃的插件市场，并提供了变现、评价等机制。本实训将制作一个头像组件，并上传到插件市场（更多插件开发方法参考DCloud插件开发指南，相关文档链接见“资源文件\网址索引.docx”），主要步骤如下。

（1）创建一个组件。

（2）使用image和text组件。

（3）组件逻辑实现。

（4）组件引入运行。

（5）组件打包。

（6）上传组件到插件市场。

实现方法

步骤01　创建一个名为“AvatarDemo”的uni-app项目，用来作为插件示例。

步骤02　在根目录下新建一个“components”文件夹，用来放置头像组件。

步骤03　在“components”文件夹下创建一个“avatar”文件夹，并创建一个名为“avatar.vue”的Vue文件。创建完成后的项目目录如图6-7所示。

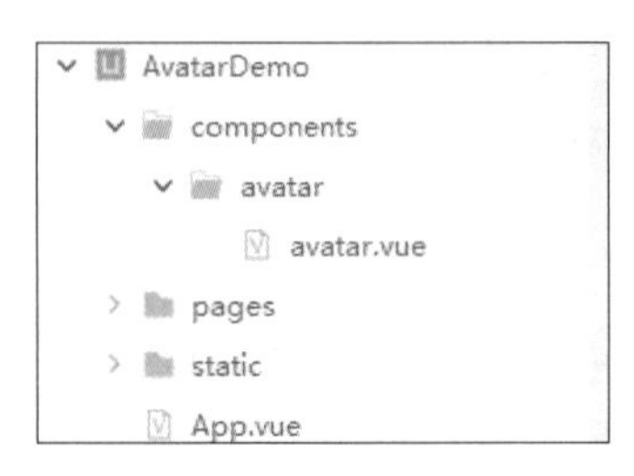

图6-7 项目目录

步骤04 引入一个image组件，需要实现的功能如下：头像能够配置为圆角，能够动态配置样式；加载失败后有占位图替代，需要有一个加载事件的监听；头像地址能动态配置，可以由用户配置；缩放裁剪模式也能够配置。核心代码如下。

```
<image
  @error="loadError"
  :style="[imgStyle]"
  :src="avatar"
  :mode="imgMode"
></image>
```

步骤05 现在还需要实现一个功能：在实际的过程场景中，如果用户没有头像，则由文字代替头像。这里引入一个text组件来实现这一功能，核心代码如下。

```
<text>{{imgText}}</text>
```

步骤06 还需要添加一个功能：用户希望头像大小能够自由配置，就需要组件支持头像大小配置。为了显示效果美观，接下来添加相应的样式和显示逻辑将代码整合起来。核心代码如下。

```
<template>
      <view class="avatar" :style="[wrapStyle]">
            <image
                  @error="loadError"
                  :style="[imgStyle]"
                  class="avatar__img"
                  v-if="!imgText && avatar"
                  :src="avatar"
                  :mode="imgMode"
            ></image>
            <text class="avatar__text" v-else-if="imgText" :style="{
                  fontSize: '38rpx'
            }">{{imgText}}</text>
      </view>
</template>
```

步骤07　完成组件的编写后，直接在页面中引入组件。HBuilderX从2.5.5版本起支持easycom组件模式，因此这里可以直接引入组件使用，代码如下。

```
<avatar :src="src" size="large" mode="circle"></avatar>
```

步骤08　引入组件后的运行效果如图6-8所示。

图6-8　组件运行效果

步骤09　将根目录下的“components”文件整体压缩为“.zip”格式的压缩包。

步骤10　访问插件发布地址（https://ext.dcloud.net.cn/publish），填写插件信息并上传插件压缩包，如图6-9所示。

图6-9　发布uni-app插件

发布成功后，即可在插件市场看到发布的插件，如图6-10所示。

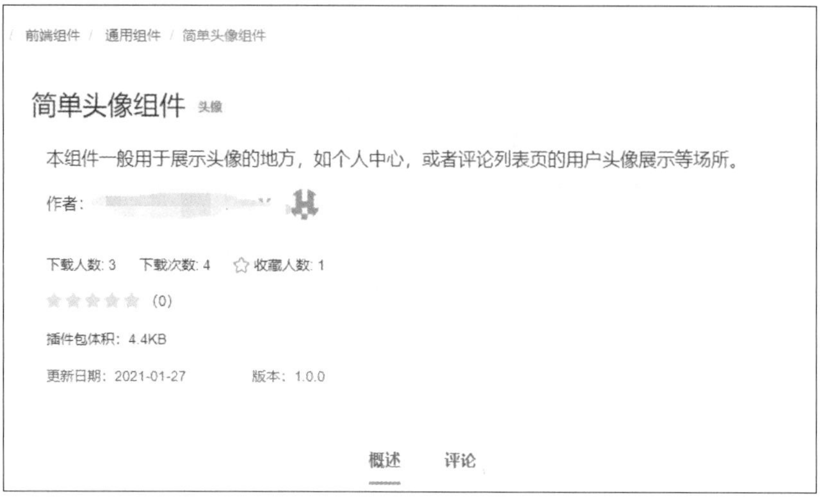

前端组件 / 通用组件 / 简单头像组件

简单头像组件 头像

本组件一般用于展示头像的地方，如个人中心，或者评论列表页的用户头像展示等场所。

作者：

下载人数: 3　下载次数: 4　收藏人数: 1

(0)

插件包体积：4.4KB

更新日期：2021-01-27　版本：1.0.0

概述　评论

图6-10　插件市场的插件展示

第7章 导航栏的定制

本章导读

项目开发过程中，为了满足各种市场需求，需要对导航栏进行定制。有时要取消导航栏；有时原生的导航栏无法满足各种需求，需要自行绘制；有时不同平台的导航栏表现不同，需要有针对性地处理。

针对导航栏的不同问题，需要采取不同的解决方案，本章将详细介绍uni-app项目中的导航栏的定制。

知识要点

通过对本章内容的学习，可以掌握以下知识。

- 取消导航栏。
- 修改导航栏样式。
- 给导航栏添加自定义内容。
- 动态修改导航栏。
- 自行绘制导航栏。

7.1 取消导航栏

原生导航栏的扩展能力是有限的，特别是微信小程序中没有提供太多导航栏的配置，因此在某些情况下需要取消原生导航栏，再使用view自行绘制导航栏。

7.1.1 全局取消

在pages.json的globalStyle中存在navigationStyle设置，默认值是default，即带有原生导航栏；将其设置为custom后，所有页面将取消原生导航栏。

温馨提示

一般App里不会使用该参数配置。建议为个别页面单独设置不使用原生导航栏。

在微信小程序中，页面右上角始终有一个胶囊按钮。

7.1.2 单独取消

在页面的style属性中配置navigationStyle为custom可单独取消一个页面的原生导航栏，代码如下。

```
{
    "path" : "pages/log/log",
    "style" : {
        "navigationStyle":"custom"
    }
}
```

7.2 导航栏样式

在开发App时，需要更灵活的自定义导航栏。因此，uni-app在pages.json文件中的每个page节点下的style属性下提供了一个子扩展节点：app-plus。该节点定义了在HTML5+App环境下，即在iOS、Android环境下增强的配置。其中，有一个子节点titleNView是HTML5+规范中Webview页面的原生导航窗体规范（相关配置文档见“资源文件\网址索引.docx”）。另外，在H5端也实现了titleNView的常用配置，即app-plus节点下配置的titleNView在H5端也会生效。

下面根据不同需求，对导航栏进行不同的配制。

7.2.1 改变状态栏样式

App默认为沉浸式，因此去除导航栏后，页面顶部会直通状态栏区域，可能会有如下需求。

（1）改变状态栏文字颜色：设置该页面的navigationBarTextStyle属性，可取值为black/white。如果想单独设置颜色，App端可使用plus.navigator.setStatusBarStyle方法进行设置。部分Android 4.4及以下版本的手机不支持设置状态栏前景色。

（2）改变状态栏背景颜色：绘制一个占位的view固定放置在状态栏的位置，设置此view的背景颜色，即可达到改变状态栏背景颜色的效果。uni-app提供了一个控制状态栏高度的css变量，具体参考css变量介绍（相关文档链接见“资源文件\网址索引.docx”）。

以下为改变状态栏背景颜色的示例。

在App端添加自定义状态栏，代码如下。

```
<!-- #ifdef APP-PLUS -->
<view class="status_bar">
    <view class="top_view"></view>
</view>
<!-- #endif -->
```

将自定义状态栏的高度设置为系统状态栏高度，并固定在页面顶部，代码如下。

```
.status_bar {
    height: var(--status-bar-height);
    width: 100%;
    background-color: #F8F8F8;
}
.top_view {
    height: var(--status-bar-height);
    width: 100%;
    position: fixed;
    background-color: #F8F8F8;
    top: 0;
    z-index: 999;
}
```

7.2.2　导航栏随着页面滚动渐变

原生导航栏还支持透明渐变效果——页面刚载入时没有导航栏标题，页面内容和状态栏联通，页面向下滚动后导航栏逐渐显示出来。其配置代码如下。

```
{
    "path": "pages/log/log",
    "style": {
        "navigationBarTitleText": "hello",
        "app-plus": {
            "titleNView": {
                "type": "transparent"
            }
        }
    }
```

```
}
```

透明渐变的导航栏的button图标有一个默认的灰色背景图，以防止背景图和按钮前景颜色相同导致无法看清按钮。如果要删除该灰色背景图，可以配置button的背景颜色为透明：background:'rgba(0,0,0,0)'。

7.2.3 图片背景

titleNView在uni-app 2.6.3以上版本中可以直接配置图片，并且支持GIF格式。这里提供一个“黑科技”写法，通过在titleNView中配置tags，可以实现在导航栏绘制图片的效果，示例代码如下。

```
{
    "path" : "nav-image/nav-image",
    "style" : {
        "app-plus" : {
            "titleNView" : {
                "titleText" : "",
                "tags" : [
                    {
                        "tag" : "img",
                        "src" : "/static/nav.png",
                        "position" : {
                            "left" : "auto",
                            "top" : "auto",
                            "width" : "110px",
                            "height" : "26px"
                        }
                    }
                ]
            }
        }
    }
}
```

通过在titleNView中配置tags除了可以在导航栏绘制图片，还可以绘制更多丰富的内容，如richtext（富文本）、font（文本）、input（输入框）、rect（矩形区域）。

7.3 添加自定义按钮

在titleNView节点中添加自定义的导航按钮，按钮的text内容推荐使用字体图标。如果按钮使用的文字较长，建议把字体缩小一些，或调节按钮宽度等。自定义按钮可以添加红点和角标，还能配置为下拉选择按钮。

7.3.1 红点和角标

要在导航栏右上角显示消息，通常需要给自定义的按钮添加红点或角标。配置示例代码如下。

```
{
    "path" : "nav-dot/nav-dot",
    "style" : {
        "navigationBarTitleText" : "导航栏带红点和角标",
        "app-plus" : {
            "titleNView" : {
                "buttons" : [
                    {
                        "text" : "消息",
                        "fontSize" : "14",
                        "redDot" : true
                    },
                    {
                        "text" : "关注",
                        "fontSize" : "14",
                        "badgeText" : "12"
                    }
                ]
            }
        }
    }
}
```

7.3.2 下拉选择

在涉及类似城市选择的功能时，通常需要让自定义按钮提供下拉选项，此时只需要将自定义按钮的select属性配置为true即可。配置示例代码如下。

```
{
    "path" : "nav-city-dropdown/nav-city-dropdown",
    "style" : {
        "navigationBarTitleText" : "导航栏带城市选择",
        "app-plus" : {
            "titleNView" : {
```

```
                "buttons" : [
                    {
                        "text" : "北京市",
                        "fontSize" : "14",
                        "select" : true,
                        "width" : "auto"
                    }
                ]
            }
        }
    }
}
```

7.4 原生搜索框

原生导航栏支持放置原生搜索框，原生搜索框可以点击直接弹出软键盘，也可以点击后跳转到新页面进行搜索。配置示例代码如下。

```
{
    "path": "pages/search/search", //搜索页面
    "style": {
    "app-plus": {
        "titleNView": {
        "searchInput": {
            "backgroundColor": "#fff",
            "borderRadius": "6px", //输入框圆角
            "placeholder": "请输入搜索内容",
            "disabled": true //disable时点击输入框不置焦，可以跳转到新页面搜索
        }
      }
    }
  }
}
```

7.5 动态修改样式

如果需要JS动态修改导航栏，可以通过setStyle方法修改标题、背景色、前景色。该方法是

App、小程序、H5端都支持的，可参考“使用uni.setNavigationBarTitle接口动态设置当前页面的标题”一文（相关设置文档链接见“资源文件\网址索引.docx”）。

对于App侧扩展的设置，如自己添加的buttons，需使用plus的JS API进行动态设置。在App端可以使用setStyle方法进行设置，包括修改Webview对象的titleNview属性，以达到修改标题栏按钮文字及样式的目的。示例代码如下。

```
//#ifdef APP-PLUS
var webView = this.$mp.page.$getAppWebview();

//修改buttons
//index:按钮索引, style {WebviewTitleNViewButtonStyles }
webView.setTitleNViewButtonStyle(0, {
    text: 'hello',
});

//修改按钮上的角标
//index:按钮索引; text:角标文本内容
webView.setTitleNViewButtonBadge({
    index: 0,
    text: 10,
});

//设置searchInput的focus
// focus: true | false
webView.setTitleNViewSearchInputFocus(true)

//设置searchInput的text
webView.setTitleNViewSearchInputText(text)
```

7.6 绘制App端导航栏

App端导航栏可以使用subnvue进行绘制或使用HTML5+引擎提供的plus.nativeObj接口进行自定义。

7.6.1 使用subnvue自行绘制导航栏

uni-app支持使用Nvue页面，即Weex原生引擎绘制顶部的原生导航栏。在hello uni-app的API-界面示例中有subnvue示例，其中顶部的导航栏背景颜色为渐变色，这就是使用subnvue绘制的原生导航栏。使用subnvue绘制的原生导航栏在pages.json中的配置如下。

```
{
    "path": "subnvue/subnvue",
    "style": {
        "app-plus": {
            "titleNView": false,
            "subNVues": [{
                "id": "nav",
                "path": "subnvue/subnvue/nav",
                "type": "navigationBar"
            }]
        }
    }
}
```

温馨提示

HBuilderX从2.6.3版本起，titleNView直接支持设置背景图、渐变色，不再需要使用subnvue进行绘制，且性能比使用subnvue绘制的更好。

7.6.2 使用plus.nativeObj.view自定义

titleNView提供的配置虽然全面，但有时仍然无法满足某些场景需求，如在titleNView中绘制一个选项卡，有三种处理方式。

（1）使用plus.nativeObj.view的API自定义titleNView。

（2）页面采用Nvue，即Weex方式制作。

（3）取消原生导航栏，使用view自行绘制选项卡。

这里介绍第一种方式，即使用plus.nativeObj.view。plus.nativeObj是HTML5+引擎提供的轻量原生渲染引擎，其中plus.nativeObj.view是一个自定义性很强的对象，以下简称nview。nview的规范文档链接见“资源文件\网址索引.docx”。

nview是一个基于canvas理念的绘制引擎，可以绘制任何界面、线条、矩形、文字、图片，包括原生的input输入框。本质上，各种界面的对象控件，在计算机底层都是绘图引擎基于draw字、draw图、draw线条来绘制的。

nview没有DOM概念，不支持内部滚动。虽然没有Weex强大，但是titleNView、原生cover-view都是基于nview实现的。

接下来给titleNView右上角添加一个红点，示例代码如下。

```
const currentWebview = this.$mp.page.$getAppWebview(); //注意相关操作写在APP-PLUS
```

```
条件编译下
var nTitle = currentWebview.getTitleNView();
nTitle.drawBitmap("static/reddot.png",{}, {top:'3px',left:'340px',width:'4px',
height:'4px'}); //具体尺寸在使用时需自行计算。
```

7.7 使用前端标签组件模拟绘制导航栏

如果想绘制一些个性化的title，需要使用view组件。例如，App首页的顶部经常需要特殊设置，此时就需要使用前端技术来绘制导航栏。

导航栏由状态栏和标题栏构成，状态栏的高度为var(--status-bar-height)，此变量由uni-app框架提供，仅在CSS中生效。如果将标题栏的高度设置为88px，整个状态栏的高度应为calc(var(--status-bar-height) + 88px)，示例代码如下。

```
.title-contents{
    height: calc(var(--status-bar-height) + 88px);
}
.status{
    height: var(--status-bar-height);
}
.titles{
    height: 88px;
}
```

状态栏和标题栏都应使用position:fixed设置固定在页面顶部，标题栏的top属性值应为状态栏的高度，示例代码如下。

```
.top-view{
    width: 100%;
    position: fixed;
    top: 0;
}
.titles{
    top: var(--status-bar-height);
}
```

绘制的返回箭头需要绑定点击事件，以返回上一个页面，示例代码如下。

```
<view class="titleLeftButton" @click="backButton"></view>

methods:{
```

```
    backButton(){
        uni.navigateBack()
    }
}
```

使用view绘制导航栏组件的示例代码如下。

```
<template>
    <view class="title-contents">
        <view
            class="top-view status"
            :style="{ background: statusColor }"
        ></view>
        <view
            class="_top titles"
            :style="{ background: statusColor }"
        >
            <view
                class="titleLeftButton"
                @click="backButton"
                v-if="showLeftButton"
            ></view>
            <view
                class="titleText"
                :class="titleClass"
            >{{ titleText }}</view>
            <view
                class="titleRightButton"
                @click="rightButton"
                v-if="showRightButton"
            ></view>
        </view>
    </view>
</template>
<script>
export default {
    props:{
        titleText:{
            type:String,
            default:""
        },
        statusColor:{
            type:String,
```

```
            default:"#8F8F94"
        },
        showLeftButton:{
            type:Boolean,
            default:true
        },
        showRightButton:{
            type:Boolean,
            default:false
        }
    },
    methods:{
        backButton(){
            uni.navigateBack()
        },
        ...
    }
}
</script>
<style>
...
.top-view {
    width: 100%;
    position: fixed;
    top: 0;
}
</style>
```

uni ui插件中有在前端实现的自定义导航栏组件，推荐直接使用uni ui插件中写好的uni-nav-bar组件（组件链接见“资源文件\网址索引.docx”）。

新手问答

NO1：使用原生导航栏好还是自行绘制导航栏好？

答： 原生导航栏的体验更好，渲染新页面时，原生导航栏的渲染无须等待新页面DOM加载，在新页面进入动画时就会渲染。原生导航栏还可以避免滚动条通顶，并可以方便地控制原生下拉刷新。

但原生导航栏的扩展能力是有限的，尤其是在微信小程序下，原生导航栏没有提供太多的配置，这时就需要自行绘制导航栏。

综上所述，原生导航栏的性能优于自行绘制的导航栏，但如果遇到原生导航栏无法满足需求的情况，则需自行绘制导航栏。

NO2：自定义导航栏时可能遇到哪些问题？

答： 取消原生导航栏后，自己使用HTML自定义组件模拟导航栏会存在以下性能体验问题。

（1）加载不如原生导航栏快。

（2）下拉刷新时无法从自定义的导航栏组件下面下拉。可以使用前端技术实现下拉刷新，但性能不如原生的下拉刷新。

（3）必须取消页面的bounce效果，否则在iOS上滚动到屏幕顶部时再拖动屏幕，标题也会被拖下来。

（4）滚动条会通顶。

所以，除非原生导航栏无法满足需求，否则不要取消原生导航栏。若必须使用自定导航栏，需注意以下几点。

（1）涉及导航栏高度的CSS尽量放置在App.vue中，以提高渲染速度（CSS渲染顺序：先渲染App.vue中的CSS，再渲染页面CSS）。

（2）如果是深色背景造成的页面闪屏问题，需要在pages.json的titleNView下配置webview的背景色。

（3）状态栏颜色应设置为默认颜色，若非必要，不建议修改为其他颜色。

（4）避免在组件中使用:style=""，以提高性能。

（5）下拉刷新使用circle方式，并设置offset，使下拉刷新的图标从指定位置开始往下拉。

新手实训：创建一个导航栏组件

【实训说明】

如果原生导航栏无法满足需求，则需要自定义一个导航栏组件。本实训将带领读者使用前端标签组件绘制一个导航栏组件，并在页面中使用绘制的导航栏组件，具体步骤如下。

（1）创建导航栏组件。

（2）调整状态栏的样式。

（3）调整导航栏的样式。

（4）对导航栏进行拓展。

（5）在页面中使用组件。

实现方法

步骤01 创建一个名为“NavbarDemo”的uni-app项目，用来作为导航栏组件的示例。

步骤02 在根目录下新建一个名为“components”的文件夹并右击，在弹出的快捷菜单中选择【新建组件】命令，在输入框中输入“navbar”，单击【创建】按钮，即可成功创建组件。

步骤03 编写导航栏组件的内容，导航栏组件顶部为状态栏，内部左侧为返回按钮，中间为标题内容，右侧为需要自定义的图标或按钮（放置一个插槽让用户填充内容）。示例代码如下。

```
<template>
	<view class="navbar">
		<view class="status-bar"></view>
```

```
            <view class="navbar-inner">
                <view class="back-wrap"></view>
                <view class="navbar-content-title"></view>
                <view class="slot-right">
                    <slot name="right"></slot>
                </view>
            </view>
        </view>
</template>
```

步骤04　导航栏结构搭建完成后，需要对导航栏样式进行调整，使导航栏固定在页面顶部。调整样式的代码如下。

```
<style scoped>
    .navbar {
        width: 100%;
        position: fixed;
        top: 0;
        z-index: 991;
    }
    .status-bar {
        width: 100%;
        height: var(--status-bar-height);
    }
    .navbar-inner {
        display: flex;
        align-items: center;
    }
    .back-wrap {
        padding: 14rpx 14rpx 14rpx 24rpx;
    }
    .navbar-content-title {
        flex: 1;
        text-align: center;
    }
</style>
```

步骤05　样式调整完成后，需要对导航栏内容进行自定义，允许动态修改导航栏内容，如是否显示返回按钮、给返回按钮添加返回上一页的事件。相关代码如下。

```
<view class="back-wrap" v-if="isBack" @tap="goBack">
    {{ backText }}
</view>
```

```
export default {
        props: {
                isBack: {
                        type: [Boolean, String],
                        default: true
                }
        },
        methods: {
                goBack() {
                        uni.navigateBack();
                }
        }
}
```

步骤06 在pages.json文件的pages节点中将页面的navigationStyle属性设置为"custom"，取消原生导航栏。相关代码如下。

```
"pages": [
        {
                "path": "pages/index/index",
                "style": {
                        "navigationStyle": "custom"
                }
        }
]
```

步骤07 在页面中使用定义好的导航组件，代码如下。

```
<template>
  <view>
    <navbar back-text="返回" title="首页"></navbar>
  </view>
</template>
```

步骤08 在浏览器中运行项目，可以看到当前的导航栏是自行绘制的导航栏，运行效果如图7-1所示。

图7-1 自定义导航栏运行效果

第8章 uni-app高效开发技巧

本章导读

在实际开发过程中，由于uni-app有灵活易拓展的特性，有很多开发技巧。学会这些技巧，能够极大地提升开发效率。

本章将详细介绍uni-app的高效开发技巧。

知识要点

通过对本章内容的学习，可以掌握以下知识。

- 全局变量的几种使用方式。
- 引入第三方库。
- 使用第三方SDK。
- 启用调试模式。
- 宽屏设备适配。
- 优化项目启动速度。
- 使用网络通信。
- 数据存储。

8.1 全局变量的使用方式

全局变量既可以是某对象函数创建的，也可以是在本程序任何地方创建的。全局变量可以被本程序内所有对象或函数引用，能够实现数据的互通共享。

8.1.1 在公用模块中使用

定义一个专用的模块，用于组织和管理这些全局变量，在需要的页面引入。

温馨提示

这种方式只支持多个Vue页面或多个Nvue页面之间共用，Vue页面和Nvue页面之间不共用这些全局变量。

在uni-app项目根目录下创建common目录，然后在common目录下新建helper.js，用于定义公用的方法，代码如下。

```
const websiteUrl = 'http://uniapp.dcloud.io';
const now = Date.now || function () {
    return new Date().getTime();
};
const isArray = Array.isArray || function (obj) {
    return obj instanceof Array;
};

export default {
    websiteUrl,
    now,
    isArray
}
```

接下来在pages/index/index.vue中引入该模块并使用，代码如下。

```
<script>
    import helper from '../../common/helper.js';

    export default {
        data() {
            return {};
        },
        onLoad(){
            console.log('now:' + helper.now());
        },
        methods: {
        }
    }
</script>
```

这种方式的代码维护起来比较方便，但缺点是每次都需要引入定义的公用模块。

8.1.2 在Vue原型上挂载

将一些使用频率较高的常量或方法直接扩展到Vue.prototype上，每个Vue对象都会“继承”下来。

挂载Vue.prototype的方式只支持Vue页面。

在main.js中挂载属性或方法，代码如下。

```
Vue.prototype.websiteUrl = 'http://uniapp.dcloud.io';
Vue.prototype.now = Date.now || function () {
    return new Date().getTime();
};
Vue.prototype.isArray = Array.isArray || function (obj) {
    return obj instanceof Array;
};
```

然后在pages/index/index.vue中调用该属性或方法，代码如下。

```
<script>
    export default {
        data() {
            return {};
        },
        onLoad(){
            console.log('now:' + this.now());
        },
        methods: {
        }
    }
</script>
```

在main.js中定义好常量或方法，即可在每个页面中直接调用。

每个页面中不要出现重复的属性或方法名。

建议为Vue.prototype上挂载的属性或方法添加一个统一的前缀，如$url、global_url，以便阅读代码时与当前页面的内容区分。

8.1.3 使用全局数据

小程序中有一个globalData概念，可以在App上声明全局变量。Vue中没有这一概念，但uni-app中引入了globalData概念，并且在H5、App等平台都已实现这一概念。

在App.vue中可以定义globalData，也可以使用API读写该值。globalData支持Vue和Nvue共享数据。globalData是一种比较简单的全局变量使用方式。

在App.vue文件中定义globalData，示例代码如下。

```
<script>
    export default {
        globalData: {
            text: 'text'
        },
        onLaunch: function() {
            console.log('App Launch')
        },
        onShow: function() {
            console.log('App Show')
        },
        onHide: function() {
            console.log('App Hide')
        }
    }
</script>
```

在JS中操作globalData的方式如下。

（1）赋值：getApp().globalData.text = 'test'。

（2）取值：console.log(getApp().globalData.text) // 'test'。

如果需要把globalData的数据绑定到页面中，可以在页面的onShow声明周期中进行变量重赋值。自HBuilderX 2.0.3版本起，Nvue页面在uni-app编译模式下也支持onShow。

8.1.4 使用Vuex状态管理模式

Vuex是一个专为Vue.js应用程序开发的状态管理模式，采用集中式存储管理应用的所有组件的状态，并以相应的规则保证组件状态以一种可预测的方式发生变化。

从HBuilderX 2.2.5+版本起，Vuex状态管理模式支持Vue和Nvue页面之间的状态共享。

这里以登录后同步更新用户信息为例，简单说明Vuex的用法。

首先，在uni-app项目根目录下新建store目录，在store目录下创建index.js并定义状态值，示例代码如下。

```
const store = new Vucx.Store({
    state: {
        login: false,
        token: '',
        avatarUrl: '',
        userName: ''
    },
    mutations: {
        login(state, provider) {
            console.log(state)
            console.log(provider)
            state.login = true;
            state.token = provider.token;
            state.userName = provider.userName;
            state.avatarUrl = provider.avatarUrl;
        },
        logout(state) {
            state.login = false;
            state.token = '';
            state.userName = '';
            state.avatarUrl = '';
        }
    }
})
```

然后，在main.js文件中挂载Vuex，示例代码如下。

```
import store from './store'
Vue.prototype.$store = store
```

最后，在pages/index/index.vue中使用Vuex，示例代码如下。

```
<script>
    import {
        mapState,
        mapMutations
    } from 'vuex';

    export default {
        computed: {
            ...mapState(['avatarUrl', 'login', 'userName'])
```

```
        },
        methods: {
            ...mapMutations(['logout'])
        }
    }
</script>
```

示例操作步骤：未登录时，页面上会提示用户登录。用户跳转到登录页后，点击【登录】按钮将会获取用户信息，同步更新状态后，返回个人中心即可看到信息同步后的结果。

相比前面的方式，该方式更适合处理全局状态，且值会发生变化的情况。

8.2 npm第三方库的引用

uni-app支持使用npm安装第三方包。若读者之前未接触过npm，请翻阅npm官方文档进行学习。

8.2.1 初始化npm工程

若项目之前未使用npm管理依赖（项目根目录下无package.json文件），应先在项目根目录下执行命令初始化npm工程，示例代码如下。

```
npm init -y
```

通过命令创建的cli项目默认已经有package.json，通过HBuilderX创建的项目则默认没有，需要通过初始化命令来创建。

8.2.2 使用npm安装依赖

在项目根目录下执行命令安装npm包，示例代码如下。

```
npm install packageName --save
```

8.2.3 第三方库使用方法

npm包安装完成后即可使用。在JS中引入npm包，示例代码如下。

```
import package from 'packageName'
const package = require('packageName')
```

温馨提示

①为了多端兼容，建议优先从uni-app插件市场中获取插件。直接从npm下载库获取的插件很可能只兼容H5端。

②非H5端不支持使用含有DOM、Window等操作的Vue组件和JS模块，安装的模块及其依赖的模块使用的API必须是uni-app已有的API（兼容小程序API），如支持高德地图微信小程序SDK。jQuery等库只能用于H5端。

③不管是cli项目还是HBuilderX创建的项目，node_modules目录必须在项目根目录下。

④ npm方式支持安装mpvue组件，但npm方式不支持小程序自定义组件（如wxml格式的vant-weapp），使用小程序自定义组件请参考小程序自定义组件支持（相关链接见“资源文件\网址索引.docx”）。

8.3 微信小程序的第三方SDK

很多专供微信小程序使用的第三方SDK在uni-app中也能使用。这里以高德地图微信小程序SDK为例，简单介绍在uni-app中利用微信小程序第三方SDK，让App端和微信小程序端的代码通用。

8.3.1 获取第三方SDK

获取高德地图微信小程序SDK的步骤如下。

步骤01 在高德开放平台中注册账号，并申请相关的key等信息。

步骤02 在高德开放平台上找到微信小程序插件，下载其微信小程序版SDK。

步骤03 填写App包名，申请原生SDK的appkey信息，但不需要下载原生SDK。

温馨提示

App在Android平台中使用定位，或者在Android平台、iOS平台中使用地图，仍然需要同时向高德地图申请原生SDK的key信息，填写在manifest中的App模块配置中。

步骤04 新建一个uni-app项目，再新建一个common目录，将前面下载的amap-wx.js文件复制进去。

温馨提示

该common目录只是举例，并非强制约定。

8.3.2 引入SDK

新建的uni-app默认会有一个index页，在index.vue中引入高德地图小程序SDK，代码如下。

```
import amap from '.../.../common/amap-wx.js';
export default {
}
```

在onLoad函数中初始化一个高德地图小程序SDK的实例对象，代码如下。

```
import amap from '.../.../common/amap-wx.js';
export default {
    data() {
        return {
            amapPlugin: null,
            key: '这里填写高德开放平台上申请的key'
        }
    },
    onLoad() {
        this.amapPlugin = new amap.AMapWX({
            key: this.key
        });
    }
}
```

温馨提示

高德地图小程序SDK类似于辅助工具库，使用时在需要的页面中引入即可。

还有一种SDK，如阿拉丁、诸葛IO等统计类的SDK需要在uni-app项目下的main.js文件中全局引入。

8.3.3 使用API

利用高德地图小程序SDK获取当前位置的地址信息，以及当前位置的天气情况，代码如下。

```
import amap from '.../.../common/amap-wx.js';
export default {
    data() {
```

```
        return {
            amapPlugin: null,
            key: '高德key',
            addressName: '',
            weather: {
                hasData: false,
                data: []
            }
        }
    },
    onLoad() {
        this.amapPlugin = new amap.AMapWX({
            key: this.key
        });
    },
    methods: {
        getRegeo() {
            uni.showLoading({
                title: '获取信息中'
            });
            this.amapPlugin.getRegeo({
                success: (data) => {
                    console.log(data)
                    this.addressName = data[0].name;
                    uni.hideLoading();
                }
            });
        }
    }
}
```

8.4 使用HBuilderX内置浏览器调试H5

在HBuilderX中打开uni-app项目的页面，单击HBuilderX开发工具右上角的【预览】按钮，即可在HBuilderX的内置浏览器中调试H5，相关调试方法如下。

（1）当修改uni-app项目中页面的代码后，在HBuilderX开发工具的内置浏览器中会自动刷新页面内容。

（2）在HBuilderX的控制台中可以直接看到内置浏览器输出的日志。

（3）打开内置浏览器控制台的Sources栏，可以在JS代码中进行断点调试。

（4）在内置浏览器控制台的Sources栏左侧的Page标签下找到uni-app中的工程目录，可以直接找到对应的Vue页面进行断点调试。工程目录列表中只会显示在浏览器里加载过的Vue页面，未加载过的Vue页面不会出现在这里，如图8-1所示。

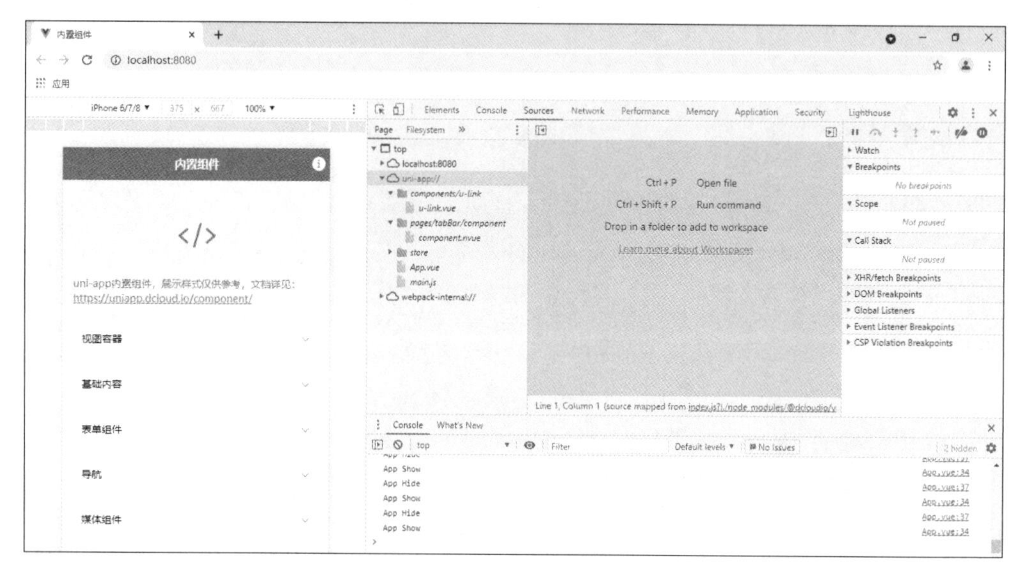

图8-1　工程目录下对应的Vue页面

可以按快捷键【Ctrl+P】搜索文件名，进入页面进行调试；也可以单击控制台的log信息，进入对应的页面进行调试，如图8-2所示。

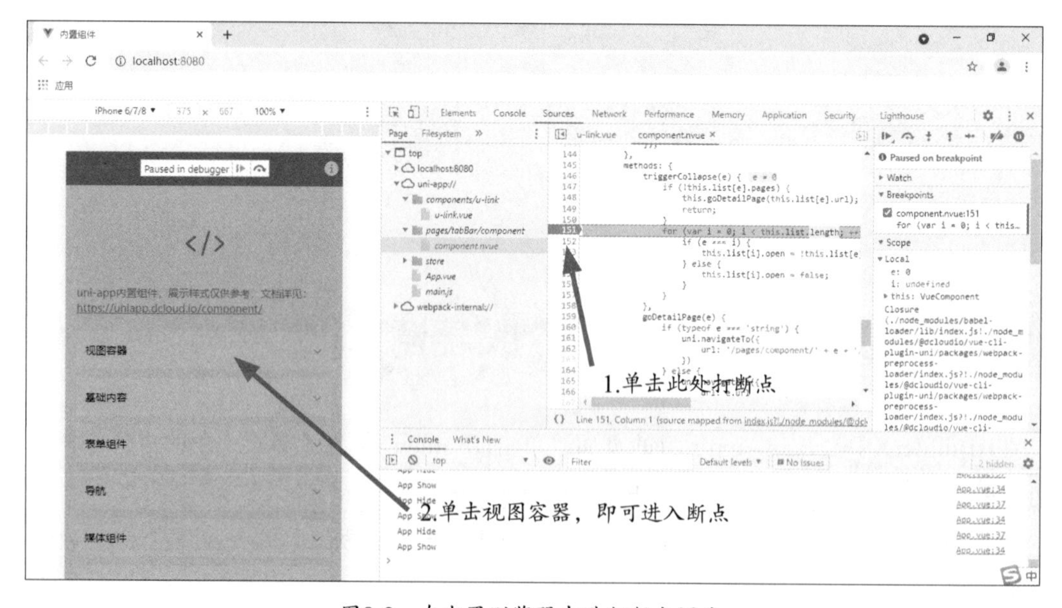

图8-2　在内置浏览器中进行断点调试

选择【运行】→【运行到浏览器】→【Chrome】选项，也可以将uni-app运行到浏览器，如图8-3所示。

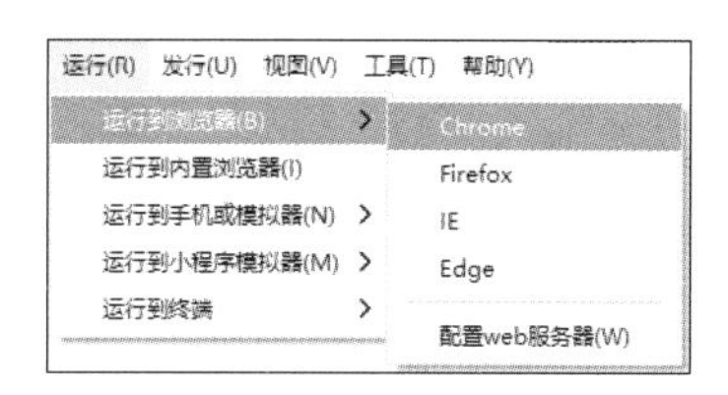

图8-3　运行到Chrome浏览器

8.5 启动App的debug调试模式

在常规开发中，在HBuilderX的运行菜单中运行项目到App，手机端的错误或console.log日志信息会直接打印到控制台。

如果需要更多功能，如审查元素、打断点debug等，则需要启动调试模式。HBuilderX自2.0.3+版本开始支持App端的调试。调试模式的启动步骤如下。

步骤01　在HBuilderX中正确运行项目：选择【运行】→【运行到手机或模拟器】→【选择设备】选项，项目启动后，在下方控制台中单击debug图标，打开调试窗口，如图8-4和图8-5所示。

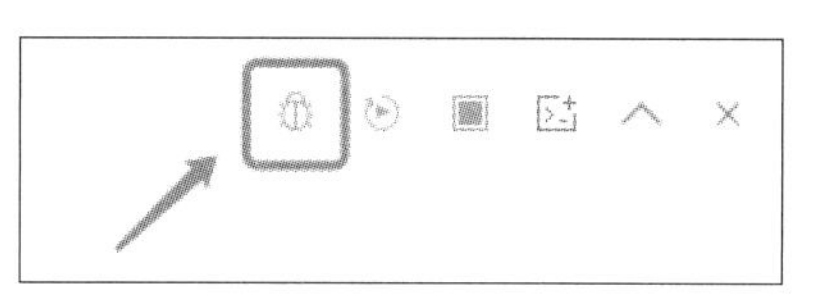

图8-4　打开调试窗口

图8-5　调试窗口

步骤02 在调试窗口控制台的Sources（图8-6中标识①处）栏中可以对JS打断点进行调试。在uni-app（图8-6中标识②处）下找到需要调试的页面，单击打开，在右侧可以看到需要调试的内容（图8-6中标识③处），在需要调试的代码行号处单击即可打上断点（图8-6中标识④处）。

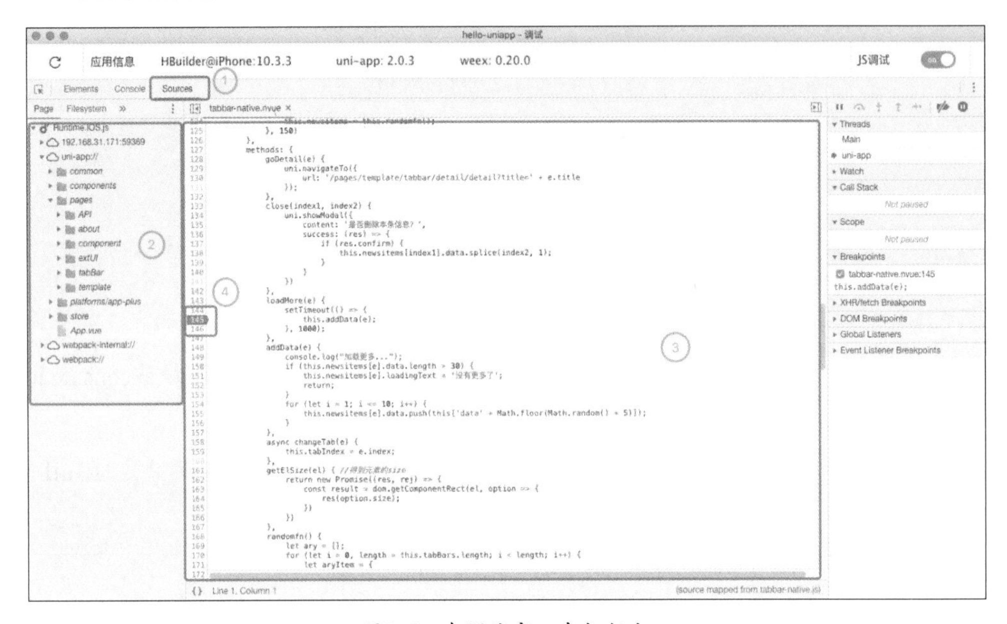

图8-6 在调试窗口中打断点

步骤03 在设备上进行操作，进入断点位置，可以方便开发人员跟踪调试代码，如图8-7所示。

```
124                 this.newsitems = this.randomfn();
125             }, 150]    Array(2)
126         },          ▼0: f ()
127         methods: {     arguments: (...)
128             goDeta:    caller: (...)
129                 uni    length: 0
130                        name: ""                                  itle=' + e.title
131                 });    nv_length: (...)
132             },        ▶prototype: {( Invoke property getter
133             close(i   ▶__proto__: f
134                 uni    [[FunctionLocation]]: tabbar-native.nv
135                       ▶[[Scopes]]: Scopes[5]                      ndex2, 1);
136                      1: 1000
137                      length: 2
138                      nv_length: (...)
139
140
141                 })
142             },
143             loadMor
144                 set
145                     this.addData(e);
146                 }, 1000);
147             },
148             addData(e) {
149                 console.log("加载更多...");
150                 if (this.newsitems[e].data.length > 30) {
151                     this.newsitems[e].loadingText = '没有更多了';
152                     return;
153                 }
154                 for (let i = 1; i <= 10; i++) {
155                     this.newsitems[e].data.push(this['data' + Math.floor(Math.random() * 5)]);
156                 }
157             },
158             async changeTab(e) {
159                 this.tabIndex = e.index;
160             },
161             getElSize(el) { //得到元素的size
162                 return new Promise((res, rej) => {
163                     const result = dom.getComponentRect(el, option => {
164                         res(option.size);
165                     })
166                 })
167             },
168             randomfn() {
169                 let ary = [];
170                 for (let i = 0, length = this.tabBars.length; i < length; i++) {
171                     let aryItem = {
172
```

图8-7 断点代码跟踪

温馨提示

debug调试需要注意以下几点。

① Vue和Nvue页面均支持断点调试。

②目前调试页面时仅支持Nvue页面审查元素，Vue页面暂不支持。另外，Android平台的Nvue审查元素暂不支持查看style。

③ App端提供真机运行的console.log日志输出，项目运行到真机或模拟器时，不用单击debug按钮，会在HBuilderX的控制台直接输出日志。

④如果是调试App的界面和常规API，推荐编译到H5端，单击HBuilderX右上角的【预览】按钮，在内置浏览器中调试DOM，保存后可立即看到结果，调试更方便。另外，H5端也支持titleNView的各种复杂设置。唯一要注意的就是CSS的兼容性，使用新的CSS用法会出现在PC上预览正常，但在低版本的Android手机上显示异常的情况，具体的版本支持情况可查询caniuse等网站。

⑤常用的开发模式是在PC上使用内置浏览器预览页面调试DOM，运行到真机上查看console.log日志输出，如果遇到复杂的问题再使用debug进行调试。

⑥ Vue页面也可以在微信小程序开发者工具中调试，除了plus API，其他调试方法都是一样的，且微信小程序开发者工具的查看DOM、网络和存储等调试工具相对而言更完善。

注意：即使不发布微信小程序，只发布App，也需要安装微信小程序开发者工具。

⑦ uni-app的App端的webkit remote debug只能调试视图层，不能调试逻辑层。因为uni-app的JS代码是运行在独立的JSCore中，而不是运行在Webview中。

⑧部分manifest配置，如三方SDK配置需要打包后才能生效，可以打包一个自定义运行基座。打包自定义基座后运行该自定义基座，同样可以真机运行和debug。打包正式包将无法真机运行和debug。

8.6 性能优化建议

uni-app在非H5端运行时，从架构上分为逻辑层和视图层两部分。高帧率绘制canvas动画、高频操作会导致逻辑层和视图层出现通信损耗，引起页面卡顿。对于这些问题，uni-app提供了一些解决方案。

8.6.1 使用renderjs优化WebView的渲染

连续高帧率绘制canvas动画会造成通信损耗，导致页面出现卡顿。WebView渲染的视图层可以通过renderjs直接操作canvas动画，将不再有通信损耗，实现更流畅的动画效果。

renderjs是一个运行在视图层的JS，比WXS（WeiXin Script，是小程序的一套脚本语言）更加强大，但只支持app-vue和H5。

renderjs的主要作用有两个。

（1）大幅降低逻辑层和视图层的通信损耗，提供高性能视图交互能力。

（2）在视图层操作DOM，运行for web的JS库。

renderjs的使用方法很简单，设置script节点的lang为renderjs即可，示例代码如下。

```
<script module="test" lang="renderjs">
    export default {
        mounted() {
            // ...
        },
        methods: {
            // ...
        }
    }
</script>
```

8.6.2 使用app-nvue原生渲染

在app-nvue中，逻辑层和视图层也存在通信损耗，包括react native也有这一问题。

Weex提供了一套bindingx机制，可以在JS里一次性传送一个表达式给原生层，由原生层解析后根据指令操作原生的视图层，避免反复跨层通信。该技术在uni-app里也可以使用。

bindingx作为一种表达式，其功能不及JS强大，但仍然可以实现手势监听和动画。例如，uni ui的SwiperAction组件在app-nvue下运行时会自动启用bindingx，以实现流畅的跟手效果。

uni-app的Nvue页面在App端采用基于Weex升级改造后的原生渲染引擎实现页面的原生渲染功能，提高了页面流畅性。若对页面性能要求较高，可以使用此方式进行开发。

8.6.3 其他优化

1. 避免使用大图

页面中若大量使用大图资源，会造成页面切换卡顿，导致系统内存升高，甚至白屏崩溃。

尤其注意不要将多张大图缩小后显示在一个屏幕内，如上传图片前选择数张较大的照片，然后缩小在一个屏幕中展示，非常容易导致白屏崩溃。

对大体积的二进制文件进行base64转换也非常耗费资源。

2. 优化数据更新

在uni-app中，定义在data中的数据每次变化时都会通知视图层重新渲染页面。因此，如果变量不是视图所需变量，建议不定义在data中，可在外部定义变量或直接挂载在Vue实例上，以避免造成资源浪费。

3. 长列表优化

（1）长列表中如果每个item都有一个点赞按钮，点击后点赞数字+1，则点赞组件必须是一个单独引用的组件，才能做到差量数据更新，否则会导致所有列表数据重载。

（2）长列表中的每个item并不一定需要做成组件，这取决于项目中是否需要差量更新某一行item的数据。若没有此类需求，则不应该引入大量组件（若只是CSS的调整，没有更新data数据和渲染，则不涉及这个问题）。

（3）单个组件中存在大量数据时（如长列表），App和小程序端数据更新时会消耗较多时间，建议使用组件对数据进行分页，将更新范围缩小。

（4）建议在App端的Nvue页面中实现长列表使用list组件，它有自动的渲染资源回收机制；在Vue页面中使用页面滚动，它的性能比使用scroll-view的区域滚动更好。uni ui封装了uList组件，在app-nvue下使用list组件，在其他环境中使用页面滚动。强烈推荐开发者使用uList组件，避免自己写得不好产生性能问题。

（5）若需要实现左右滑动的长列表，请参考uni-app官方提供的新闻模板中的实现方法，不合理的使用swiper和scroll-view实现左右滑动的长列表容易引发性能问题。

4. 减少一次性渲染的节点数量

页面初始化时，逻辑层如果一次性向视图层传递很大的数据，使视图层一次性渲染大量节点，可能造成通信变慢、页面切换卡顿，因此建议以局部更新页面方式渲染页面。例如，服务端返回100条数据，可进行分批加载，一次加载50条，500ms后进行下一次加载。

5. 减少组件数量，减少节点嵌套层级

深层嵌套的节点在页面初始化构建时往往需要占用更多内存，并且在遍历节点时速度也会更慢，因此建议减少深层的节点嵌套。

有些Nvue页面在Android低端机上初次渲染时，会看到页面从上到下的渲染过程，这往往是组件过多导致的。每个组件渲染时都会触发一次通信，组件太多就会阻塞通信。

6. 避免视图层和逻辑层频繁进行通信

减少scroll-view组件的scroll事件监听，当监听scroll-view的滚动事件时，视图层会频繁地向逻辑层发送数据。

监听scroll-view组件的滚动事件时，不要实时改变scroll-top/scroll-left属性，因为监听滚动时视图层向逻辑层通信，改变scroll-top/scroll-left时逻辑层又向视图层通信，这样可能造成通信卡顿。

注意使用onPageScroll进行页面滚动监听时，视图层会频繁地向逻辑层发送数据。

多使用CSS动画，而不是通过JS的定时器操作界面实现动画效果。

如需在canvas里实现跟手操作，App端建议使用renderjs，小程序端建议使用web-view组件。web-view中的页面没有逻辑层和视图层分离的概念，自然也不会有通信损耗。

7. 优化页面切换动画

页面初始化时若存在大量图片、原生组件渲染或大量数据通信，会发生新页面渲染和窗体进入动画抢资源的情况，造成页面切换卡顿、掉帧。建议延时100~300ms渲染图片或复杂原生组件，分批进行数据通信，以减少一次性渲染的节点数量。

App端的动画效果可以自定义。popin/popout的双窗体联动挤压动画效果对资源的消耗更大，如果动画期间页面中在执行耗时的JS，可能会造成动画掉帧，此时可以使用消耗资源更小的动画效果，如slide-in-right/slide-out-right。

app-nvue和H5还支持页面预载，uni.preloadPage可以提供更好的使用体验。

8. 优化背景色闪白

（1）进入新页面时背景闪白。

如果页面背景色是深色，在Vue页面中可能会发生进入新页面刚开始执行动画时是灰白色背景，动画结束后才变为深色背景的情况，造成闪屏，这是因为Webview的背景生效太慢。此时需将样式写在App.vue里，以加快页面样式的渲染速度。App.vue中的样式是全局样式，每次新开页面会优先加载App.vue中的样式，然后加载普通Vue页面的样式。

App端还可以在pages.json页面的style中单独配置页面原生背景色，如在globalStyle→style→app-plus→background下配置全局背景色，代码如下。

```
"style": {
  "app-plus": {
    "background":"#000000"
  }
}
```

Nvue页面不存在闪屏问题，可以将Vue页面更改为Nvue页面。

（2）旧页面消失时背景闪白。

在Android上执行popin动画时，旧页面会有半透明消失的效果。该半透明消失效果的背景色可以根据需要调节为暗色。在pages.json中的globalStyle下或指定页面下，配置app-plus专属节点，然后配置animationAlphaBGColor属性值为暗色。

8.7 宽屏适配指南

uni-app是基于移动为先的理念诞生的，最初只适配了移动端，但uni-app从2.9版本起，提供了

PC等宽屏适配方案，完成了全端统一。uni-app提供的屏幕适配方案包括页面窗体、组件、内容3部分。

8.7.1 页面窗体级适配方案

以目前手机屏幕为主作为Window，在左、右、上三个方向，可以新扩展leftWindow、rightWindow、topWindow，这些区域可以设定为在一定屏幕宽度范围内自动出现或消失。这些区域各自独立，切换页面支持在各自的Window内刷新，而不是整屏刷新。各个Window之间可以交互通信。

这里有两个示例。

（1）hello uni-app：示例链接见“资源文件\网址索引.docx”。

（2）分栏式的新闻模板：模板链接见“资源文件\网址索引.docx”。

以上示例建议使用最新版的Chrome、Safari或Firefox访问，可以在PC模式和手机模式下分别体验。运行以上示例源码需使用HBuilderX 2.9+。

上面两个示例有以下特点。

（1）hello uni-app使用了topWindow和leftWindow，分为上、左、右3栏；新闻模板使用了rightWindow，分为左、右2栏。宽屏模式下单击左侧的列表，右侧会显示详情内容；窄屏模式下单击列表后，会新开一个页面显示详情内容。

（2）leftWindow或rightWindow中的页面是复用的，不需要重写新闻详情页面，可以把已有的详情页面当作组件放在leftWindow或rightWindow页面中。

hello uni-app和新闻模板使用的方案是已知的、最便捷的分栏式宽屏应用适配方案。

H5端宽屏下tabBar（选项卡）与窗体的关系是：leftWindow、rightWindow、topWindow中有其一存在，则tabBar隐藏；不存在leftWindow、rightWindow和topWindow，则tabBar不隐藏。

在pages.json中进行leftWindow等属性的配置，相关配置文档见“资源文件\网址索引.docx”。

pages.json配置示例如下。

```
{
  "globalStyle": {

  },
  "topWindow": {
    "path": "responsive/top-window.vue", //指定topWindow页面文件
    "style": {
      "height": "44px"
```

```
      }
    },
    "leftWindow": {
      "path": "responsive/left-window.vue", //指定leftWindow页面文件
      "style": {
        "width": 300
      }
    },
    "rightWindow": {
      "path": "responsive/right-window.vue", //指定rightWindow页面文件
      "style": {
        "width": "calc(100vw - 400px)" //页面宽度
      },
      "matchMedia": {
        "minWidth": 768 //生效条件，当窗口宽度大于768px时显示
      }
    }
}
```

接下来以新闻示例项目为例，介绍leftWindow等宽屏适配方案在项目中的具体应用。

新闻示例项目的首页是列表，二级页是详情，此时合适的做法是：将原有的小屏列表作为主Window，在右侧扩展rightWindow来显示详情。按照这样的思路，使用新闻示例项目实现宽屏适配的步骤如下。

步骤01 新建uni-app项目，选择新闻/资讯模板。

步骤02 在该项目的pages.json文件中配置rightWindow选项，放置一个新页面right-window.vue，页面代码如下。

```
# pages.json
"rightWindow": {
      "path": "responsive/right-window.vue",
      "style": {
        "width": "calc(100vw - 450px)"
      },
      "matchMedia": {
        "minWidth": 768
      }
    }
```

步骤03 rightWindow对应的页面不需要重写新闻详情页面的逻辑，只需要引入之前的详情页面组件（详情页面/pages/detail/detail可自动转换为pages-detail-detail组件使用），相关代码如下。

```
<!--responsive/right-window.vue-->
<template>
  <view>
    <!--这里将/pages/detail/detail.nvue页面作为一个组件使用-->
    <!--路径"/pages/detail/detail"转为"pages-detail-detail"组件-->
    <pages-detail-detail ref="detailPage"></pages-detail-detail>
  </view>
</template>

<script>
  export default {
    created(e) {
      //监听自定义事件，该事件由详情页列表的点击触发
      uni.$on('updateDetail', (e) => {
        //执行detailPage组件，即/pages/detail/detail.nvue页面的load方法
        this.$refs.detailPage.load(e.detail);
      })
    },
    onLoad() {},
    methods: {}
  }
</script>
```

步骤04：在新闻列表页面处理点击列表后与rightWindow交互通信的逻辑，相关代码如下。

```
// pages/news/news-page.nvue
goDetail(detail) {
     if (this._isWidescreen) { //若页面为宽屏，则触发右侧详情页的自定义事件，通知右侧窗
                                 体刷新新闻详情
        uni.$emit('updateDetail', {
            detail: encodeURIComponent(JSON.stringify(detail))
        })
    } else { //若页面为窄屏，则打开新窗体，在新窗体中打开详情页面
        uni.navigateTo({
                url: '/pages/detail/detail?query=' + encodeURIComponent(JSON.
stringify(detail))
        });
    }
}
```

可以看到，宽屏适配无须太多工作量，就可以把一个为手机窄屏开发的应用快速适配为PC宽屏应用，且以后维护的仍然是同一套代码，当业务迭代时不需要多处升级。

rightWindow适用于分栏式应用。leftWindow一般适用于以下场景。

（1）leftWindow比较适合放置导航页面。如果应用首页有很多tab和宫格导航，那么可以把它们重组，放在leftWindow中作为导航。之前在手机竖屏上依靠多级tab和宫格导航的场景，可以在leftWindow中通过tree或折叠面板的方式导航。

（2）leftWindow除了适用于手机应用适配大屏，也适用于重新开发的PC应用，尤其是PC Admin管理控制台。DCloud官方基于uni-app的PC版推出了unicloud Admin（unicloud Admin使用方法相关文档见“资源文件\网址索引.docx”）。

目前leftWindow、rightWindow、topWindow只支持Web端，小程序无法支持该配置。

8.7.2 组件级适配方案

leftWindow等方案是页面窗体级适配方案，适用于独立的页面。如果想要在同一个页面中适配不同的屏宽，可以使用组件级适配方案。

uni-app提供了match-media组件和配套的uni.createMediaQueryObserver方法。match-media是一个媒体查询适配的组件，可以更简单地适配动态屏幕。

在match-media组件中放置内容，并为组件指定一组media query媒体查询规则，如屏幕宽度。运行时，若屏幕宽度满足查询条件，该组件就会被展示；反之则被隐藏。

match-media组件的优势如下。

（1）开发者能够方便、直接地使用Media Query的能力，而不用在CSS文件中写代码，难以复用。

（2）match-media组件能够在模板中结合数据绑定动态地使用，不仅能实现组件的显示或隐藏，而且在过程式API中可塑性更高，如能够根据尺寸变化动态地添加class类名、改变样式。

（3）能够嵌套式地使用Media Query组件，即能满足局部组件布局样式的改变。

（4）组件化之后封装性更强，能够隔离样式、模板及绑定在模板上的交互事件，还能够提供更高的可复用性。

match-media组件的详细说明文档见“资源文件\网址索引.docx”。

当然，开发者也可以继续使用CSS媒体查询来适配屏幕，或者使用一些类似mobilehide、pcshow等的CSS样式。

uni-app的屏幕适配推荐方案是运行时动态适配，而不是为PC版单独使用条件编译（虽然也可以通过自定义条件编译来实现PC版单独的使用条件编译），这样设计的好处是在iPad等设备的浏览器上可以方便地切换横竖屏。

8.7.3　内容缩放拉伸的处理

除了根据屏宽动态显示和隐藏内容，还有一大类屏幕适配需求，即内容不根据屏宽动态显示或隐藏，而是缩放或拉伸。

具体来说，内容适应又有两种细分策略。

（1）局部拉伸：页面内容划分为固定区域和长宽动态适配区域，固定区域使用固定的px单位约定宽高，长宽动态适配区域则使用Flex自动适配。当屏幕大小发生变化时，固定区域不变，而长宽适配区域随之变化。

（2）等比缩放：根据页面屏幕宽度缩放。rpx单位就属于这种类型，在PC宽屏上rpx显示尺寸大，手机窄屏上rpx显示尺寸小。

下面通过一个实例进行讲解：一个列表页面左侧有一个图标，右侧有两行文字。

如果使用策略（1），即局部拉伸，那么让左侧的图标部分固定宽高，右侧的两行文字的大小也固定，但两行文字的宽度自适应，占满屏幕右侧空间。也就是说，屏宽变化后，只有两行文字的宽度变化，其他区域宽度不变。

如果使用策略（2），即等比缩放，那么整个列表均使用rpx单位，在PC宽屏上图标变大，右侧的两行文字变大，列表项行高变大；而在手机窄屏上，所有内容会变小。

策略（2）使用起来会更方便，设计师按750px屏宽出设计图，程序员使用rpx单位编写代码即可，但策略（2）的实际效果不如策略（1）好。建议程序员使用策略（1）时，仔细分析界面，设定好局部拉伸区域，这样可以给用户更好的体验。

8.8　使用第三方服务

uni-app提供了很多第三方服务的API，包括第三方平台的分享、支付、推送等功能的实现。

8.8.1　实现分享功能

分享功能比较常用，但在不同平台，分享功能的调用方式和逻辑有较大差异，具体如下。

（1）App：可以自主控制分享的内容、分享的形式及分享的平台。

（2）小程序：不支持API调用，只能由用户主动点击触发分享。可以使用自定义按钮方式<button open-type="share">或监听系统右上角的分享按钮onShareAppMessage进行自定义分享内容。

（3）H5：普通浏览器，可使用浏览器自带的分享按钮进行分享；微信内嵌浏览器，可调用js-sdk进行分享。

（4）使用uni.share API的方式调用社交SDK分享。

（5）使用plus.share.sendWithSystem呼出手机OS的系统分享菜单。

这里主要介绍如何使用uni.share API的方式调用社交SDK分享。

uni-app的App引擎已经封装了微信、QQ、微博的分享SDK，开发者可以直接使用uni.share(OBJECT)方法调用相关功能。该方法仅支持App平台。

使用分享功能可以分享文字、图片、图文横条、音乐、视频等多种形式的内容。分享小程序也可以使用本API，即在App中可以通过本API把内容以小程序（通常为内容页）的方式直接分享给微信好友。

uni.share(OBJECT)方法中的OBJECT参数说明如表8-1所示。

表8-1　OBJECT参数说明

参数名	类型	必填	说明
provider	String	是	分享服务提供商（微信、QQ、微博等），通过uni.getProvider获取可用的分享服务商。可用的服务商是指在manifest.json中配置的分享SDK厂商，与本机安装了哪些社交App无关
type	Number	否	分享形式，如图文、纯文字、纯图片、音乐、视频、小程序等，默认为图文。不同分享服务商支持的分享形式不同
title	String	否	分享内容的标题
scene	String	provider为weixin时必选	场景，包括WXSceneSession（分享到聊天界面）、WXSenceTimeline（分享到朋友圈）、WXSceneFavorite（添加到微信收藏）
summary	String	type为1时必选	分享内容的摘要
href	String	type为0时必选	跳转链接
imageUrl	String	type为0、2、5时必选	图片地址，当type为0时，推荐使用小于20KB的图片
mediaUrl	String	type为3、4时必选	音视频地址
miniProgram	Object	type为5时必选	分享小程序必要参数
success	Function	否	接口调用成功的回调函数
fail	Function	否	接口调用失败的回调函数
complete	Function	否	接口调用结束的回调函数（调用成功、失败都会执行）

使用分享功能需要注意以下几点。

①真机运行时，分享调用的是HBuilder真机运行基座的SDK配置，分享出去的内容会显示为HBuilder。用户需自行在各社交平台注册账户，在manifest的SDK配置中填写自己的配置，打包后生效。

②分享到QQ时必须含有href链接，分享文字到QQ时title必选。

③微博仅支持分享本地音视频，不能分享网络音视频。

④微信小程序仅支持分享到微信聊天界面，要分享到朋友圈需改为分享小程序码图片的形式。小程序码图片一般通过canvas绘制，插件市场中有很多生成图片的插件。

⑤在iOS端，若未安装微博客户端，会启用微博的网页分享，此时不能分享图片。

⑥分享到微博不会返回正确的成功回调。

⑦不能直接分享到QQ空间，可以分享到QQ，然后在QQ界面中选择QQ空间。

⑧微信官方已经禁用了分享多张图片到微信朋友圈这一功能，可以考虑把多张图片用canvas合并为一张图片进行分享。

⑨从App分享到微信时，开发者无法判断用户是否点击了取消分享，因为微信官方不会返回分享成功的回调。

分享图文到微信聊天界面的示例代码如下。

```
uni.share({
    provider: "weixin",
    scene: "WXSceneSession",
    type: 0,
    href: "http://uniapp.dcloud.io/",
    title: "uni-app分享",
    summary: "我正在使用HBuilderX开发uni-app，赶紧跟我一起来体验！",
    imageUrl: 'https://www.example.com/file/test.jpg', //仅为示例，并非真实的图片
    success: function (res) {
        console.log("success:" + JSON.stringify(res));
    },
    fail: function (err) {
        console.log("fail:" + JSON.stringify(err));
    }
});
```

uni.share若要实现从App端分享消息到各社交平台，需进行一些配置，这里以微信分享为例进行说明（微博、QQ分享和微信类似）。

步骤01　打开manifest.json→App模块权限配置，勾选【Share】（分享）。

步骤02　在manifest.json的App SDK配置中勾选【微信消息及朋友圈】，并填写AppID，如图8-8所示。如需在iOS平台使用，还需要配置通用链接，参考以下文档。

（1）微信AppID申请步骤参考文档链接见“资源文件\网址索引.docx”。

（2）iOS平台配置微信SDK通用链接参考配置文档，文档链接见“资源文件\网址索引.docx”。

App图标配置
App启动图配置
App SDK配置
App模块权限配置
App原生插件配置
App常用其它设置

分享
分享配置指南
微信消息及朋友圈
appid
iOS平台通用链接（Universal Links）
参考文档

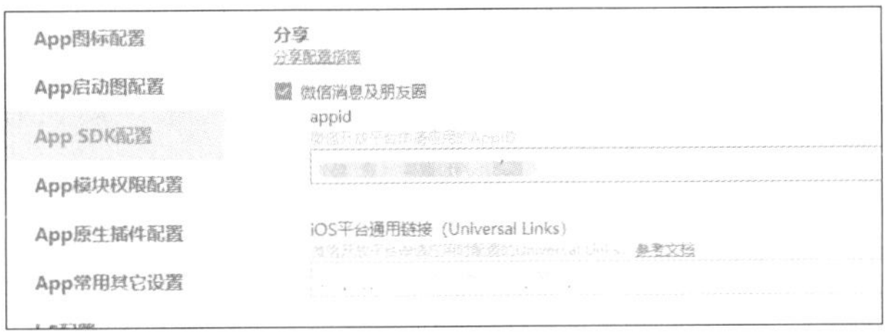

图8-8　微信分享配置

8.8.2 实现支付功能

uni.requestPayment是一个统一各平台的客户端支付API，不管是在各家小程序中还是在App中，客户端均使用该API调用支付。uni.requestPayment运行在各端时，会自动转换为各端的原生支付调用API。

温馨提示

支付功能需要客户端和服务端进行协作开发。虽然客户端API是统一的，但各平台的支付申请开通、配置回填仍然需要查看各个平台的支付文档。

例如，微信有App支付、小程序支付、H5支付等不同的申请入口和使用流程，对应到uni-app，在App端要申请微信的App支付，而在小程序端则要申请微信的小程序支付。

---

uni-app官方提供了uniPay云端统一支付服务，把App、微信小程序、支付宝小程序里的服务端支付开发进行了统一的封装。如果服务端使用uniCloud，可以使用uniPay云端统一支付服务。

uni.requestPayment(OBJECT)方法中的OBJECT参数说明如表8-2所示。

表8-2 OBJECT参数说明

参数名	类型	必填	说明	平台差异说明
provider	String	是	服务提供商，通过uni.getProvider获取	无差异
orderInfo	String/Object	是	订单数据	仅App、支付宝小程序、百度小程序、字节跳动小程序支持
timeStamp	String	微信小程序必填	时间戳，当前时间用从1970年1月1日至今的秒数值表示	仅微信小程序支持
nonceStr	String	微信小程序必填	随机字符串，长度为32个字符以下	仅微信小程序支持
package	String	微信小程序必填	统一下单接口返回的prepay_id参数值，提交格式如prepay_id=xx	仅微信小程序支持
signType	String	微信小程序必填	签名算法，暂时仅支持MD5	仅微信小程序支持
paySign	String	微信小程序必填	签名	仅微信小程序支持
bannedChannels	Array<String>	否	需要隐藏的支付方式	仅百度小程序支持
service	Number	字节跳动小程序必填	service=1：拉起小程序收银台；service=3：使用微信API支付，不拉起小程序收银台；service=4：使用支付宝API支付，不拉起小程序收银台。其中，service=3、4仅在1.35.0.1+基础库（头条743+）支持	仅字节跳动小程序支持

续表

参数名	类型	必填	说明	平台差异说明
_debug	Number	否	仅限调试用，上线前删除该参数。_debug=1时，微信支付期间可以看到中间报错信息，方便调试	仅字节跳动小程序支持
getOrderStatus	Function	字节跳动小程序必填	商户前端实现查询支付订单状态的方法（该方法需要返回Promise对象）。service=3、4时不需要传该参数	仅字节跳动小程序支持
success	Function	否	接口调用成功的回调函数	无差异
fail	Function	否	接口调用失败的回调函数	无差异
complete	Function	否	接口调用结束的回调函数（调用成功、失败都会执行）	无差异

以微信App支付为例，uni.requestPayment(OBJECT)方法示例代码如下。

```
uni.requestPayment({
    "provider": "wxpay",
    "orderInfo": {
        "appid": "wx499********7c70e",   //微信开放平台-应用-AppId，注意和微信小程序、
                                          公众号AppId可能不一致
        "noncestr": "c5sEwbaNPiXAF3iv", //随机字符串
        "package": "Sign=WXPay",        //固定值
        "partnerid": "148*****52",      //微信支付商户号
        "prepayid": "wx202254********************fbe90000", //统一下单订单号
        "timestamp": 1597935292,        //时间戳（单位：s）
        "sign": "A842B45937F6EFF60DEC7A2EAA52D5A0" //签名，这里用的是MD5签名
    },
    success(res) {},
    fail(e) {}
})
```

8.8.3 使用Uni Push服务实现推送功能

uni-app提供了Uni Push服务，它整合了苹果APNs、华为、小米、OPPO、vivo、魅族、谷歌FCM等多家厂商的系统推送和个推的独立推送。Uni Push是一个包括客户端和服务端的统一推送服务，只需要一套代码即可实现多端推送功能。

1. 开通Uni Push推送服务

步骤01　使用HBuilder账号登录开发者中心，登录后会进入【我创建的应用】列表，如图8-9

所示。

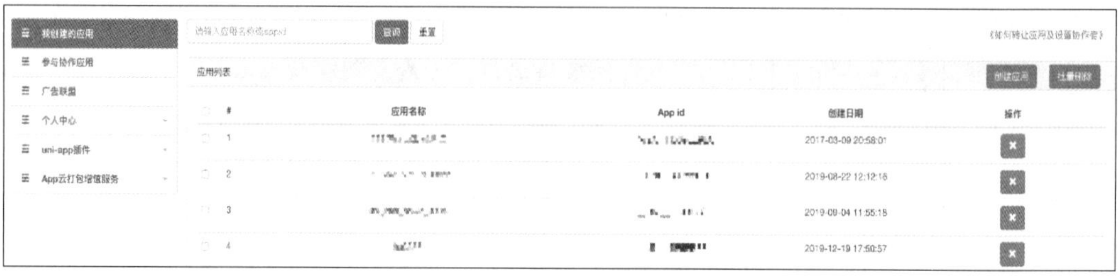

图8-9 【我创建的应用】列表

步骤02 单击要操作的应用名称，进入应用管理页面，选择左侧导航栏中的【Uni Push】→【Uni Push】选项，如图8-10所示，进入Uni Push设置页面。

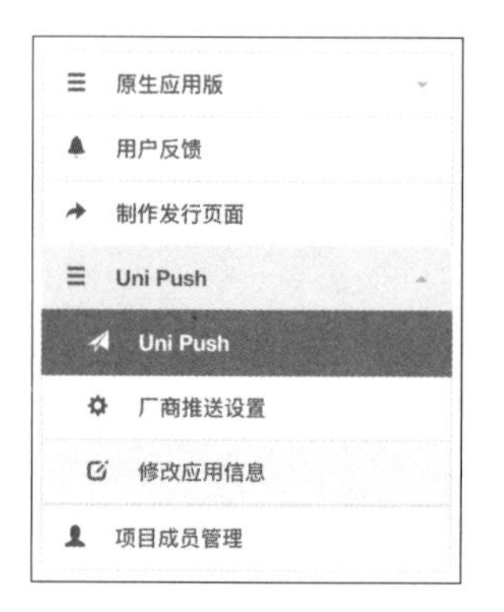

图8-10 左侧导航栏

步骤03 单击【同意授权并开通Uni Push业务】按钮，应用开通Uni Push业务时，需要提交应用相关信息，如图8-11所示。

图8-11 提交应用相关信息

如果已经开通Uni Push业务，会看到如图8-12所示的页面。

图8-12　Uni Push开通成功

2. 服务端下发推送消息

登录DCloud开发者中心，在【我创建的应用】列表中选择应用，在左侧导航栏中选择【Uni Push】选项，打开消息推送页面。配置好推送消息后，进行推送即可。

也可以使用代码通过服务端接口推送消息，参考Uni Push使用指南（相关链接见“资源文件\网址索引.docx”）。

3. 客户端处理推送消息

Uni Push推送服务已经封装好iOS和Android平台的原生集成工作，开发者只需调用JS代码处理推送消息的业务即可。

①使用条件编译可以直接调用5+ Push接口。

②uni-app的客户端JS API调用的是plus.push接口，之前使用plus.push开发的代码仍然可用。

③在uni-app应用中使用Uni Push推送服务的详细文档链接见“资源文件\网址索引.docx”。

8.9 实现网络通信

uni-app封装了常用的网络接口，可以很方便地实现网络通信。

8.9.1 发起网络请求

使用uni.request(OBJECT)方法即可发起网络请求。在使用之前，应先了解uni.request(OBJECT)方法的相关配置信息，其中OBJECT参数说明如表8-3所示。

表8-3 OBJECT参数说明

参数名	类型	必填	默认值	说明	平台兼容说明
url	String	是	无	开发者服务器接口地址	全支持
data	Object/String/ArrayBuffer	否	无	请求的参数	App（自定义组件编译模式）不支持ArrayBuffer类型
header	Object	否	无	设置请求的header，header中不能设置Referer	App、H5端会自动携带cookie，且H5端不可手动修改cookie
method	String	否	GET	有效值详见表8-4	全支持
timeout	Number	否	60000	超时时间，单位为ms	H5(HBuilderX 2.9.9+)、App(HBuilderX 2.9.9+)、微信小程序（2.8.0）和支付宝小程序支持
dataType	String	否	json	如果设为json，请求接口后返回的数据会做一次JSON.parse	全支持
responseType	String	否	text	设置响应的数据类型，合法值为text、arraybuffer	App和支付宝小程序不支持
sslVerify	Boolean	否	true	验证SSL证书	仅App Android端支持（HBuilderX 2.3.3+）
withCredentials	Boolean	否	false	跨域请求时是否携带凭证（cookies）	仅H5端支持（HBuilderX 2.6.15+）
firstIpv4	Boolean	否	false	DNS解析时优先使用IPv4	仅App-Android支持(HBuilderX 2.8.0+)
success	Function	否	无	收到开发者服务器成功返回的回调函数	全支持
fail	Function	否	无	接口调用失败的回调函数	全支持
complete	Function	否	无	接口调用结束的回调函数（调用成功、失败都会执行）	全支持

表8-3中的参数method的有效值必须大写，有效值在不同平台的差异说明如表8-4所示。

表8-4　method的有效值在不同平台的差异说明

method	App	H5	微信小程序	支付宝小程序	百度小程序	字节跳动小程序
GET	√	√	√	√	√	√
POST	√	√	√	√	√	√
PUT	√	√	√	×	√	√
DELETE	√	√	√	×	√	×
CONNECT	×	√	√	×	×	×
HEAD	×	√	√	×	√	×
OPTIONS	√	√	√	×	√	×
TRACE	×	√	√	×	×	×

表8-3中data是请求的参数，最终发送给服务器的数据是String类型。如果传入的data不是String类型，则会被转换为String，其转换规则如下。

（1）对于GET方法，会将数据转换为query string。例如，{ name: 'name', age: 18 }的转换结果是name=name&age=18。

（2）对于POST方法，且header['content-type']为application/json的数据，会进行JSON序列化。

（3）对于POST方法，且header['content-type']为application/x-www-form-urlencoded的数据，会将数据转换为query string。

在代码中发起网络请求的示例代码如下。

```
uni.request({
    url: 'https://www.example.com/request', //仅为示例，并非真实接口地址
    data: {
        text: 'uni.request'
    },
    header: {
        'custom-header': 'hello' //自定义请求头信息
    },
    success: (res) => {
        console.log(res.data);
        this.text = 'request success';
    }
});
```

如果想要中断网络请求任务，需要返回一个requestTask对象，并传入success/fail/complete中的至少一个参数给requestTask对象。如果没有传入success/fail/complete参数，则会返回封装后的Promise对象。requestTask对象的方法如表8-5所示。

表8-5　requestTask对象的方法

方法	参数	说明
abort	无	中断请求任务
offHeadersReceived	无	取消监听HTTP Response Header事件，仅微信小程序平台支持
onHeadersReceived	无	监听HTTP Response Header事件。该方法会比网络请求完成事件更早执行，仅微信小程序平台支持

requestTask对象使用示例代码如下。

```
const requestTask = uni.request({
    url: 'https://www.example.com/request', //仅为示例，并非真实接口地址
    data: {
        name: 'name',
        age: 18
    },
    success: function(res) {
        console.log(res.data);
    }
});

//中断请求任务
requestTask.abort();
```

温馨提示

使用uni.request需要注意以下几点。

①在各小程序平台运行时，网络相关的API在使用前需要配置域名白名单。

②请求的header中，content-type默认为application/json。

③应避免在header中使用中文，或使用encodeURIComponent进行编码，否则百度小程序中将会报错。

④网络请求的超时时间，可以统一在项目manifest.json文件中配置networkTimeout属性。

⑤ H5端本地调试需注意跨域问题。

⑥由于百度小程序iOS客户端请求失败时会进入fail回调，需要针对百度小程序增加相应的处理，以解决该问题。

⑦小程序端不支持自动保持cookie，服务器应避免验证cookie。

⑧ H5端cookie受跨域限制（和平时开发网站一样），旧版的uni.request未支持withCredentials配置，可以直接使用xhr对象或其他类库。

⑨根据W3C规范，H5端无法获取response header中的Set-Cookie、Set-Cookie2两个字段，对于跨域请求，允许获取的response header字段只限于simple response header和Access-Control-Expose-Headers。

⑩低版本（Android 8.0和iOS 12.1之前的版本）手机自身不支持IPv6，如果服务器仅允许IPv6，会导致低版本手机的应用无法正常运行或访问速度非常慢。

⑪ localhost、127.0.0.1等服务器地址只能在PC端运行，手机端连接时不能访问。应使用标准IP并保证手机能连接计算机网络。

⑫ debug模式中Android端暂时无法获取响应头，URI中含有非法字符（如未编码为%20的空格）时请求会失败。

⑬ iOS端App第一次安装启动后，会弹出是否允许联网的询问框，在用户点击同意前，调用联网API会失败，应注意判断这种情况。例如，官方提供的新闻模板示例（HBuilderX新建项目可选择）会判断如果无法联网，则提供一个错误页，提示用户设置网络及下拉刷新重试。

⑭具有良好体验的App，还会判断当前是否处于飞行模式、网络是Wi-Fi还是移动网络。

⑮部分Android设备，真机运行或debug模式下的网速比release模式低很多。

⑯使用一些比较小众的证书机构（如CFCA OV OCA）签发的SSL证书在Android设备的网络请求会失败，因为这些机构的根证书不在系统内置根证书库中，可以更换其他常见机构签发的证书（如Let's Encrypt），或配置sslVerify为false，关闭SSL证书验证。

⑰单次网络请求数据量建议控制在50KB以下（仅指json数据，不含图片），数据过多时应分页获取，以提升应用的体验。

8.9.2　上传与下载图片

将图片上传到服务器存储和从服务器下载图片是网络通信中经常会用到的功能，本节将介绍uni-app中的图片上传与下载。

1. 图片上传

使用uni.uploadFile(OBJECT)方法能够将本地资源上传到开发者服务器，客户端发起一个POST请求，其中content-type为multipart/form-data。页面通过uni.chooseImage等接口获取本地资源的临时文件路径后，可通过此接口将本地资源上传到指定服务器。另外，选择和上传非图像、视频文件的相关教程可参考“资源文件\网址索引.docx”中的链接。uni.uploadFile(OBJECT)方法中OBJECT参数说明如表8-6所示。

表8-6　OBJECT参数说明

参数名	类型	必填	说明	平台兼容说明
url	String	是	开发者服务器URL	全支持
files	Array	否	需要上传的文件列表。使用files时，filePath和name不生效	App、H5端（2.6.15+）支持
fileType	String	见平台兼容说明	文件类型，包括image/video/audio	仅支付宝小程序支持，且必填
file	File	否	要上传的文件对象	仅H5端（2.6.15+）支持

续表

参数名	类型	必填	说明	平台兼容说明
filePath	String	是	要上传文件资源的路径	全支持
name	String	是	文件对应的key。开发者在服务器端通过该key可以获取文件的二进制内容	全支持
header	Object	否	HTTP请求Header，header中不能设置Referer	全支持
timeout	Number	否	超时时间，单位为ms	H5端(HBuilderX 2.9.9+)、App端(HBuilderX 2.9.9+)支持
formData	Object	否	HTTP请求中其他额外的参数	全支持
success	Function	否	接口调用成功的回调函数	全支持
fail	Function	否	接口调用失败的回调函数	全支持
complete	Function	否	接口调用结束的回调函数（调用成功、失败都会执行）	全支持

温馨提示

（1）App平台支持多文件上传，微信小程序只支持单文件上传，上传多个文件需要反复调用图片上传API，因此跨端的写法就是循环调用图片上传API。

（2）hello uni-app中的客服反馈支持多图上传。uni-app插件市场中也有多个封装的组件。

（3）App平台选择和上传非图像、视频文件的相关教程可参考“资源文件\网址索引.docx”中的链接。

（4）网络请求的超时时间可以统一在manifest.json文件中配置networkTimeout属性。

（5）支付宝小程序开发者工具上传文件返回的http状态码为字符串形式，支付宝小程序真机返回的状态码为数字形式。

上传图片示例代码如下。

```
uni.chooseImage({
    success: (chooseImageRes) => {
        const tempFilePaths = chooseImageRes.tempFilePaths;
        uni.uploadFile({
            url: 'https://www.example.com/upload', //仅为示例，非真实的接口地址
            filePath: tempFilePaths[0],
            name: 'file',
            formData: {
                'user': 'test'
            },
            success: (uploadFileRes) => {
```

```
                console.log(uploadFileRes.data);
            }
        });
    }
});
```

如果想要中断上传任务，需要返回一个uploadTask对象，并传入success / fail / complete中的至少一个参数给uploadTask对象。如果没有传入，则会返回封装后的Promise对象。通过uploadTask对象，还可以监听上传进度变化事件，以及取消上传任务。uploadTask对象的方法如表8-7所示。

表8-7　uploadTask对象的方法

方法	参数	说明
abort	无	中断上传任务
onProgressUpdate	callback	监听上传进度变化
onHeadersReceived	callback	监听HTTP Response Header事件。该方法会比网络请求完成事件更早执行，仅微信小程序平台支持
offProgressUpdate	callback	取消监听上传进度变化事件，仅微信小程序平台支持
offHeadersReceived	callback	取消监听HTTP Response Header事件，仅微信小程序平台支持

使用uploadTask对象监控图片上传进度、中断上传任务的实现代码如下。

```
uni.chooseImage({
    success: (chooseImageRes) => {
        const tempFilePaths = chooseImageRes.tempFilePaths;
        const uploadTask = uni.uploadFile({
            url: 'https://www.example.com/upload', //仅为示例，非真实的接口地址
            filePath: tempFilePaths[0],
            name: 'file',
            formData: {
                'user': 'test'
            },
            success: (uploadFileRes) => {
                console.log(uploadFileRes.data);
            }
        });

        uploadTask.onProgressUpdate((res) => {
            console.log('上传进度' + res.progress);
            console.log('已经上传的数据长度' + res.totalBytesSent);
                console.log('预期需要上传的数据总长度' + res.totalBytesExpected-
```

```
                ToSend);

            //测试条件，取消上传任务
            if (res.progress > 50) {
                uploadTask.abort();
            }
        });
    }
});
```

2. 下载图片到本地

使用uni.downloadFile(OBJECT)方法下载文件资源到本地，客户端将直接发起一个HTTP GET请求，返回文件的本地临时路径。其中OBJECT参数说明如表8-8所示。

表8-8　OBJECT参数说明

参数名	类型	必填	说明	平台兼容说明
url	String	是	下载资源的URL	全支持
header	Object	否	HTTP请求header，header中不能设置Referer	全支持
timeout	Number	否	超时时间，单位为ms	仅H5端(HBuilderX 2.9.9+)、App端(HBuilderX 2.9.9+)支持
success	Function	否	下载成功后，以tempFilePath的形式返回给页面，res = {tempFilePath: '文件的临时路径'}	全支持
fail	Function	否	接口调用失败的回调函数	全支持
complete	Function	否	接口调用结束的回调函数（调用成功、失败都会执行）	全支持

温馨提示

文件的临时路径在应用本次启动期间可以正常使用，如需长久保存，需主动调用uni.saveFile方法，才能在应用下次启动时正常使用。

网络请求的超时时间可以统一在项目manifest.json文件中配置networkTimeout属性。

实现下载功能的示例代码如下。

```
uni.downloadFile({
    url: 'https://www.example.com/file/test.jpg', //仅为示例，并非真实的图片
    success: (res) => {
        if (res.statusCode === 200) {
            console.log('下载成功');
        }
```

```
    }
});
```

如果想要监听下载进度，需要返回一个downloadTask对象，并传入success/fail/complete中的至少一个参数给downloadTask对象，如果没有传入，则会返回封装后的Promise对象。通过uploadTask对象和downloadTask对象，可监听下载进度变化事件，以及取消下载任务。downloadTask对象的方法如表8-9所示。

表8-9　downloadTask对象的方法

方法	参数	说明
abort	无	中断下载任务
onProgressUpdate	callback	监听下载进度变化
onHeadersReceived	callback	监听HTTP Response Header事件。该方法会比网络请求完成事件更早执行，仅微信小程序平台支持
offProgressUpdate	callback	取消监听下载进度变化事件，仅微信小程序平台支持
offHeadersReceived	callback	取消监听HTTP Response Header事件，仅微信小程序平台支持

使用downloadTask对象监控图片的下载进度、中断下载任务的实现代码如下。

```
const downloadTask = uni.downloadFile({
    url: 'http://www.example.com/file/test.jpg', //仅为示例，并非真实的图片
    success: (res) => {
        if (res.statusCode === 200) {
            console.log('下载成功');
        }
    }
});

downloadTask.onProgressUpdate((res) => {
    console.log('下载进度' + res.progress);
    console.log('已经下载的数据长度' + res.totalBytesWritten);
    console.log('预期需要下载的数据总长度' + res.totalBytesExpectedToWrite);

    //测试条件，取消下载任务
    if (res.progress > 50) {
        downloadTask.abort();
    }
});
```

8.9.3 使用WebScoket进行数据传输

WebScoket让服务器可以主动向客户端推送信息，客户端也可以主动向服务器发送信息。WebScoket实现了真正的双向平等对话，属于服务器推送技术的一种。

1. 创建和关闭WebSocket连接

通过uni.connectSocket(OBJECT)方法创建一个WebSocket连接，其中OBJECT参数说明如表8-10所示。

表8-10　OBJECT参数说明

参数名	类型	必填	说明	平台差异说明
url	String	是	服务器接口地址	小程序中必须是wss://协议
header	Object	否	HTTP header，header中不能设置Referer	仅小程序、App 2.9.6+支持
method	String	否	默认为GET，有效值有OPTIONS、GET、HEAD、POST、PUT、DELETE、TRACE、CONNECT	仅微信小程序支持
protocols	Array<String>	否	子协议数组	仅App、H5、微信小程序、百度小程序、字节跳动小程序支持
success	Function	否	接口调用成功的回调函数	无差异
fail	Function	否	接口调用失败的回调函数	无差异
complete	Function	否	接口调用结束的回调函数（调用成功、失败都会执行）	无差异

创建WebSocket连接示例代码如下。

```
uni.connectSocket({
    url: 'wss://www.example.com/socket',
    data() {
        return {
            x: '',
            y: ''
        };
    },
    header: {
        'content-type': 'application/json'
    },
    protocols: ['protocol1'],
    method: 'GET'
});
```

温馨提示

使用WebSocket需要注意以下几点。

（1）网络请求的超时时间可以统一在项目manifest.json文件中配置networkTimeout属性。

（2）App平台2.2.6以下的版本不支持ArrayBuffer类型的数据收发。若不愿升级版本，也可以使用plus-websocket插件替代。

（3）App平台自定义组件模式下及支付宝小程序下，所有Vue页面只能使用一个 WebSocket连接。App下可以使用plus-websocket插件替代实现多连接。App平台自2.2.6+起支持多个WebSocket链接，数量没有限制。

（4）微信小程序平台1.7.0 及以上版本最多可以同时存在5个WebSocket连接，老版本只支持一个WebSocket连接；百度小程序平台自基础库版本1.9.4起支持多个WebSocket连接，老版本只支持一个WebSocket连接；QQ小程序平台最多支持同时存在5个WebSocket连接。

通过uni.closeSocket(OBJECT)方法关闭WebSocket连接，示例代码如下。

```
//关闭WebSocket连接
uni.closeSocket();
//监听WebSocket关闭事件
uni.onSocketClose(function (res) {
  console.log('WebSocket已关闭！');
});
```

2. 对WebSocket进行监听

通过uni.onSocketOpen(CALLBACK)方法监听WebSocket连接打开事件，其中CALLBACK返回连接成功的HTTP响应Header；通过uni.onSocketError(CALLBACK)方法监听WebSocket错误；通过uni.onSocketClose(CALLBACK)方法监听WebSocket关闭。

监听事件的示例代码如下。

```
uni.connectSocket({
  url: 'wss://www.example.com/socket'
});

//注意这里有时序问题
//如果uni.connectSocket还没有回调uni.onSocketOpen而先调用uni.closeSocket，那么就达不到关闭WebSocket的目的
//必须在WebSocket打开期间调用uni.closeSocket才能关闭WebSocket
uni.onSocketOpen(function () {
console.log('WebSocket连接已打开！');
  uni.closeSocket();
});
uni.onSocketError(function (res) {
  console.log('WebSocket连接打开失败，请检查！');
```

```
});
uni.onSocketClose(function (res) {
  console.log('WebSocket已关闭! ');
});
```

3. 发送和接收数据

通过uni.sendSocketMessage(OBJECT)方法发送数据，需要先使用uni.connectSocket方法创建WebSocket连接，并在uni.onSocketOpen方法回调完成之后才能发送数据。OBJECT参数说明如表8-11所示。

表8-11　OBJECT参数说明

参数名	类型	必填	说明
data	String/ArrayBuffer	是	需要发送的内容
success	Function	否	接口调用成功的回调函数
fail	Function	否	接口调用失败的回调函数
complete	Function	否	接口调用结束的回调函数（调用成功、失败都会执行）

通过uni.onSocketMessage(CALLBACK)方法可以接收服务器的消息，其中CALLBACK为服务器返回的消息。

数据的发送和接收的示例代码如下。

```
var socketOpen = false;
var socketMsgQueue = [];

uni.connectSocket({
  url: 'wss://www.example.com/socket'
});

uni.onSocketOpen(function (res) {
  socketOpen = true;
  for (var i = 0; i < socketMsgQueue.length; i++) {
    sendSocketMessage(socketMsgQueue[i]);
  }
  socketMsgQueue = [];
});

function sendSocketMessage(msg) {
```

```
  if (socketOpen) {
    uni.sendSocketMessage({
      data: msg
    });
  } else {
    socketMsgQueue.push(msg);
  }
}

uni.onSocketMessage(function (res) {
  console.log('收到服务器内容：' + res.data);
});
```

8.10 数据缓存接口

正确运用数据缓存能够有效地加快程序的运行速度，节省资源。uni-app为数据存储提供了便捷的接口。

8.10.1 存取本地数据

数据缓存的重要一步就是存储和读取数据，在uni-app中通过对应的方法能够实现数据的存取。

1. 将数据存储到本地缓存

使用uni.setStorage(OBJECT)方法将数据存储在本地缓存中指定的key中，会覆盖原本该key对应的内容，该方法是一个异步接口。OBJECT参数说明如表8-12所示。

表8-12　OBJECT参数说明

参数名	类型	必填	说明
key	String	是	本地缓存中指定的key
data	Any	是	需要存储的内容，只支持原生类型及能够通过JSON.stringify序列化的对象
success	Function	否	接口调用成功的回调函数
fail	Function	否	接口调用失败的回调函数
complete	Function	否	接口调用结束的回调函数（调用成功、失败都会执行）

数据存储同步的接口为uni.setStorageSync(KEY,DATA)，其参数KEY、DATA为表8-12中的key、data。数据存储示例代码如下。

```
//异步存储
uni.setStorage({
    key: 'storage_key',
    data: 'hello',
    success: function () {
        console.log('success');
    }
});
//同步存储
try {
    uni.setStorageSync('storage_key', 'hello');
} catch (e) {
    // error
}
```

2. 读取本地缓存指定的数据

使用uni.getStorage(OBJECT)方法从本地缓存中异步获取指定key对应的内容，其中OBJECT参数说明如表8-13所示。

表8-13　OBJECT参数说明

参数名	类型	必填	说明
key	String	是	本地缓存中指定的key
success	Function	是	接口调用成功的回调函数，res = {data: key对应的内容}
fail	Function	否	接口调用失败的回调函数
complete	Function	否	接口调用结束的回调函数（调用成功、失败都会执行）

从本地缓存中同步获取指定key对应的内容可以使用uni.getStorageSync(KEY)方法，其参数KEY为表8-13中的key。数据读取的示例代码如下。

```
//异步读取
uni.getStorage({
    key: 'storage_key',
    success: function (res) {
        console.log(res.data);
    }
```

```
});
//同步读取
try {
    const value = uni.getStorageSync('storage_key');
    if (value) {
        console.log(value);
    }
} catch (e) {
    // error
}
```

3. 读取本地存储的相关信息

使用uni.getStorageInfo(OBJECT)方法异步获取当前storage的相关信息，其中OBJECT参数说明如表8-14所示。

表8-14　OBJECT参数说明

参数名	类型	必填	说明
success	Function	是	接口调用成功的回调函数
fail	Function	否	接口调用失败的回调函数
complete	Function	否	接口调用结束的回调函数（调用成功、失败都会执行）

表8-14中的success返回参数说明如表8-15所示。

表8-15　success返回参数说明

参数	类型	说明
keys	Array<String>	当前storage中的所有key
currentSize	Number	当前占用的空间大小，单位为KB
limitSize	Number	限制的空间大小，单位为KB

同步获取当前storage的相关信息可以使用uni.getStorageInfoSync()方法，该方法没有参数。相关示例代码如下。

```
//异步读取
uni.getStorageInfo({
    success: function (res) {
        console.log(res.keys);
        console.log(res.currentSize);
        console.log(res.limitSize);
```

```
    }
});
//同步读取
try {
    const res = uni.getStorageInfoSync();
    console.log(res.keys);
    console.log(res.currentSize);
    console.log(res.limitSize);
} catch (e) {
    // error
}
```

8.10.2 清理缓存数据

数据存储在本地需要占用一定的设备资源，过多的缓存还会影响设备性能，因此需要及时删除多余的数据。

1. 从缓存中移除指定的数据

使用uni.removeStorage(OBJECT)方法从本地缓存中异步移除指定的key，其中OBJECT参数说明如表8-16所示。

表8-16 OBJECT参数说明

参数名	类型	必填	说明
key	String	是	本地缓存中指定的key
success	Function	是	接口调用成功的回调函数
fail	Function	否	接口调用失败的回调函数
complete	Function	否	接口调用结束的回调函数（调用成功、失败都会执行）

使用uni.removeStorageSync(KEY)方法从本地缓存中同步移除指定的key，其参数KEY为表8-16中的key。从缓存中移除指定数据的示例代码如下。

```
//异步移除数据
uni.removeStorage({
    key: 'storage_key',
    success: function (res) {
        console.log('success');
    }
});
```

```
//同步移除数据
try {
    uni.removeStorageSync('storage_key');
} catch (e) {
    // error
}
```

2. 清理本地全部数据缓存

使用uni.clearStorage()方法可以异步清理本地数据缓存，使用uni.clearStorageSync()方法可以同步清理本地数据缓存。示例代码如下。

```
//异步清理
uni.clearStorage();
//同步清理
try {
    uni.clearStorageSync();
} catch (e) {
    // error
}
```

温馨提示

uni-app的Storage在不同端的限制有所不同，差异如下。

（1）H5端的存储方式为localStorage，浏览器大小限制为5MB，localStorage是缓存，数据可能会被清理。

（2）App端的存储方式为原生的plus.storage，无大小限制，plus.storage是持久化的存储，数据可以长久保存。

（3）各个小程序端的存储方式为其自带的Storage API，数据存储生命周期与小程序本身一致，即除用户主动删除或超过一定时间被自动清理外，数据一直可用。

（4）微信小程序单个key允许存储的最大数据长度为1MB，所有数据存储上限为10MB。

（5）支付宝小程序单条数据转换为字符串后，字符串长度最大为200×1024。每个支付宝小程序的缓存总上限为10MB。

（6）百度、字节跳动小程序未说明大小限制。

（7）非App平台清空Storage会导致uni.getSystemInfo获取到的deviceId发生变化。除此之外，其他数据存储方案如下。

①H5端还支持WebSQL、indexedDB、sessionStorage。

②App端还支持SQLite、IO文件等本地存储方案。

新手问答

NO1：如何优化App安装包体积?

答： uni-app的App端自带了一个独立的V8引擎和小程序框架，因此比HTML5+或mui等普通hybrid的App引擎体积大。Android基础引擎约9MB，其优化方案如下。

（1）App提供了扩展模块，如地图、蓝牙等，打包时如不需要这些模块，可以将其裁剪掉，以减小发行包体积。在manifest.json-App模块权限中可以选择移除不需要的拓展模块。

（2）App端可以选择纯Nvue项目（在manifest中设置app-plus下的renderer:"native"），安装包的体积可以进一步减小2MB左右。

（3）App端在HBuilderX 2.7版本后支持V3编译模式，启用V3编译模式后，包体积下降3MB。

（4）uni-app的App-Android端有so库的概念，支持不同的CPU类型的so库越多，包体积越大。在HBuilderX 2.7版本以前，Android App默认包含arm32和x86两个CPU的支持so库，包体积比较大。如果要减小包体积，可以在manifest里去掉x86 CPU的支持（在manifest可视化界面【App常用其他设置】→【支持CPU类型】中进行配置），可以减小包体积9MB。从HBuilderX 2.7版本起，默认不再包含x86的支持so库，如果需要支持x86的CPU，在manifest中勾选即可。一般手机都是arm的CPU，可以去掉x86 CPU的支持。

NO2：如何优化项目的启动速度?

答： 项目启动速度慢会影响项目的使用率；而项目启动速度快会给人一种轻快的感觉，可以减少用户等待时间。对于有大量用户的项目来说，启动速度是非常重要的，其优化方案如下。

（1）注意控制项目体积，包括背景图和本地字体文件体积。

（2）App端的splash关闭有白屏检测机制，如果首页一直白屏或首页本身就是一个空的中转页面，会造成splash 10s才关闭，可参考splash参数配置说明解决，链接地址见“资源文件\网址索引.docx”。

（3）App端的首页为Nvue页面，并设置为Fast启动模式，可加快App的启动速度。

（4）App设置为纯Nvue项目（在manifest中设置app-plus下的renderer:"native"）启动速度更快，2s即可完成启动。因为整个应用都使用原生渲染，不加载基于WebView的框架。

新手实训：对项目进行分包优化

【实训说明】

由于小程序有体积和资源加载的限制，各家小程序平台都提供了分包方式，以优化小程序的下载和启动速度。小程序进行分包配置后有主包和分包的分别，主包放置在默认启动页面/tabBar页面，以及一些所有分包都需要用到的公共资源/JS脚本中；分包则是根据pages.json的配置进行划分。小程序启动时，默认会下载主包并启动主包内的页面；当用户进入分包内某个页面时，会自动下载对应分包，下载完成后再进行展示。接下来通过一个实训演示分包优化的使用，实训步骤如下。

（1）创建一个uni-app项目。

（2）创建分包页面。

（3）开启分包优化。

（4）分包配置。

（5）分包预加载。

目前uni-app只支持App-vue、mp-weixin、mp-qq、mp-baidu、mp-toutiao的分包优化。

实现方法

步骤01　在HBuilderX中创建一个名为“SubPackageDemo”的uni-app项目，用来作为分包优化的示例。

步骤02　在根目录下新建“pagesA”“pagesB”文件夹，作为分包目录。

步骤03　在对应的目录下分别新建detail和list页面，作为分包的页面（页面名称根据实际情况而定）。

步骤04　在“pagesA”“pagesB”文件夹中分别创建一个static目录，用来放置分包中对应的静态资源文件。创建完成后的目录结构如图8-13所示。

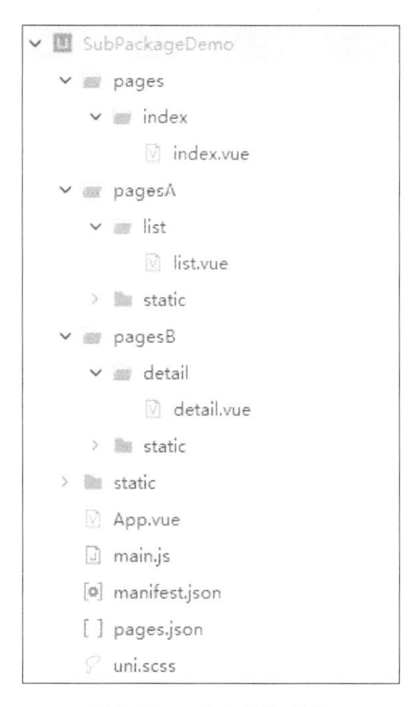

图8-13　项目目录结构

步骤05 从网上下载3张大图放在项目根目录下的static文件夹中。运行项目到微信小程序开发者工具，项目运行完成后，点击开发者工具右上角的【详情】按钮，查看分包前包的大小信息，如图8-14所示。

图8-14　分包前包的大小信息

从图8-14中可以看到现在的本地代码有6254KB，只有一个主包。

步骤06 打开根目录下的manifest.json文件，切换到【源码视图】，找到微信小程序，输入以下代码，开启分包优化。

```
"optimization":{"subPackages":true}
```

步骤07 打开根目录下的pages.json文件，进行分包配置，配置代码如下。

```
"subPackages": [{
        "root": "pagesA",
        "pages": [{
            "path": "list/list",
            "style": { ...}
        }]
    }, {
        "root": "pagesB",
        "pages": [{
            "path": "detail/detail",
            "style": { ...}
        }]
    }]
```

步骤08 各放置一张图片到“pagesA”“pagesB”目录下的static文件夹中，重新编译运行项目到小程序，即可看到分包成功，分包后主包和分包的体积如图8-15所示。

图8-15　分包后主包和分包的体积

步骤09 因为分包是可以单独访问的，所以可以实现进入分包“pagesA”时预加载主包，访问分包“pagesB”时在有Wi-Fi的情况下预加载分包“pagesA”，以优化用户体验。相关配置代码如下。

```
"preloadRule": {
      "pagesA/list/list": {
            "network": "all",
            "packages": ["__APP__"]
      },
      "pagesB/detail/detail": {
            "network": "wifi",
            "packages": ["pagesA"]
      }
}
```

全部配置完成后，不仅可以减小包的体积，还能加快页面的启动和加载速度。

第9章 uniCloud云开发平台

本章导读

uniCloud是DCloud联合阿里云、腾讯云为开发者提供的基于serverless服务和JS编程的云开发平台。uniCloud采用JS编写后端服务代码，推出的opendb包含大量的开源数据库模板，提供的uni-id对用户管理能力进行了封装，极大地提升了开发效率，减少了开发成本。

本章将详细介绍uniCloud云开发平台。

知识要点

通过对本章内容的学习，可以掌握以下知识。

- 创建uniCloud项目。
- 云数据库的使用。
- 云函数的调用。
- 使用uni-id进行用户管理。
- unipay统一支付。
- 前端网页托管。

9.1 uniCloud简介

uniCloud是DCloud联合阿里云和腾讯云推出的基于serverless服务的、跨全端的、用JS开发服务端的云产品。

uniCloud按占用硬件资源的上限值和使用时长来收取费用，没有名目繁多的收费项目，加上云厂商的大力促销和补贴福利，相比传统云服务的高昂费用，大幅降低了开发者租用云资源的成本。

现在uni-app + uniCloud已经成为一个庞大的生态系统，内含非常多的工具和模块，如图9-1所示。

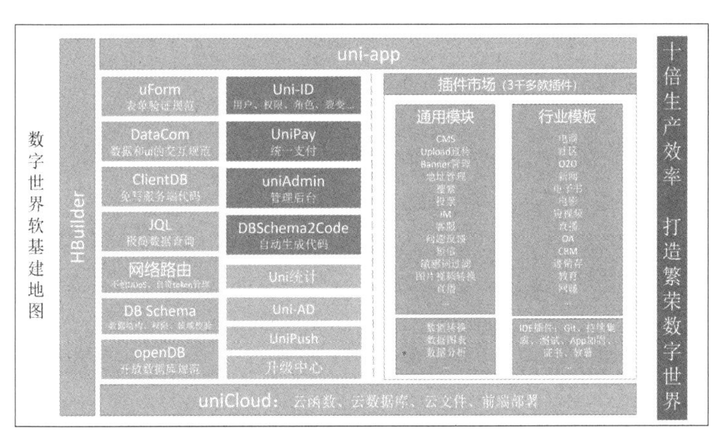

图9-1　uni-app + uniCloud生态

在HBuilderX、uni-app、uniCloud三位一体的协同、创新的功能设计、丰富的生态支持下，开发者的开发效率可以大幅提升。uniCloud可以从以下7个方面提升开发效率。

（1）提供众多现成的插件和工具，不用自己写代码。

（2）使用schema2code代码生成工具生成数据库的增删改查页面（直接生成页面，不仅仅是生成接口），不用自己编写页面。

（3）使用clientDB可以减少80%的服务端开发工作。

（4）HBuilderX在云端协同中提供了工具来提升效率。

（5）前端和云端都使用JS编程语言，提高了沟通效率、招聘效率和管理效率。

（6）代码量减少为原来的1/10，让code review的效率和测试的效率都提升了10倍。

（7）uniCloud基于serverless服务的封装，让开发者更专注于业务，无须分心运维。

9.2 uniCloud的使用

得益于HBuilderX、uni-app、uniCloud三位一体的高效协同，在HBuilderX中使用uniCloud非常方便。本节将介绍uniCloud项目的创建和使用。

9.2.1 创建uniCloud项目

在HBuilderX中新建项目，选择uni-app项目，并勾选启用uniCloud即可，如图9-2所示。

图9-2　创建uniCloud项目

创建uniCloud项目需要注意以下几点。

（1）创建uniCloud时，可在右侧自由选择服务供应商。

（2）对于旧的uni-app项目，也可以右击项目，在弹出的菜单中选择【创建uniCloud云开发环境】。

（3）新建uni-app项目的模板中有一个Hello uniCloud的项目模板，其中演示了各种云函数的使用方法。

uniCloud云开发环境创建成功后，项目根目录下会有一个带有云图标的特殊目录，名为cloudfunctions（即便是cli创建的项目，云函数目录也在项目的根目录下，而不是src下）。

非uni-app项目也可以通过云函数URL化来享受云函数带来的便利。

项目创建成功后，其目录结构如图9-3所示。

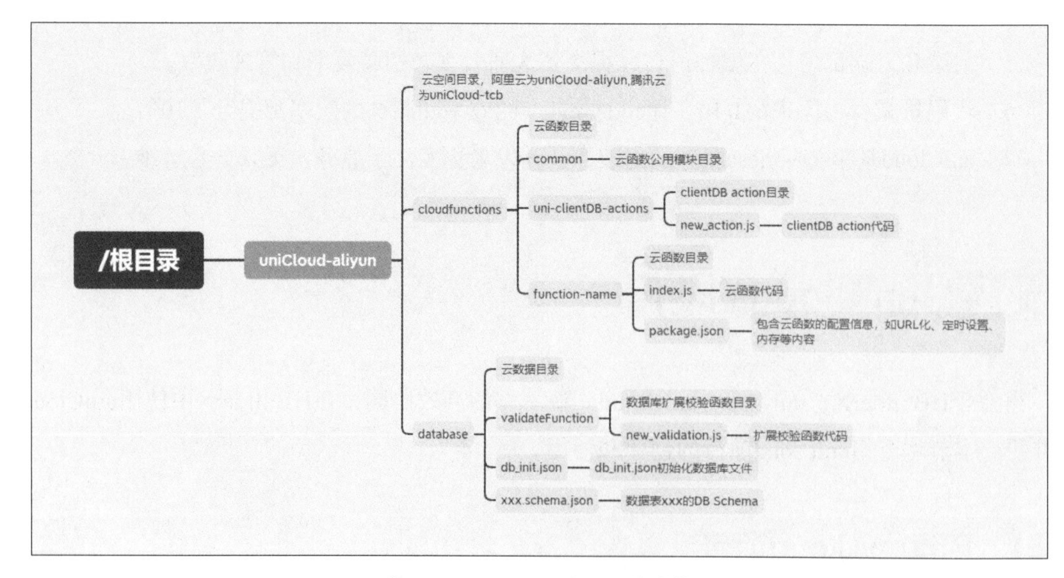

图9-3　uniCloud项目目录结构

9.2.2　创建和绑定云服务空间

项目环境创建好后，需要为该项目选择一个云服务空间。如果开发者账户没有通过实名认证，首先需要进行实名认证。

一个开发者可以拥有多个云服务空间，每个云服务空间都是一个独立的serverless云环境，不同服务空间之间的云函数、数据库、存储都是隔离的。

温馨提示

目前腾讯云仅为一个开发者提供1个免费的云服务空间，一个开发者最多可创建49个收费的云服务空间。一个开发者在阿里云中最多可创建50个免费的云服务空间。

云服务空间的创建步骤为：在HBuilderX中打开uniCloud项目，在项目的云函数目录uniCloud上右击，在弹出的快捷菜单中选择【创建云服务空间】选项，在打开的Web控制台（Web控制台网址见“资源文件\网址索引.docx”）中创建云服务空间，如图9-4所示。

图9-4　创建云服务空间

云服务空间的绑定步骤为：创建好云服务空间后，在目录uniCloud上右击（HBuilderX 3.0版本之前是在目录cloudfunctions上右击），在弹出的快捷菜单中选择【选择云服务空间】选项，绑定之前创建的云服务空间即可。

使用云服务需要注意以下几点。

（1）如果开发者账户未进行实名认证，页面会跳转至实名认证页面，实名认证审核通过之后才可以开通云服务空间。若腾讯云实名认证提示身份证下已创建过多账户，则需要在腾讯云官网注销不用的账户。

（2）创建云服务空间可能需要等待几十秒的时间，可以在Web控制台查看云服务空间是否创建完成。

（3）可以在dev.dcloud.net.cn中设置项目的协作者（选择应用→设置项目成员），实现多人共同使用一个云服务空间（需HBuilderX 2.5.9+以上版本才支持共用云服务空间）。协作者可以在HBuilderX和Web控制台中操作已被授权的云服务空间，除了删除云服务空间，其他功能均可正常操作。

（4）多个项目可以复用一个云服务空间，如一个应用的用户端和管理端在HBuilderX中可以创建成两个项目，但两个项目可以指向同一个云服务空间，或将其中一个项目的云服务空间绑定到另一个项目上。

9.2.3 云函数的使用

云函数是运行在云端的JavaScript代码，和普通的Node.js开发一样，熟悉Node.js的读者可以直接上手。

1. 新建云函数

创建uniCloud项目并绑定云服务空间后，读者可以创建云函数。HBuilderX自3.0版本起，在uniCloud→cloudfunctions目录上右击，在弹出的快捷菜单中选择【新建云函数】命令，即可创建云函数，如图9-5所示。

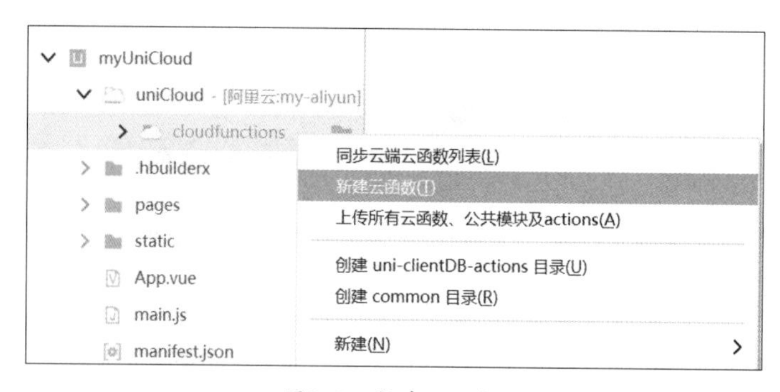

图9-5　新建云函数

新建云函数后，会以云函数名称为名生成一个特殊目录，该目录下自动生成的index.js文件是该云函数的入口，不可改名。如果该云函数还需要引入其他JS，可在index.js入口文件中引用。

使用云函数需要注意以下几点。

（1）不同项目使用同一个云服务空间时不可使用同名云函数，可以在uniCloud的Web控制中手动删除重名的云函数，释放函数名。

（2）在HBuilderX创建云函数时，如果新的云函数与服务器上已存在的云函数同名，新的云函数会覆盖已存在的同名云函数。

（3）单个云函数大小限制为10MB（包含node_modules）。

（4）云函数内使用的是commonjs规范，不可使用import和export函数。

2. 编写云函数

云函数的语法是在普通的Node.js的基础上补充了uniCloud的专用API，可参考uniCloud的API开发文档编写云函数。想要体验云函数，可以直接在新建项目时选择hello uniCloud模板进行体验。

HBuilderX为uniCloud开发提供了良好的语法提示和转到定义支持，对于代码中的API，将其选中并按【F1】键，即可直接查看相应的语法提示。

云函数示例代码如下。

```
'use strict';
const db = uniCloud.database()
exports.main = async (event, context) => {
   //event为客户端上传的参数
   const collection = db.collection('unicloud-test') //获取表'unicloud-test'的集合对象
   const res = await collection.limit(10).get() //获取表中的10条数据，结果为json格式
   return res //返回json到客户端
};
```

3. 运行和调试云函数

编写好云函数后，在项目管理器中右击该云函数的目录，在弹出的快捷菜单中可以选择【本地运行云函数】【上传部署云函数】【上传并运行云函数】命令。

如果使用的是HBuilderX 3.0.0及以上版本，还可以使用客户端连接本地云函数的方式。在HBuilderX中运行项目之后，在控制台中切换【连接云端云函数】到【连接本地云函数】，即可让客户端连接本地云函数，如图9-6所示。

图9-6　客户端连接本地云函数

几种运行云函数的方式区别如下。

（1）上传部署云函数：将云函数部署到uniCloud服务空间，云函数不会运行。如果要运行云函数进行测试，需使用客户端调用此云函数（快捷键为【Ctrl+U】）。

（2）上传并运行云函数：上传云函数，并在云端立即执行该云函数。云函数在部署后会同时运行，并输出日志。其缺点是有延时，调试云函数时不如本地运行云函数快捷。

（3）本地运行云函数：HBuilderX自2.8.1版本起支持该方式，在HBuilderX自带的node环境中运行选中的云函数，云函数连接的数据库和云存储仍然在云端（快捷键为【Ctrl+U】）。

（4）客户端连接本地云函数：HBuilderX自3.0.0版本起支持该方式，开启一个uniCloud本地服务，运行前端项目时在HBuilderX控制台可切换【连接云端云函数】和【连接本地云函数】。客户端连接本地云函数这种前后端联调的方式，可极大地提升开发效率。

9.3 云数据库

云数据库是被优化或部署到一个虚拟计算环境中的数据库，可以实现按需付费、按需扩展，具有可用性高及存储整合等优势。

9.3.1 基础概念

uniCloud提供了一个json格式的文档型数据库，数据库中的每条记录都是一个json格式的文档。它是NoSQL的非关系型数据库，关系型数据库和json文档型数据库的对应关系如表9-1所示。

表9-1 两种类型数据库的对应关系

关系型	json文档型
数据库database	数据库database
表table	集合collection，但行业中也经常称之为“表”，无须特意区分
行row	记录record/doc
字段column	字段field
使用SQL语法操作	使用MongoDB语法或JQL操作

一个uniCloud服务空间有且只有一个数据库，一个数据库支持多个集合（表），一个集合可以有多个记录，一个记录可以有多个字段。

例如，数据库中有一个名为user的集合，用于存放用户信息。集合user的数据内容如下。

```
{"name":"张三","tel":"13900000000"}
{"name":"李四","tel":"13911111111"}
```

以上数据中，每行数据表示一个用户信息，称为记录（record/doc）”：name和tel称为字段

（field），13900000000则是第一条记录的字段tel的值。

每行记录都是一个完整的json文档，获取记录后可以使用常规json方式操作。但集合并非json文档，集合是多个json文档的汇总，获取集合需要使用专门的API。

与关系型数据库的二维表格式不同，json文档型数据库支持不同记录拥有不同的字段，支持多层嵌套数据。

下面仍以user集合为例，要在数据库中存储每个人每次登录的时间和登录IP，则代码如下。

```
{
    "name":"张三","tel":"13900000000","login_log":[
        {"login_date":1604186605445,"login_ip":"192.168.1.1"},
        {"login_date":1604186694137,"login_ip":"192.168.1.2"}
    ]
}
{"name":"李四","tel":"13911111111"}
```

以上数据表示张三登录了两次，login_date中的值是时间戳（timestamp）格式；而李四则没有登录过。

可以看出，json文档型数据库比关系型数据库更灵活，李四的数据中可以没有login_log字段，也可以有这个字段，但登录次数记录与张三不同。

对于初学者，如果不了解数据库的设计，可以参考OpenDB开放数据库设计规范，其预置了大量常见的数据库设计。

数据库的字段值支持以下类型。

（1）String：字符串。

（2）Number：数字。

（3）Object：对象。

（4）Array：数组。

（5）Bool：布尔值。

（6）GeoPoint：地理位置点。

（7）GeoLineStringL：地理路径。

（8）GeoPolygon：地理多边形。

（9）GeoMultiPoint：多个地理位置点。

（10）GeoMultiLineString：多个地理路径。

（11）GeoMultiPolygon：多个地理多边形。

（12）Date：时间。

（13）Null：相当于一个占位符，表示一个字段存在但是值为空。

DB Schema中还扩展了其他字段类型，但其实都是基本类型的扩展，如file类型其实是一种特殊的Object类型，而password类型是一种特殊的String类型。

9.3.2 操作云数据库

云数据库支持通过云函数访问，也支持在客户端中访问。

（1）云函数操作数据库是较为传统的开发方式。其操作方式为使用node.js写云函数，使用传统的MongoDB的API操作云数据库。

（2）clientDB可以实现在客户端访问云数据库。这种开发方式可以大幅提升开发效率，开发者不用开发服务端代码，可以使用更易用的JQL语法操作数据库，是推荐的开发方式。clientDB有单独的一套权限和字段值控制系统，无须担心数据库安全问题（HBuilderX 2.9.5以上版本推荐使用clientDB）。

9.3.3 云数据库的使用

云数据库的使用包括获取数据库对象、创建集合/数据表、获取集合/数据表对象等。

1. 获取数据库对象

要想通过代码操作数据库，第一步就是获取服务空间中的数据库对象。不管是云函数还是前端，获取数据库连接的写法都相同（前端写法从uni-app 2.9.5版本开始支持），示例代码如下。

```
const db = uniCloud.database(); //代码块为cdb
```

JS中输入代码块cdb，即可快速输入以上代码。

使用腾讯云可获取同一账号下的指定服务空间ID的数据库对象，示例代码如下。

```
//同一账号下的服务空间ID为tcb-space-demo
const db = uniCloud.database({
  spaceId: 'tcb-space-demo'
});
```

2. 创建集合/数据表

新建的服务空间中没有数据表，因此需要首先创建集合/数据表。数据表可以在uniCloud的Web控制台Web页面创建，也可以通过代码创建。

阿里云和腾讯云通过代码创建数据表的方式不同，具体如下。

（1）阿里云。调用add方法，给某数据表新增数据记录时，如果该数据表不存在，会自动创建。以下代码中给table1数据表新增了一条数据，如果table1不存在，则会自动创建。

```
const db = uniCloud.database();
db.collection("table1").add({name: 'Ben'})
```

（2）腾讯云。腾讯云提供了专门创建数据表的API，此API仅支持在云函数内运行，不支持clientDB调用，示例代码如下。

```
const db = uniCloud.database();
db.createCollection("table1")
```

温馨提示

使用createCollection创建集合需要注意以下几点。

（1）如果数据表已存在，则腾讯云调用createCollection方法时会报错。

（2）腾讯云中调用collection的add方法不会自动创建数据表，不存在的数据表会报错。

（3）阿里云中没有createCollection方法。

3. 获取集合/数据表对象

创建好数据表后，可以通过API获取数据表对象，示例代码如下。

```
const db = uniCloud.database();
//获取名为table1的数据表的引用
const collection = db.collection('table1');
```

通过db.collection(name)能够获取指定数据表对象，在数据表中可以进行的操作如表9-2所示。

表9-2　集合/数据表collection的方法说明

类型	接口	说明
写	add	新增记录（触发请求）
计数	count	获取符合条件的记录条数
读	get	获取数据表中的记录。使用where语句定义查询条件，会返回匹配结果集（触发请求）
引用	doc	获取该数据表中指定id记录的引用
查询条件	where	通过指定条件筛选出匹配的记录，可搭配查询指令（eq、gt、in 等）使用
	skip	跳过指定数量的文档，常用于分页、传入offset
	orderBy	排序方式
	limit	返回的结果集（文档数量）的限制，有默认值和上限值
	field	指定需要返回的字段

collection对象的方法可以进行增加和查询数据操作；删除和修改不能直接操作，需要collection对象通过doc或get得到指定的记录后再调用remove或update方法进行删除或修改。

9.3.4 数据的导入、导出和备份

uniCloud数据库提供了多种数据导入、导出和备份方法，具体如下。

（1）db_init.json：常用于插件市场的插件做环境初始化配置，完整支持数据、索引、schema3部分。该方法不适合处理大量数据，操作可能会超时。

（2）数据库回档备份和恢复：仅腾讯云支持。数据库回档备份和恢复支持数据和索引，不支持schema。

（3）数据库导入、导出：仅阿里云支持，适用于大量数据操作。数据库导入和导出仅支持数据，不支持索引和schema。

除上述3种方法外，开发者还可以通过代码处理数据的导入、导出。若进行大量数据操作，建议在HBuilderX的本地运行云函数环境中操作，以避免触发云端的云函数超时限制。

下面对3种方法的使用进行详细说明。

1. 使用db_init.json导入数据库

在HBuilderX中，右击项目中的cloudfunctions目录下的db_init.json，在弹出的快捷菜单中选择【初始化云数据库】命令，即可将db_init.json中的内容导入云端。

温馨提示

使用db_init.json导入数据库需要注意以下几点。

（1）目前db_init.json为同步导入形式，无法导入大量数据。如需导入大量数据，应使用Web控制台的数据库的导入功能。

（2）如果db_init.json中的表名与OpenDB中的任意表名相同，且db_init.json中该表名内没有编写schema和index，则在初始化时会自动拉取最新的OpenDB规范内对应表的schema和index。

（3）如果db_init.json中的数据表在服务空间中已存在，且db_init.json中该表含有schema和index，则在初始化时schema会被替换，新增索引会被添加，已存在索引不受影响。

2. 生成db_init.json的方式

在uniCloud Web控制台的数据库界面中单击左侧导航栏中的【生成db_init.json】，可以将选择的表的内容、索引、表结构导出为db_init.json文件，如图9-7所示。

图9-7　生成db_init.json示意图

温馨提示

导出db_init.json需要注意以下几点。

（1）如果表名与OpenDB中的任意表名相同，Web控制台导出db_init.json时将不会带上schema和index字段。

（2）Web控制台导出db_init.json时默认不包括_id字段，在导入时，数据库中插入新记录会自动补上_id字段。如果需要指定_id，则需要手工补全数据。

在db_init.json中可以使用以下形式定义Date类型的数据。

```
{
  "dateObj": { // dateObj字段就是日期类型的数据
    "$date": "2020-12-12T00:00:00.000Z" // ISO标准日期字符串
  }
}
```

3. 数据库回档备份和恢复

uniCloud腾讯云版每天会自动备份一次数据库，备份最多保留7天（此功能暂时只有腾讯云支持）。

创建回档备份的操作步骤如下。

步骤01　登录uniCloud后台（https://unicloud-dev.dcloud.net.cn）。

步骤02　选择【云数据库】→【数据库回档】选项，单击【新建回档】按钮。

步骤03　在弹出的【新建回档任务】对话框中选择可回档时间。

步骤04　选择需要回档的集合（注意：回档后集合不能与现有集合重名，如需对集合重命名，可以在集合列表中操作）。

创建回档备份操作界面如图9-8所示。

图9-8　创建回档备份操作

4. 将数据导出为文件

此功能主要用于导出整个集合的数据（此功能暂时只有阿里云支持）。

将数据导出为文件的操作步骤如下。

步骤01　进入uniCloud Web控制台（https://unicloud.dcloud.net.cn/home），选择服务空间，或直接在HBuilderX云函数目录cloudfunctions上右击并选择【打开uniCloud Web控制台】选项，进入服务空间。

步骤02　进入云数据库，选择希望导出数据的集合。

步骤03　单击【导出】按钮，如图9-9所示。

图9-9　单击【导出】按钮

步骤04　选择导出格式。如果选择【csv格式】，还需要选择导出字段。

步骤05　单击【确定】按钮，等待下载开始即可。

温馨提示

导出数据需要注意以下几点。

（1）导出的json文件并非一般的json文件，而是每行一条json数据的文本文件。

（2）导出为csv文件时必须填写字段选项。字段之间使用英文逗号隔开，如_id, name, age, gender。

（3）数据量较大时可能需要等待一段时间才能开始下载。

---

5. 从文件中导入数据

uniCloud提供db_init.json主要是为了对数据库进行初始化，并不适合导入大量数据。与db_init.json不同，数据导入功能可以导入大量数据，目前支持导入csv、json格式的文件数据（此功能暂时只有阿里云支持）。

从文件中导入数据的操作步骤如下。

步骤01　进入uniCloud Web控制台（https://unicloud.dcloud.net.cn/home），选择【服务空间】，或直接在HBuilderX云函数目录cloudfunctions上右击并选择【打开uniCloud Web控制台】选项，进入云服务空间。

步骤02　进入云数据库，选择希望导入数据的集合。

步骤03　单击【导入】按钮，选择json文件或csv文件，如图9-10所示。

图9-10　导入数据集合

步骤04　选择处理冲突的模式。

步骤05　单击【确定】按钮，等待导入完成即可。

温馨提示

导入数据需要注意以下几点。

（1）目前导入文件最大限制为50MB。

（2）导入、导出文件无法保留索引和schema。

（3）导入、导出csv文件时数据类型会丢失，即所有字段均会作为字符串导入。

（4）冲突处理模式为设定记录_id冲突时的处理方式，insert表示冲突时依旧导入记录但会新插入一条，upsert表示冲突时更新已存在的记录。

（5）导入的json数据文件并不是标准的json格式，而是形如下面这样每行一个json格式的数据库记录的文件。

```
{"a":1}
{"a":2}
```

9.3.5　uni-clientDB组件的使用

uni-clientDB组件是一个数据库查询组件，它是对clientDB的JS库的再封装。前端通过uni-clientDB组件直接获取uniCloud的云端数据库中的数据，并绑定在界面上进行渲染。

在传统开发中，开发者需要在前端定义data，通过request联网获取接口数据，然后赋值给data，同时后端还需要写接口来查库和反馈数据。

有了uni-clientDB组件，上述工作只需要用1行代码即可完成。在HBuilderX中输入udb代码块，然后通过collection属性指定要查询的表“table1”，通过field属性指定要查询的字段“field1”，并在where属性中指定查询id为1的数据，查询结果data就可以直接渲染在界面上，示例代码如下。

```
<unicloud-db
    v-slot:default="{ data, loading, error, options }"
    collection="table1"
    field="field1"
    :getone="true"
    where="id=='1'"
>
    <view>{{ data }}</view>
</unicloud-db>
```

uni-clientDB组件尤其适用于列表、详情等展示类页面，可使开发效率得到大幅提升。

uni-clientDB组件的查询语法是JQL，这是一种比SQL语法和NoSQL语法更简洁、更符合JS开发者习惯的查询语法。开发人员即使没学过SQL或NoSQL的前端，也可以轻松掌握。

uni-clientDB组件不仅支持查询，还自带add、remove、update方法。

uni-clientDB对各个平台的兼容情况如表9-3所示。

表9-3 uni-clientDB对各个平台的兼容情况

App	H5	微信小程序	支付宝小程序	百度小程序	字节跳动小程序	QQ小程序	快应用	360小程序
√	√	√	√	√	√	√	×	√

HBuilderX自3.0版本起，uni-clientDB组件被内置到了框架中，与小程序基础库版本无关，故推荐在HBuilderX 3.0+版本中使用。uni-clientDB组件属性说明如表9-4所示。

表9-4 uni-clientDB组件属性说明

属性	类型	描述
v-slot:default	无	查询状态（失败、联网中）及结果（data）
ref	String	Vue组件引用标记
collection	String	表名。支持输入多个表名，用“,”分隔表名
field	String	指定要查询的字段，多个字段用“,”分隔。不写本属性即表示查询所有字段。支持用oldname as newname方式对返回字段重命名
where	String	查询条件，对记录进行过滤
orderby	String	排序字段及正序倒序设置
page-data	String	分页策略选择。值为add代表将下一页的数据追加到之前的数据中，常用于滚动到底加载下一页；值为replace时则替换当前data数据，常用于PC式交互，列表底部有页码分页按钮。默认值为add
page-current	Number	当前页
page-size	Number	每页数据数量
getcount	Boolean	是否查询总数据条数，默认为false，需要分页模式时指定为true
getone	Boolean	指定查询结果是否仅返回数组第一条数据，默认为false。在值为false时返回的是数组；在值为true时直接返回结果数据。一般用于非列表页，如详情页
action	String	云端执行数据库查询的前后，触发某个action函数操作。常用于前端无权操作的数据，如阅读数+1
manual	Boolean	是否手动加载数据，默认为false，页面onReady时自动联网加载数据。如果设为true，则需要自行指定时机，通过方法this.$refs.udb.loadData()触发联网，其中的udb指组件的ref值。onLoad由于运行时间太早无法取到this.$refs.udb，在onReady里可以取到
gettree	Boolean	是否查询树状结构数据，HBuilderX 3.0.5以上版本支持

续表

属性	类型	描述
startwith	String	gettree的第一层级条件，此初始条件可以省略，不设置startWith时默认从最顶级开始查询，HBuilderX 3.0.5以上版本支持
limitlevel	Number	gettree查询返回的树的最大层级，默认值为10，最大值为15，最小值为1。超过设定层级的节点不会返回。HBuilderX 3.0.5以上版本支持
groupby	String	对数据进行分组，HBuilderX 3.1.0以上版本支持
group-field	String	对数据进行分组统计
distinct	Boolean	是否对数据查询结果中重复的记录进行去重，默认值为false，HBuilderX 3.1.0以上版本支持
@load	EventHandle	成功回调。联网返回结果后，若希望先修改数据再渲染界面，则在本方法里对data进行修改
@error	EventHandle	失败回调

温馨提示

page-current/page-size改变不会重置数据，设置page-data="replace"和loadtime="manual"会重置数据；collection/action/field/getcount/orderby/where改变后清空已有数据。

9.4 云函数

云函数是一种新的计算能力提供方式，它不需要用户对服务器进行配置和管理，仅需编写和上传核心业务代码，即可获得对应的数据结果。使用云函数可免除用户所有运维性操作，让企业和开发者可以更加专注于核心业务的开发，实现快速上线和迭代，把握业务发展的节奏。

9.4.1 云函数概述

云函数即在云端（服务器端）运行的函数，开发者无须购买、搭建服务器，只需编写函数代码并部署到云端即可在客户端（App、H5、小程序等）调用，同时云函数之间也可以相互调用。

一个云函数的写法与一个在本地定义的JavaScript方法无异，当云函数被客户端调用时，定义的代码会被放在Node.js运行环境中执行。

开发者可以和在Node.js环境中使用JavaScript一样在云函数中进行网络请求等操作，而且还可以通过云函数服务端SDK搭配使用多种服务，如使用云函数SDK中提供的数据库和存储API操作数据库和存储。

9.4.2 云函数配置

HBuilderX 3.0版本之前，package.json只是一个标准的package.json，一般只有安装依赖的插件或公共模块才需要；HBuilderX 3.0及以上版本中，package.json也可以用来配置云函数。

uniCloud Web控制台提供了很多云函数的配置，如内存大小、URL化、定时触发等。从HBuilderX 3.0版本起，在云函数的package.json中也可以编写这些配置，开发者在本地编写云函数的设置，然后上传云函数，这些设置会自动在云端生效（本地不生效）。

在云端设置了非默认参数后，HBuilderX下载云函数到本地时，也会自动把设置项放入package.json中下载下来。

package.json是一个标准json文件，不可带注释。下面是一个package.json示例。

```
{
  "name": "add-article",
  "version": "1.0.0",
  "description": "新增文章",
  "main": "index.js",
  "dependencies": {

  },
  "cloudfunction-config": {
      "memorySize": 256,
      "timeout": 5,
      "triggers": [{
          "name": "myTrigger",
          "type": "timer",
          "config": "0 0 2 1 * * *"
      }],
      "path": ""
    }
}
```

其中，cloudfunction-config字段是云函数的配置，其支持的配置如下。

```
{
  "concurrency": 10, //单个云函数实例最大并发量，默认为1
   "memorySize": 256, //函数的最大可用内存，单位为MB，可选值有128、256、512、1024、2048，默认值为256
  "timeout": 5, //函数的超时时间，单位为s，默认值为5。最长为60s，阿里云可配置的最长超时时间是600s
  // triggers字段是触发器数组，目前仅支持一个触发器，即数组只能填写一个，不可添加多个
  "triggers": [{
```

```
    // name:触发器的名称，规则见https://uniapp.dcloud.net.cn/uniCloud/trigger,name不对阿里云生效
    "name": "myTrigger",
    // type:触发器类型，目前仅支持timer （定时触发器），type不对阿里云生效
    "type": "timer",
    // config:触发器配置，在定时触发器下,config格式为cron表达式，规则见https://uniapp.dcloud.net.cn/uniCloud/trigger。使用阿里云时会自动忽略cron表达式的最后一位，即代表年份的一位在阿里云不生效
    "config": "0 0 2 1 * * *"
  }],
  //云函数URL化的path部分，阿里云是以/http/为开头的path
  "path": ""
}
```

温馨提示

云函数的配置需要注意以下几点。

（1）插件作者在发布插件时，如果云函数有特殊设置，应放入package.json中后发布到插件市场，这样就不用再通过说明文档一步一步引导用户去配置云函数定时触发器、内存、URL化路径等。

（2）在Web控制台修改云函数配置后，使用HBuilderX的菜单下载云函数，会在package.json文件内同步修改后的云函数配置。

（3）上传云函数时，如果项目下的package.json内包含云函数配置，会同时进行云函数的配置更新。

（4）package.json只有在云端部署才生效，在本地运行不生效。

9.4.3 在客户端中调用云函数

使用uniCloud云开发后，开发前端代码（H5前端、App、小程序）不需要再执行uni.request联网，而是通过uniCloud.callFunction调用云函数，callFunction请求参数和响应参数说明如表9-5和表9-6所示。

表9-5 callFunction请求参数说明

字段	类型	必填	说明
name	String	是	云函数名称
data	Object	否	客户端需要传递的参数

表9-6 callFunction响应参数说明

字段	类型	说明
result	Object	云函数执行结果
requestId	String	请求序列号，用于错误排查

uniCloud.callFunction调用云函数的示例代码如下。

```
// promise方式
uniCloud.callFunction({
    name: 'test',
    data: { a: 1 }
  })
  .then(res => {});

// callback方式
uniCloud.callFunction({
    name: 'test',
    data: { a: 1 },
    success(){},
    fail(){},
    complete(){}
});
```

9.4.4 在云函数中调用云函数

在云函数中调用云函数的方法和在客户端中调用云函数相同，但在云函数中调用云函数不支持callback的形式。云函数在本地运行时，使用callFunction会调用云端的云函数而不是本地的云函数；连接本地云函数调试时，云函数内的callFunction会调用本地云函数。

在云函数中调用云函数的示例代码如下。

```
let callFunctionResult = await uniCloud.callFunction({
    name: "test",
    data: { a: 1 }
})
```

9.4.5 定时触发函数执行

如果云函数需要定时定期执行，即定时触发，可以使用云函数定时触发器。已配置定时触发器的云函数会在设定的时间点被自动触发，函数的返回结果不会返回给调用方。

在uniCloud Web控制台单击需要添加触发器的云函数右侧的【详情】按钮，即可创建云函数触发器。腾讯云和阿里云的触发器的配置格式有一定区别。

腾讯云的触发器配置如下。

```
//参数是触发器数组，目前仅支持一个触发器，即数组只能填写一个，不可填写多个
//实际填写触发器配置时请务必删除注释
```

```
[
  {
    // name:触发器的名称
    "name": "myTrigger",
    // type:触发器类型，目前仅支持timer（定时触发器）
    "type": "timer",
    // config:触发器配置，在定时触发器下，config格式为cron表达式
    "config": "0 0 2 1 * * *"
  }
]
```

阿里云的触发器配置很简单，代码只有一行。

```
["cron:0 0 * * * *"]
```

cron表达式的说明链接见“资源文件\网址索引.docx”。

温馨提示

使用定时触发器需要注意以下几点。

（1）当前阿里云没有服务空间用量计费，为避免资源浪费，定时触发器频率限制为最高每小时触发一次，要求cron表达式中的秒和分仅支持配置固定的数字，不支持特殊字符（如需提高调用频率，可以发送邮件至service@dcloud.io进行申请）。

（2）阿里云的cron表达式为6位，腾讯云为7位。相比腾讯云，阿里云的cron表达式缺少代表年份的第7位。

（3）定时触发使用的是UTC+8的时间。

（4）除了在Web控制台配置定时触发器，还可以在云函数package.json内配置定时触发器。

通过定时触发可以执行一些跑批任务，目前在阿里云中使用定时触发时可以将云函数最高超时时间设置为600秒（非定时触发时不支持60s以上超时时间），腾讯云目前最大超时时间为60s。

9.4.6 通过URL方式访问云函数

uniCloud为开发者提供了云函数URL化服务，可以通过HTTP URL方式访问云函数。通过HTTP URL方式访问云函数的实现步骤如下。

步骤01 登录uniCloud后台（https://unicloud.dcloud.net.cn），选择需要管理的服务空间。

步骤02 选择页面左侧菜单栏中的【云函数】，进入云函数页面。

步骤03 单击需要配置的云函数的【详情】按钮，在弹出的配置窗口中配置访问路径，设置云函数HTTP访问地址，如图9-11所示。

图9-11　设置云函数HTTP访问地址

配置完云函数HTTP访问地址后，即可通过URL方式访问云函数，两种访问方式如下。

（1）通过https://${云函数URL化域名}/${path}直接访问函数，其中${path}是配置的函数触发路径。访问示例如下。

```
$ curl https://${云函数URL化域名}/${path}
```

（2）直接在浏览器内打开https://${云函数URL化域名}/${path}。

9.5 拓展能力

uniCloud提供了非常多的工具、模块，简化了开发流程，极大地提升了开发效率。本节介绍几种常用的工具。

9.5.1　uni-id用户管理

绝大多数应用从前端到后端都需要开发用户注册、登录、发送短信验证码、密码加密保存、修改密码、token管理等功能。为了避免重复开发，uni-id应需而生。

uni-id为uniCloud开发者提供了简单、统一、可扩展的用户管理能力封装。

以uni_modules（uni_modules是uni-app的插件模块化规范，HBuilderX 3.1.0+版本支持uni_ modules，通常是对一组JS SDK、组件、页面、uniCloud云函数、公共模块等的封装）版本的uni-id插件为例，使用uni-id需要按照以下步骤进行操作。

步骤01 在插件市场导入uni-id公用模块（uni_modules版本），HBuilderX会自动导入依赖的uni-config-center，插件市场uni-id链接见“资源文件\网址索引.docx”。

步骤02 在uni-config-center公用模块下创建uni-id目录，在创建的uni-id目录下再创建config.json文件，配置uni-id所需参数。注意：如果HBuilderX版本低于3.1.8，批量上传云函数及公共模块后需要再单独上传一次uni-id。

步骤03 在cloudfunctions/common下上传uni-id模块。

步骤04 在要使用uni-id的云函数上右击，在弹出的快捷菜单中选择【管理公共模块依赖】命令，添加uni-id到云函数。

步骤05 创建uni-id-users、opendb-verify-codes集合（opendb-verify-codes是验证码表。可以使用示例项目中的db_init.json进行初始化，也可以在Web控制台新建表时选择uni-id-users、opendb-verify-codes表模块）。

uni-id目录下的config.json文件配置示例如下。

```
{
    "passwordSecret": "passwordSecret-demo", //数据库中的password字段是加密存储的，这里的passwordSecret即为加密密码所用的密钥。注意将passwordSecret-demo修改为自己的密钥，使用一个较长的字符串即可
    "tokenSecret": "tokenSecret-demo", //生成token所用的密钥。注意将tokenSecret-demo修改为自己的密钥，使用一个较长的字符串即可
    "tokenExpiresIn": 7200, //全平台token过期时间，未指定过期时间的平台会使用此值
    "tokenExpiresThreshold": 600, //新增于uni-id 1.1.7版本，执行checkToken方法时如果token有效期小于此值，则自动获取新token。注意将新token返回前端保存。如果不配置此参数，则不开启自动获取新token功能
    "bindTokenToDevice": false, //是否将token和设备绑定，设置为true会进行ua校验。uni-id 3.0.12版本前默认值为true，3.0.12及以后版本默认值为false
    "passwordErrorLimit": 6, //密码错误最大重试次数
    "passwordErrorRetryTime": 3600, //密码错误重试次数超限之后的冻结时间
    "autoSetInviteCode": false, //是否在用户注册时自动设置邀请码，默认不自动设置
    "forceInviteCode": false, //是否强制用户注册时必填邀请码，默认值为false（需要注意的是，目前只有短信验证码注册才可以填写邀请码），设置为true时需要在loginBySms时指定type为register来使用注册功能，登录时也要传入type为login
  "removePermissionAndRoleFromToken": false, //新增于uni-id 3.0.0版本，如果配置为false，则自动缓存用户的角色、权限到token中，默认值为false。详细说明见“资源文件\网址索引.docx”中的链接。
    "app-plus": {
        "tokenExpiresIn": 2592000,
        "oauth": {
            //在App端使用微信登录时所用到的appid、appsecret需要在微信开放平台获取
```

```
            "weixin": {
                "appid": "weixin appid",
                "appsecret": "weixin appsecret"
            },
            "apple": { //使用iOS设备登录时需要
                "bundleId": "your bundleId"
            }
        }
    },
    "mp-weixin": {
        "tokenExpiresIn": 259200,
        "oauth": {
            //微信小程序登录所用的appid、appsecret需要在对应的小程序管理控制台获取
            "weixin": {
                "appid": "weixin appid",
                "appsecret": "weixin appsecret"
            }
        }
    },
    "mp-alipay": {
        "tokenExpiresIn": 259200,
        "oauth": {
            //支付宝小程序登录所用的appid、privateKey
            "alipay": {
                "appid": "alipay appid",
                "privateKey": "alipay privateKey", //私钥
                  "keyType": "PKCS8" //私钥类型，如果私钥类型不是PKCS8，需要填写此字
段，否则会出现“error:0D0680A8:asn1 encoding routines:ASN1_CHECK_TLEN:wrong tag”
错误          }
        }
    },
    "service": {
        "sms": {
            "name": "your app name", //应用名称，对应短信模板的name
            "codeExpiresIn": 180, //验证码过期时间，单位为秒，注意一定要是60的整数倍
            "smsKey": "your sms key", //短信密钥ke
            "smsSecret": "your sms secret" //短信密钥secret
        },
        "univerify": {
              "appid": "your appid", //当前应用的appid。使用云函数URL化时，此项必须
配置
          "apiKey": "your apiKey",//apiKey和apiSecret在开发者中心获取，开发者中心
```

```
网址见“资源文件\网址索引.docx”。
            "apiSecret": "your apiSecret"
        }
    }
}
```

温馨提示

passwordSecret与tokenSecret十分重要，请妥善保存。

修改passwordSecret会导致老用户无法使用密码登录，修改tokenSecret会导致所有已经下发的token失效。如果重新导入uni-id，切勿直接覆盖config.json相关配置。

完成以上操作后，uni-id即可使用。其具体使用方法可参考uni-id在插件市场的示例工程（相关链接地址见“资源文件\网址索引.docx”）。

9.5.2 unipay统一支付

unipay为uniCloud开发者提供了简单、易用、统一的支付能力封装，开发者无须研究支付宝、微信等支付平台的后端开发，无须为它们编写不同代码，拿来即用。

uni-app前端已经封装了全端支付api uni.requestPayment，服务端也封装了unipay for uniCloud，开发者可以极快地完成前后一体的支付业务。目前unipay已封装App端（微信和支付宝）、微信小程序、支付宝小程序的支付能力。使用unipay的步骤如下。

步骤01 引入unipay。开发者可以自行选择从插件市场导入或从npm安装，从插件市场导入和从npm安装后的引入方式略有不同，示例如下。

```
//插件市场导入
const unipay = require('unipay')
//npm安装
const unipay = require('@dcloudio/unipay')
```

步骤02 进行初始化操作，返回unipay实例。以微信支付为例，代码如下。

```
const unipayIns = unipay.initWeixin({
  appId: 'your appId',
  mchId: 'your mchId',
  key: 'you parterner key',
  pfx: fs.readFileSync('/path/to/your/pfxfile'), //p12文件路径，使用微信退款时需要
})
```

9.5.3 发送短信

HBuilderX自2.8.1版本起，uniCloud内置了短信发送API，为开发者提供了更方便、更便宜的短信发送方式。

该服务类似于小程序的模板消息，不是所有文字内容都可以编辑，而是在一个固定模板格式的文字里自定义某些字段。

使用本服务需要在DCloud开发者中心（相关链接见“资源文件\网址索引.docx”）中开通短信服务并充值。因短信服务涉及费用，为保障安全，该功能应在云函数中调用，而不是在前端调用。云函数API名称为uniCloud.sendSms，其参数结构体为json格式，相关参数如表9-7所示。

表9-7 uniCloud.sendSms参数说明

参数名	类型	必填	说明
smsKey	String	是	调用短信接口的密钥key，从dev.dcloud.net.cn/uniSms后台获取
smsSecret	String	是	调用短信接口的密钥secret，从dev.dcloud.net.cn/uniSms后台获取
phone	String	是	发送目标手机号，目前仅支持中国大陆的手机号，不能填写多个手机号
templateId	String	是	模板ID，短信内容为固定模板
data	Object	是	模板中的各个变量字段，data为json格式

uniCloud.sendSms调用示例代码如下。

```
'use strict';
exports.main = async (event, context) => {
  try {
    const res = await uniCloud.sendSms({
      smsKey: '****************',
      smsSecret: '****************',
      phone: '188********',
      templateId: 'uniID_code',
      data: {
        name: 'DCloud',
        code: '123456',
        action: '注册',
        expMinute: '3',
      }
    })
```

```
    //调用成功，请注意此时不代表短信发送成功
    return res
  } catch(err) {
    //调用失败
    console.log(err.errCode)
    console.log(err.errMsg)
    return {
      code: err.errCode,
      msg: err.errMsg
    }
  }
};
```

本示例使用的模板如下。

```
【uniID】"${name}"验证码：${code}，${expMinute}分钟内有效，请不要泄露并尽快验证。
```

本示例发送的短信在手机上将显示为如下内容。

```
【uniID】"DCloud"验证码：123456，3分钟内有效，请不要泄露并尽快验证。
```

温馨提示

使用uniCloud.sendSms发送短信需要注意以下几点。

（1）data内如果有测试、test等字样，系统可能会被判定为测试用途，不会真正把短信下发到对应的手机（此行为由运营商控制，可能发送，也可能不发送）。

（2）在DCloud开发者中心绑定uniCloud服务空间后，将只允许绑定的服务空间调用uniCloud.sendSms接口，绑定列表为空时表示不限制服务空间。

（3）短信内容不可包含★、※、→、●等特殊符号，否则可能会导致短信显示为乱码。

（4）如果是用于用户注册的短信验证码，推荐使用uni-id，uni-id是一套云端一体的、完善的用户管理方案，已经内置封装好的短信验证码功能。

（5）如果需要图形验证码来防止机刷，可以使用uni-captcha图形验证码。云端一体登录模板中已经集成了uni-id、uni-captcha（相关链接见“资源文件\网址索引.docx”）。

（6）Android手机在App端获取短信验证码的使用教程参考链接见“资源文件\网址索引.docx”。

（7）内容超过70个字符时短信为长短信，需分多条发送，每67个字符按一条短信计算。

（8）如果本地运行提示不支持的模板ID，请将HBuilderX更新到2.9.9+版本。

9.6 前端网页托管

DCloud为开发者提供了uni发布平台，包括网站发布、App发布和统一门户页面。前端网页托管是网站发布环节的产品。

9.6.1 简介

前端网页托管基于uniCloud，为开发者的HTML网页提供更快速、更安全、更省心、更便宜的网站发布服务。其优势如下。

（1）更快速：不使用Web Server服务，页面和资源直接使用CDN，可以实现就近访问，访问速度更快。

（2）更安全：前端网页托管不存在传统服务器的各种操作系统、Web Server的漏洞，可以避免DDoS（Distributed Denial of Service，分布式拒绝服务）攻击。

（3）更省心：前端网页托管无须再购买虚拟机、安装操作系统、配置Web服务器、处理负载均衡、处理大并发、处理DDoS攻击等，只需上传编写的页面文件即可。

（4）更便宜：uniCloud由DCloud联合阿里云和腾讯云推出，其中阿里云版本完全免费。

9.6.2 基础配置

基础配置包括：域名配置、路由规则配置、缓存配置、防盗链配置、IP黑白名单配置、IP访问限频配置。其中域名配置、路由规则配置中的网站首页和404页面，是阿里云和腾讯云均支持的，其他配置仅腾讯云支持。

1. 域名配置

前端网页托管自带一个测试域名，可快速体验前端网页部署的完整流程，但该域名有以下限制。

（1）阿里云每分钟最多发送60次网络请求。

（2）腾讯云网络请求限速100KB/s。

若要将业务上线商用，应配置自己的正式域名。配置自己的正式域名后，将不受上述测试域名限制（尤其注意阿里云测试域名是公共的，任何一个服务空间如果因上传恶意文件被投诉，会导致测试域名被微信内置浏览器整体禁封）。

前端网页托管配置正式域名的步骤如下。

步骤01 登录uniCloud控制台（https://unicloud.dcloud.net.cn）。

步骤02 进入前端网页托管页面，选择【基础设置】，单击【添加域名】按钮，添加自定义域名，如图9-12所示。

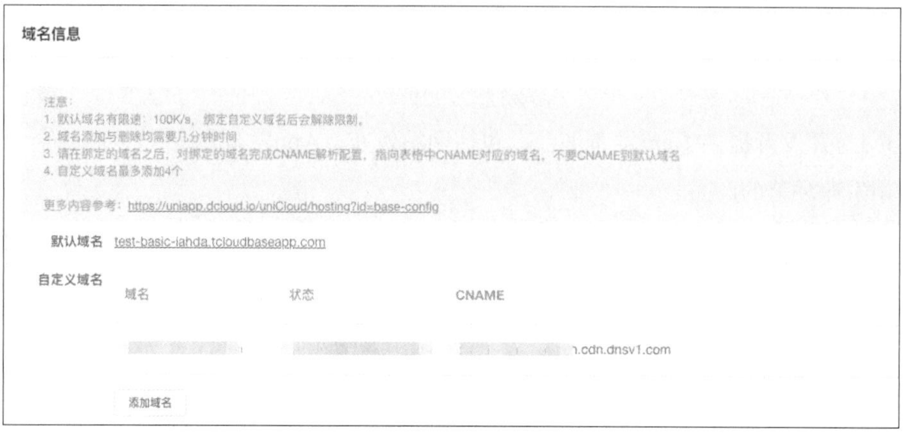

图9-12　添加自定义域名

步骤03　添加自定义域名后，系统会自动分配一个CNAME域名。CNAME域名不能直接访问，需要在域名服务提供商处完成CNAME配置（将添加的域名CNAME配置到此域名），配置生效后，新域名即可使用。

2. 路由规则配置

路由规则配置包括设置网站首页文档名、访问静态网站出错后返回的404页面和重定向。其中，重定向的规则支持以下3种组合配置。

（1）类型为错误码，规则为替换路径。将特定错误码的请求重定向到目标文档，仅支持4xx错误码。

例如，将404错误码重定向至index.html（uni-app项目使用history模式发行到H5端时可以使用此配置）。

（2）类型为前缀匹配，规则为替换路径。将匹配到特定前缀的请求重定向到目标文档。

例如，删除images/文件夹（删除具有前缀images/的所有对象）后，可以添加重定向规则，将具有前缀images/的任何对象的请求重定向至test.html页面。

（3）类型为前缀匹配，规则为替换前缀。将匹配到特定前缀的请求中的前缀替换为替换内容。

例如，当将文件夹从docs/重命名为documents/后，用户访问docs/文件夹时会产生错误，可以将前缀docs/的请求重定向至documents/文件夹。

3. 缓存配置

网页的缓存可以根据文件类型、文件夹和全路径文件进行针对性的缓存，3种缓存方式的说明如下。

（1）文件类型：根据填入的文件扩展名进行缓存过期时间设置，格式为.jpg，不同扩展名之间用“；”分隔。

（2）文件夹：根据填入的目录路径进行缓存过期时间设置，格式为/test，无须以“/”结尾，不同目录之间用“；”分隔。

（3）全路径文件：指定完整的文件路径进行缓存过期时间设置，格式为/index.html，支持完整路径加文件类型匹配模式，如/test/*.jpg。

温馨提示

缓存配置需要注意以下几点。

（1）缓存过期规则最多可配置10条。

（2）多条缓存过期规则之间的优先级为底部优先。

（3）缓存过期时间最多可设置为365天。

4. 防盗链配置

防盗链支持域名/IP规则，匹配方式为前缀匹配（仅支持使用路径访问的情况下，域名的前缀匹配无效），即假设配置名单为www.abc.com，则www.abc.com/123匹配，www.abc.com.cn不匹配；假设配置名单为127.0.0.1，则127.0.0.1/123匹配。防盗链支持通配符匹配，即假设名单为*.qq.com，则www.qq.com、a.qq.com均匹配。

防盗链referer黑名单、白名单规则如下。

（1）referer黑名单规则。

①若请求的referer字段与黑名单内设置的内容匹配，则CDN节点拒绝返回该请求信息，直接返回403状态码。

②若请求的referer与黑名单内设置的内容不匹配，则CDN节点正常返回请求信息。

③当勾选包含空referer的选项时，若请求referer字段为空或无referer字段（如浏览器请求），则CDN节点拒绝返回该请求信息，返回403状态码。

（2）referer白名单规则。

①若请求的referer字段与白名单内设置的内容匹配，则CDN节点正常返回请求信息。

②若请求的referer字段与白名单内设置的内容不匹配，则CDN节点拒绝返回该请求信息，直接返回403状态码。

③当设置白名单时，CDN节点只能返回符合白名单内字符串内容的请求。

④当勾选包含空referer的选项时，若请求referer字段为空或无referer字段（如浏览器请求），则CDN正常返回请求信息。

5. IP黑白名单配置

IP黑白名单可用于限制指定的IP地址访问网页。当用户端IP匹配黑名单中的IP或IP段、不匹配白名单中的IP或IP段时，访问CDN节点时将直接返回403状态码。

IP黑白名单配置还需要注意以下条件。

（1）IP黑名单与IP白名单只能配置一个，不可同时配置。

（2）IP段仅支持/8、/16、/24网段，不支持其他网段。

（3）不支持端口形式的IP黑白名单。

（4）名单最多可输入50个字符。

6. IP访问限频配置

配置开启后，超出QPS（Queries Per Second，每秒查询率）限制的请求会直接返回514状态码。设置较低频次限制可能会影响有高频请求需求用户的使用，需根据业务情况、使用场景合理地设置阈值。

限频仅针对单IP单节点访问次数进行约束。若用户通过海量IP针对性地进行全网节点攻击，则通过此功能无法进行有效约束。

9.6.3 使用前端网页托管部署网站

把开发者的前端网页上传到uniCloud的前端网页托管服务的文件管理中，即可成功部署网站。目前有两种上传文件的操作方式。

（1）通过uniCloud控制台在Web界面上传。上传时，可以按文件上传，也可以按文件夹上传，如图9-13所示。如果按文件夹上传，可以选择上传后的目录是否包含上传文件夹的根目录。

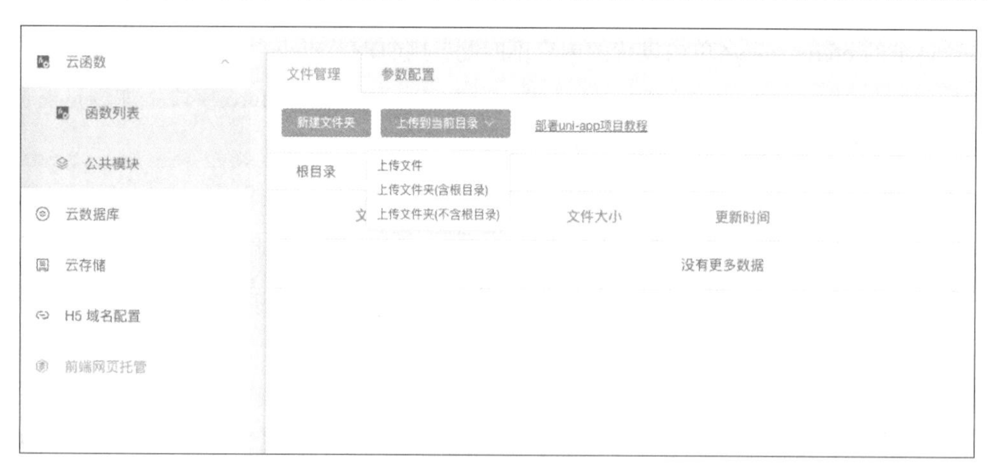

图9-13　上传文件

（2）通过HBuilderX工具上传。在HBuilderX菜单中单击【发行】，在弹出的窗口中选择【上传网站到服务器】选项。

HBuilderX自2.8+版本起，支持在HBuilderX中直接上传前端网页到uniCloud中。

对于uni-app项目，可以先编译为H5，然后直接把编译后的H5上传到服务器。如图9-14所示。

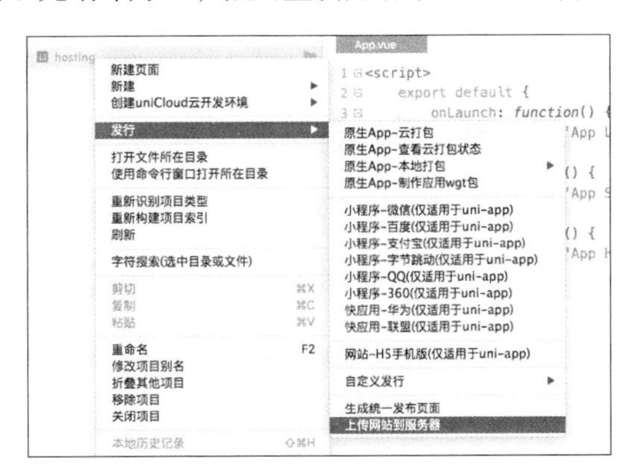

图9-14　uni-app项目上传H5到服务器

对于非uni-app项目，可以自己选择要上传的目录，目录包含HTML、JS、CSS、图片等静态前端文件资源，如图9-15所示。

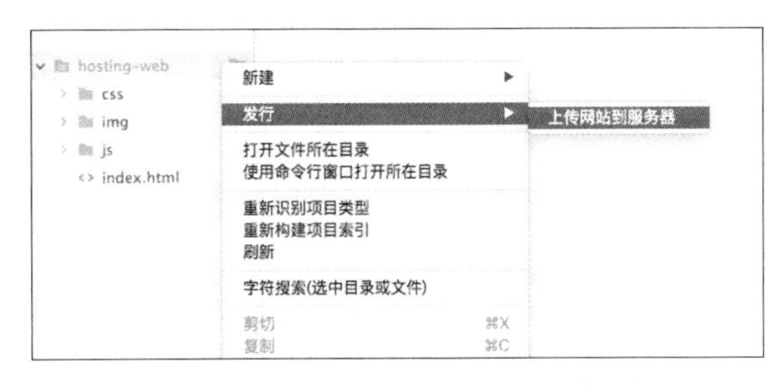

图9-15　非uni-app项目上传网站到服务器

温馨提示

使用前端网页托管部署网站需要注意以下几点。

（1）前端网页托管适用于uni-app的H5页面发布。前端网页托管搭配uniCloud云开发之后，将不需要再租用传统的服务器。

（2）前端网页托管适用于所有前后端分离的网站中的前端页面发布，包括PC网页。

（3）前端网页托管仅支持HTML、CSS、JavaScript、字体、图片、音视频、json等文件，不支持PHP、Java、Python、Ruby、Go、C++等其他额外需要语言解释器解释的语言文件。

（4）如果开发者需要做a/b test或灰度新功能，需要自己在JS里编写代码实现，不能通过路由到不同服务器实现。

（5）uni-app项目编译为H5时，需在项目的manifest中配置二级目录。上传时无须重复设置二级目录。

（6）一个前端网页托管的空间中可以上传多个网站，用不同目录区分开，访问时使用同一个域名后加不同目录的方式访问。不支持每个目录单独设置不同域名。

（7）部署到不同服务空间的前端网页托管内的网站是可以访问同一个服务空间内的云函数的，只需要在部署云函数的服务空间的跨域配置内添加部署前端页面的域名即可。

新手问答

NO1：在H5中使用uniCloud时如何处理跨域问题？

答： H5前端JS访问云函数涉及跨域问题，导致前端JS无法连接云函数的服务器，处理方式如下。

uniCloud项目运行到H5端时，使用HBuilderX内置浏览器，可以忽略跨域问题（Mac版需2.5.10以上系统）。

uniCloud项目发行到H5端时，需要在uniCloud后台操作，绑定安全域名（在部署云函数的服务空间配置部署H5的域名作为安全域名），否则会因为跨域问题而无法访问。在uniCloud后台配置安全域名如图9-16所示（在cloudfunctions目录上右击可打开uniCloud后台）。

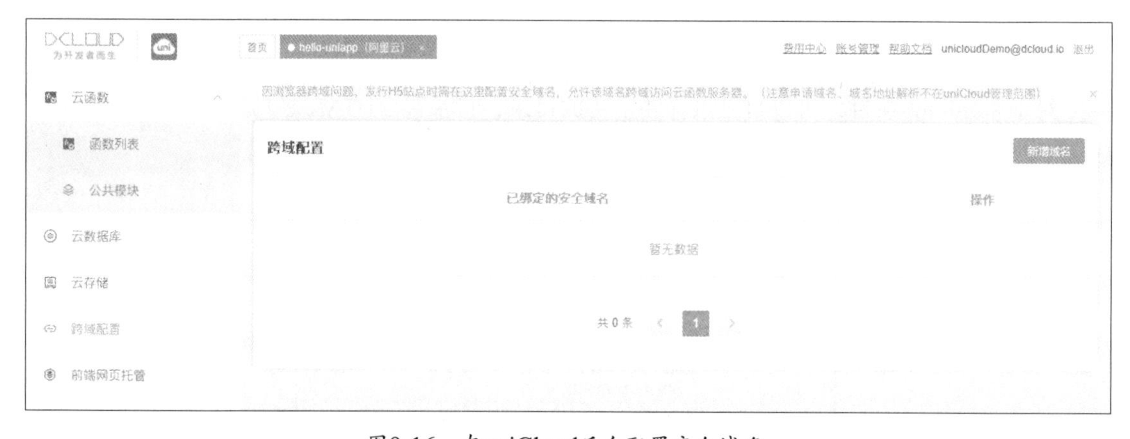

图9-16　在uniCloud后台配置安全域名

温馨提示

跨域配置需要添加端口信息。例如，前端页面运行于www.xxx.com:5001，跨域配置内配置www.xxx.com不会对此页面生效，需要配置为www.xxx.com:5001。

目前阿里云跨域配置不对云存储及前端网页托管生效，表现为云存储中图片绘制到canvas会污染画布，前端网页托管的网页不可在iframe中使用。

如果运行uniCloud项目时想使用外部浏览器运行，可使用以下两种方式。

（1）在uniCloud Web控制台绑定测试期的地址为安全域名，如配置localhost:8080、192.168.0.1:8080（建议直接使用内置浏览器测试）。

（2）在外部浏览器安装跨域插件，相关文档链接见“资源文件\网址索引.docx”。

NO2：uniCloud和微信小程序云开发、支付宝小程序云开发有何区别？

答： 微信、支付宝、百度小程序均提供了云开发服务，但都仅支持自家小程序，无法在其他端使用。

uniCloud和微信小程序云开发、支付宝小程序云开发使用相同的基础建设平台，微信小程序云开发的团队是腾讯云的TCB团队，支付宝小程序云开发的团队是阿里小程序云团队。uniCloud是DCloud和阿里小程序云团队、腾讯云的TCB团队直接展开深层次合作，在微信和支付宝小程序云开发底层资源的基础上进行二次封装，提供的跨端云开发方案。

简单来说，uniCloud和微信小程序云开发、支付宝小程序云开发一样稳定，但有更多优势。

（1）跨平台。在uniCloud中不管选择阿里还是腾讯的serverless，均可以全端使用。不论是PC端、H5端、Android端、iOS端，还是各家小程序快应用，十几个平台都支持。

（2）uniCloud提供clientDB“神器”，可以减少90%的服务器开发工作量，且可以保障数据安全。

（3）uniCloud提供uni-id、unipay等重要框架，大幅减少了开发者的开发工作。

（4）uniCloud提供uniCloud admin，管理端开发工作量大幅减少。

（5）uniCloud提供schema2code，只需编制数据库schema文件即可，用户端和管理端的数据列表、分页、搜索、详情查看、修改、删除全套代码均可自动生成。

（6）更易学。uniCloud提供JQL查询语法，比SQL和MongoDB的查询语法更简单、易掌握，尤其是联表查询非常简单。

（7）工具链更完善。前端uni-app、云端uniCloud和IDE端的HBuilderX互相紧密搭配，打造了闭环的优秀开发体验。

（8）生态更丰富。插件市场中有大量实用的插件和资源。

NO3：在uniCloud中如何使用formdata？

答： node.js本身不支持formdata，但是可以通过手动拼装formdata的方式使用。

手动拼装formdata结合uniCloud.httpclient.request方法使用的示例代码如下。

```
const FormData = require('form-data');
let form = new FormData();
form.append('my_field', 'my value');
form.append('my_buffer', new Buffer(10));

form.append('img', new Buffer(10), {
  filename: `${Date.now()}.png`,
  contentType: 'image/png'
})

uniCloud.httpclient.request('https://example.com',{
  content: form.getBuffer(),
  headers: form.getHeaders()
})
```

新手实训：使用uni-id实现手机、支付宝和微信登录功能

【实训说明】

大部分应用需要用户登录功能，uni-id为开发者提供了登录相关的封装。接下来将通过一个实训介绍使用uni-id实现常用的登录功能，主要步骤如下。

（1）创建uniCloud项目。

（2）引入uni-id插件。

（3）uni-id参数配置。

（4）创建uni-id-users集合。

（5）编写登录页面。

（6）创建登录云函数。

（7）实现登录功能。

实现方法

步骤01 在HBuildeX中创建一个名为“LoginDemo”的uni-app项目，选择【默认模板】，选中【启用uniCloud】复选框，如图9-17所示。

图9-17　创建uniCloud项目

步骤02 项目创建完成后，需要引入uni-id插件。从插件市场导入uni-id公用模块uni_modules版本。uni-id插件的下载地址见“资源文件\网址索引.docx”。

步骤03 插件引入成功后，HBuilderX会自动导入依赖的uni-config-center插件，在cloudfunctions/common/uni-id目录下创建config.json文件，配置uni-id所需参数，如图9-18所示。

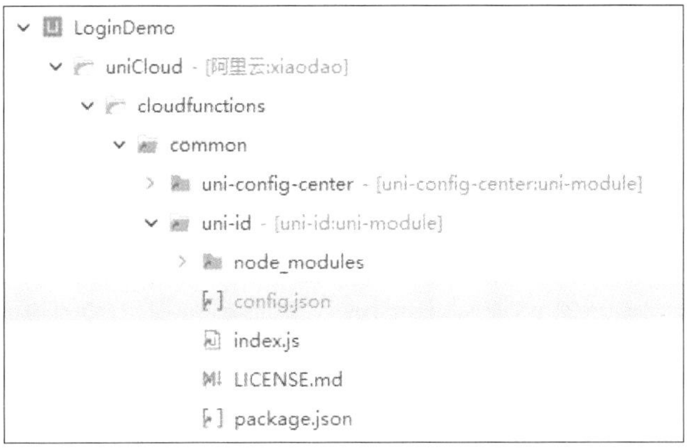

```
LoginDemo
  uniCloud - [阿里云:xiaodao]
    cloudfunctions
      common
        uni-config-center - [uni-config-center:uni-module]
        uni-id - [uni-id:uni-module]
          node_modules
          config.json
          index.js
          LICENSE.md
          package.json
```

图9-18　创建config.json文件

config.json配置文件代码如下：

```
{
    "passwordSecret": "passwordSecret-demo",
    "tokenSecret": "tokenSecret-demo",
    "tokenExpiresIn": 7200,
    "tokenExpiresThreshold": 600,
    "bindTokenToDevice": false,
    "passwordErrorLimit": 6,
    "passwordErrorRetryTime": 3600,
    "autoSetInviteCode": false,
    "forceInviteCode": false,
  "removePermissionAndRoleFromToken": false,
    "app-plus": {
        "tokenExpiresIn": 2592000,
        "oauth": {
            "weixin": {
                "appid": "weixin appid",
                "appsecret": "weixin appsecret"
            }
        }
    },
    "mp-weixin": {
        "tokenExpiresIn": 259200,
        "oauth": {
            "weixin": {
                "appid": "weixin appid",
                "appsecret": "weixin appsecret"
            }
```

```
        }
    },
    "mp-alipay": {
        "tokenExpiresIn": 259200,
        "oauth": {
            "alipay": {
                "appid": "alipay appid",
                "privateKey": "alipay privateKey",
                "keyType": "PKCS8"
            }
        }
    }
}
```

温馨提示

引入uni-id插件，HBuilderX会自动导入依赖的uni-config-center插件。

项目环境搭建好后，需要为该项目选择一个服务空间。

步骤04 在database目录下创建db_init.json文件，如图9-19所示。

图9-19 创建db_init.json文件

步骤05 在db_init.json文件中新增uni-id-users集合，代码如下。

```
{
    "uni-id-users": {}
}
```

步骤06 在database目录上右击，在弹出的快捷菜单中选择【上传所有数据集合Schema及拓展校验函数】命令。

步骤07 在pages/index/index.js中编写登录页面，代码如下。

```
<template>
    <view class="content">
```

```
            <input type="text" v-model="username" placeholder="用户名/邮箱/手机
号" />
            <input type="text" v-model="password" password="true"
placeholder="密码" />
            <button type="default" @tap="login">登录</button>
            <button type="default" @tap="register">注册</button>
            <button type="default" @tap="loginByAlipay">支付宝登录</button>
            <button type="default" @tap="loginByWeixin">微信登录</button>
      </view>
</template>

<script>
      export default {
            data() {
                  return {
                        username: '',
                        password: '',
                  }
            },
            methods: {
                  login() {
                        //TODO
                  },
                  register() {
                        //TODO
                  },
                  loginByAlipay() {
                        //TODO
                  },
                  loginByWeixin() {
                        //TODO
                  }
            }
      }
</script>

<style>
.content {
      padding: 15px;
}

.content input {
```

```
        height: 46px;
        border: solid 1px #DDDDDD;
        border-radius: 5px;
        margin-bottom: 15px;
        padding: 0px 15px;
}

.content button {
        margin-bottom: 15px;
}
</style>
```

步骤08 在cloudfunctions目录上右击，新建一个名为“login”的云函数，在云函数文件中调用uni-id插件实现登录、注册的云函数的编写，代码如下。

```
'use strict';

let uniID = require('uni-id')
exports.main = async (event, context) => {
  uniID = uniID.createInstance({
    context
  })

  let params = event.params || {}
  let res = {}

  switch (event.action) {
    case 'register': {
      const {
        username,
        password
      } = params
      res = await uniID.register({
        username,
        password
      });
      break;
    }
    case 'login': {
      const {
        username,
        password
```

```
      } = params
      res = await uniID.login({
        username,
        password
      });
      break;
    }
    case 'loginByWeixin': {
      const {
        code
      } = params
      res = await uniID.loginByWeixin({
        code
      });
      break;
    }
    case 'loginByAlipay': {
      const {
        code
      } = params
      res = await uniID.loginByAlipay({
        code
      });
      break;
    }
    default:
      res = {
        code: 403,
        msg: '非法访问'
      }
      break;
  }

  //返回数据给客户端
  return res
};
```

步骤09　在cloudfunctions目录上右击，在弹出的快捷菜单中选择【上传所有云函数、公共模块及actions】命令。

步骤10　在pages/index/index.js中实现用户名、密码登录注册功能，代码如下。

```
<script>
```

```
let weixinAuthService
export default {
    data() {
        return {
            username: '',
            password: '',
        }
    },
    onLoad() {
        // #ifdef APP-PLUS
        plus.oauth.getServices((services) => {
            weixinAuthService = services.find((service) => {
                return service.id === 'weixin'
            })
        });
        // #endif
    },
    methods: {
        login() {
            uniCloud.callFunction({
                name: 'login',
                data: {
                    action: 'login',
                    params: {
                        username: this.username,
                        password: this.password
                    }
                },
                success(res) {
                    uni.showModal({
                        showCancel: false,
                        content: JSON.stringify(res.result)
                    })
                },
                fail(e) {
                    console.error(e)
                    uni.showModal({
                        showCancel: false,
                        content: '登录失败，请稍后再试'
                    })
                }
            })
```

```
    },
    register() {
        uniCloud.callFunction({
            name: 'login',
            data: {
                action: 'register',
                params: {
                    username: this.username,
                    password: this.password
                }
            },
            success(res) {
                uni.showModal({
                    showCancel: false,
                    content: JSON.stringify(res.result)
                })
            },
            fail(e) {
                console.error(e)
                uni.showModal({
                    showCancel: false,
                    content: '注册失败，请稍后再试'
                })
            }
        })
    },
    loginByAlipay() {
        this.getAlipayCode().then((code) => {
            return uniCloud.callFunction({
                name: 'login',
                data: {
                    action: 'loginByAlipay',
                    params: {
                        code,
                    }
                }
            })
        }).then((res) => {
            uni.showModal({
                showCancel: false,
                content: JSON.stringify(res.result)
            })
```

```
        }).catch((e) => {
            console.error(e)
            uni.showModal({
                showCancel: false,
                content: '支付宝登录失败，请稍后再试'
            })
        })
    },
    getAlipayCode() {
        return new Promise((resolve, reject) => {
            uni.login({
                provider: 'alipay',
                success(res) {
                    resolve(res.code)
                },
                fail(err) {
                    reject(new Error('支付宝登录失败'))
                }
            })
        })
    },
    loginByWeixin() {
        this.getWeixinCode().then((code) => {
            return uniCloud.callFunction({
                name: 'login',
                data: {
                    action: 'loginByWeixin',
                    params: {
                        code,
                    }
                }
            })
        }).then((res) => {
            uni.showModal({
                showCancel: false,
                content: JSON.stringify(res.result)
            })
        }).catch((e) => {
            console.error(e)
            uni.showModal({
                showCancel: false,
                content: '微信登录失败，请稍后再试'
```

```
                })
            })
        },
        getWeixinCode() {
            return new Promise((resolve, reject) => {
                // #ifdef APP-PLUS
                weixinAuthService.authorize(function(res) {
                    resolve(res.code)
                }, function(err) {
                    console.log(err)
                    reject(new Error('微信登录失败'))
                });
                // #endif
                // #ifdef MP-WEIXIN
                uni.login({
                    provider: 'weixin',
                    success(res) {
                        resolve(res.code)
                    },
                    fail(err) {
                        reject(new Error('微信登录失败'))
                    }
                })
                // #endif
            })
        }
    }
}
</script>
```

步骤11　运行项目到对应的环境，即可实现登录功能（注册后再使用用户名和密码登录）。这里运行到手机，运行效果如图9-20所示。

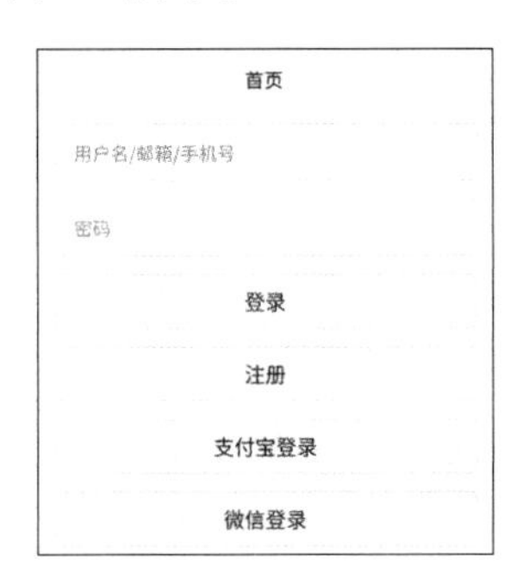

图9-20　运行效果

第三篇

实战篇

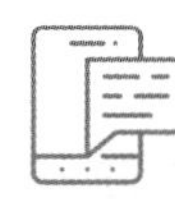

第10章 项目实战：开发一款视频小程序

本章导读

uni-app对微信小程序开发的支持力度极大，可以实现微信小程序的各种功能。使用HBuilderX开发工具进行开发，书写代码的舒适度非常高。使用uni-app开发微信小程序已经成为一种趋势，本章将带领读者一起从零开始开发一款微信视频小程序。

知识要点

通过对本章内容的学习，可以掌握以下知识。

- 注册微信小程序。
- 搭建小程序项目。
- 引入和使用插件。
- 使用轮播组件。
- 实现搜索功能。
- 发布小程序。

10.1 开发前的准备

开发微信小程序之前需要注册好微信小程序账号，进入微信小程序后台获取AppID，对微信小程序开发工具进行配置。

10.1.1 注册微信小程序账号

注册微信小程序账号的步骤如下。

步骤01 打开微信公众平台官网，单击【立即注册】按钮，如图10-1所示。

图10-1 微信公众平台

步骤02 进入注册页面，选择注册的账号类型为【小程序】，如图10-2所示。

图10-2 选择注册账号类型

步骤03 进入信息填写页面，根据要求填写邮箱、密码、验证码，选中【你已阅读并同意《微信公众平台服务协议》及《微信小程序服务条款》】复选框，单击【注册】按钮，如图10-3所示。

请填写未注册过公众平台、开放平台、企业号及未绑定个人号的邮箱。

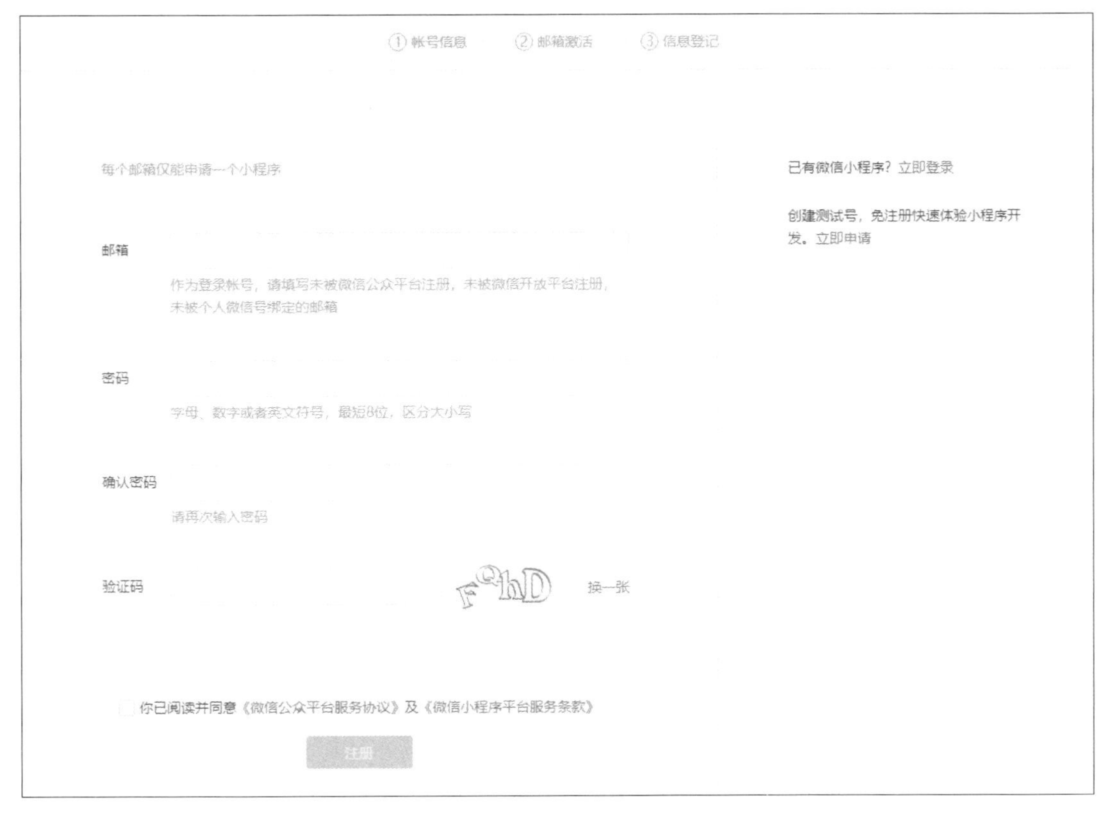

图10-3　信息填写页面

步骤04　单击【注册】按钮后，填写的邮箱会收到验证邮件，登录邮箱，单击验证邮件中的链接激活账号。

步骤05　进入信息登记页面,根据自身情况选择主体类型，完善主体信息和管理员信息。

完成以上步骤后，微信小程序账号即注册成功。

10.1.2　登录微信小程序后台

登录微信小程序后台需要进行以下操作。

1. 完善相关信息

补充微信小程序名称，上传微信小程序头像，填写微信小程序介绍，并根据后续开发的内容选择服务范围。

2. 绑定开发者

登录微信小程序管理平台，单击左侧的【成员管理】菜单进入成员管理页面，新增绑定开发者或体验者（在微信小程序通过审核并正式发布之前，体验者可以先使用该微信小程序）。

3. 获取AppID

在微信小程序管理平台，单击左侧的【开发管理】菜单进入开发管理页面，在打开的页面中依次单击【开发】→【开发设置】获取AppID信息，如图10-4所示。

图10-4　获取AppID

AppID相当于微信小程序的身份证，后续会在很多地方用到AppID（注意，这里要区别服务号或订阅号的AppID）。

10.1.3　下载微信开发者工具

有了微信小程序账号后，还需要一个工具来开发微信小程序。

前往微信开发者工具下载页面，根据操作系统下载对应的安装包进行安装，建议下载稳定版的安装包。

微信开发者工具安装完毕后，双击打开软件，进行登录即可。由于本项目是通过HBuilderX运行微信小程序的，需要在微信开发者工具中依次单击【设置】→【安全设置】菜单，进入安全设置页面，将服务端口开启，如图10-5所示，才可以通过HBuilderX调用工具自动编译微信小程序。

图10-5　开启服务端口

温馨提示

由于本项目是利用HBuilderX启动微信开发者工具的，在开发过程中需要保持微信开发者工具处于打开状态。

注意：微信开发者工具尽量不要同时打开多个。

10.2 创建项目

接下来创建一个uni-app项目，并引入ui插件，步骤如下。

步骤01　打开HBuilderX开发工具，选择【文件】→【新建】→【项目】命令，如图10-6所示。

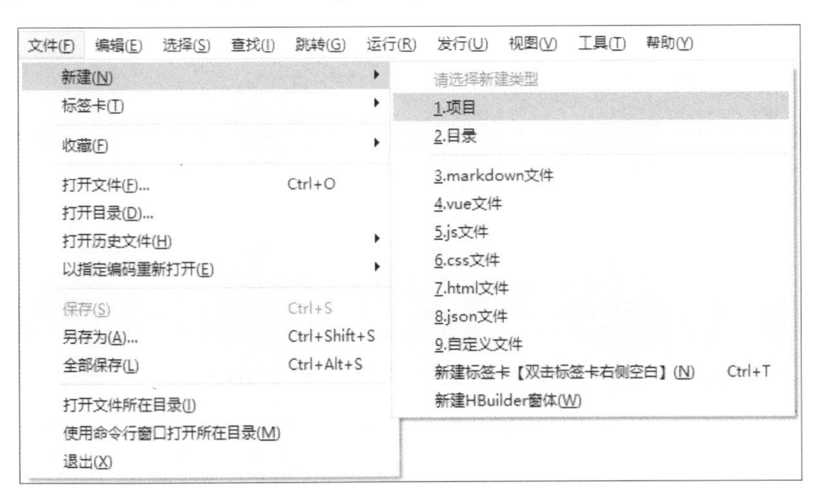

图10-6　新建项目

步骤02　弹出【新建项目】对话框，选择【uni-app】项目类型，输入项目名，选择默认模板，单击【创建】按钮，即可成功创建项目，如图10-7所示。

图10-7　创建项目

步骤03　项目创建成功后，即可在微信开发者工具中运行。如果是第一次使用微信开发者工具运行项目，需要在HBuilderX中配置微信开发者工具的相关路径，才能运行项目。在HBuilderX中选择【工具】→【设置】→【运行配置】菜单，在页面中找到【小程序运行配置】项，在输入框中输入微信开发者工具的安装路径，如图10-8所示。

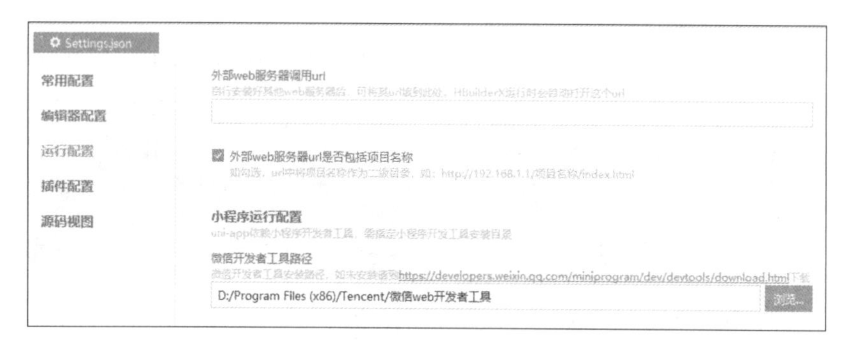

图10-8　配置微信开发者工具的路径

步骤04　进入创建的项目，选择【运行】→【运行到小程序模拟器】→【微信开发者工具】命令，如图10-9所示，即可在微信开发者工具中体验uni-app。

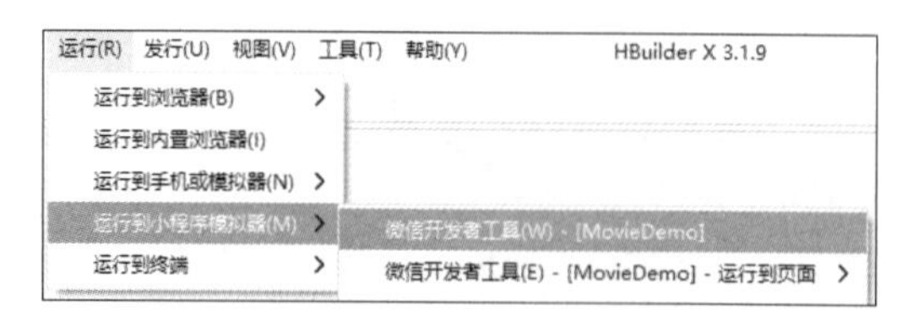

图10-9　运行项目到微信开发者工具

执行上述操作后，项目开始编译，编译完成后将打开微信开发者工具。当看到如图10-10所示的页面时，说明新建项目完成。

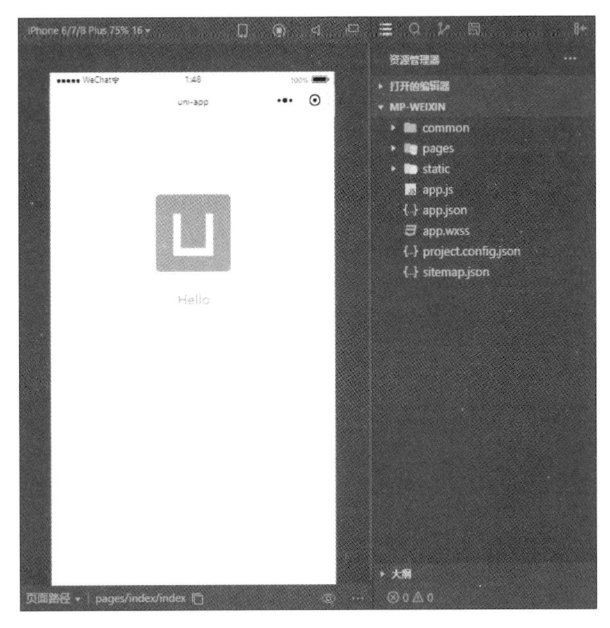

图10-10　微信小程序运行成功示意图

步骤05　运行成功后，需要在微信开发者工具中填写微信小程序的AppID。单击页面右上角的【详情】按钮，单击【APPID】后的【修改】按钮，如图10-11所示。在弹出的输入框中输入从微信小程序后台获取的AppID即可。

图10-11　修改AppID

微信小程序的AppID配置需要在项目的manifest.json文件配置中修改，若采用步骤5所示的方式填写，在HBuilderX中每次运行项目后都会清空微信开发者工具中的项目配置。即所有配置或代码修改都应该在HBuilderX中进行，微信开发者工具只作为项目运行后的预览工具。

步骤06 接下来引入uView UI插件。进入插件市场，找到uView UI插件（链接见“资源文件\网址索引.docx”），单击其右侧的【使用HBuilderX导入插件】按钮，将插件下载到HBuilderX中。

步骤07 下载插件后，复制插件下面的uview-ui到项目根目录中，并在项目根目录的pages.json中配置插件为easycom组件模式，配置代码如下。

```
{
	"easycom": {
		"^u-(.*)": "@/uview-ui/components/u-$1/u-$1.vue"
	},

	//以下内容为项目已有配置
	"pages": [
		// ...
	]
}
```

步骤08 在项目根目录的main.js中引入并使用uView的JS库，代码如下。注意，这两行代码要放在import Vue之后。

```
import uView from "uview-ui";
Vue.use(uView);
```

步骤09 在项目根目录的uni.scss中引入uView的全局SCSS主题文件，引入方式如下。

```
@import 'uview-ui/theme.scss';
```

步骤10 在App.vue中的首行位置引入uView基础样式，注意给style标签加入lang="scss"属性，代码如下。

```
<style lang="scss">
	@import "uview-ui/index.scss";
</style>
```

引入uView UI库后，就可以在微信开发者工具中看到uView UI的显示效果，无须手动刷新。在HBuilderX中添加代码并保存，代码会自动编译，微信开发者工具会自动刷新。

10.3 页面开发

准备工作完成后，接下来进行各页面的开发。这里将页面分为首页、详情页、搜索页和视频播放页。其中，首页用于展示电影信息，详情页用于显示详细的电影介绍，搜索页用于搜索电影，视频播放页用于播放电影。

10.3.1　首页开发

将初始项目创建的页面作为首页进行开发，最终效果如图10-12所示。

图10-12　首页效果

将首页分为3个部分：搜索、轮播图、电影分类列表，其核心代码如下。

```
<template>
    <view>
        <!-- 搜索（使用uView ui提供的搜索组件）-->
        <view class="search-wrap">
            <u-search
                placeholder="搜索电影、电视、综艺等"
                :show-action="false"
                :disabled="true"
                @click="toSearch"
            ></u-search>
        </view>

        <!-- 轮播图（使用uView ui提供的轮播组件）-->
        <view class="swiper-wrap">
            <u-swiper :border-radius="0" :list="list"></u-swiper>
        </view>
        <!-- 电影列表（使用v-for循环添加）-->
          <view class="movie-wrap" v-for="(item, index) in moviesData" :key=
"index">
            <view class="movie-type">{{ item[0].cateName }}</view>
```

```
            <u-row>
                <u-col
                    span="4"
                    v-for="(subItem, subIndex) in item"
                    :key="subIndex"
                    @click="toDetail(subItem)"
                >
                    <view class="movie-item">
                        <image :src="subItem.imgUrl" mode="aspectFill"> </image>
                        <view class="movie-item-title">{{ subItem.title }} </view>
                    </view>
                </u-col>
            </u-row>
        </view>
    </view>
</template>
```

10.3.2 详情页开发

首页开发完成后，接下来进行详情页的开发。在pages目录上右击，在弹出的菜单中选择【新建页面】命令，在弹出的【新建uni-app页面】对话框中输入“detail”作为页面文件名称（默认会勾选【创建同名目录】和【在pages.json中注册】复选框），单击【创建】按钮，如图10-13所示，即可创建详情页。

图10-13　创建详情页

将详情页分为4个部分：电影大图、标题（包括演职人员信息）、剧情介绍、播放资源，其核心代码如下。

```
<template>
    <view class="detail-page">
        <!-- 详情页背景图 -->
        <view class="bg-detail-wrap">
            <view class="bg-detail" :style="{ backgroundImage: 'url(' + imgUrl
+ ')' }"></view>
        </view>
        <scroll-view class="scroll-wrap">
            <!-- 电影大图 -->
            <view class="poster-wrap">
                <image :src="imgUrl" class="poster-img"></image>
            </view>
            <!-- 影片标题及信息 -->
            <view class="movie-title-wrap">
                <view>{{ viewTitle }}</view>
                <view>{{ years }} / {{ area }}</view>
                <view>{{ director }}/{{ actor }}</view>
            </view>
            <!-- 剧情介绍 -->
            <view class="summary-wrap">
                <view class="summary-title">剧情简介:</view>
                <view class="summary-content">
                    <template v-if="showText">
                        {{ desc }}
                        <text
                            v-if="desc !== null && desc.length > 85"
                            class="toggle-text"
                            @click="toggle"
                        >
                            收起
                        </text>
                    </template>
                    <template v-else>
                        <text>{{ desc.substr(0, 85) + '... ' }}</text>
                        <text
                            v-if="desc !== null && desc.length > 85"
                            class="toggle-text"
                            @click="toggle"
                        >
```

```
                            全文
                        </text>
                    </template>
                </view>
            </view>
            <!-- 影片播放资源 -->
            <view class="source-wrap">
                <view class="source-title">播放源:</view>
                  <u-cell-group class="source-content" v-for="(item, index) in sources" :key="index">
                    <u-cell-item
                        class="source-item"
                        :title="item.Name"
                        @click="toSource(item)"
                    ></u-cell-item>
                </u-cell-group>
            </view>
        </scroll-view>
    </view>
</template>
```

详情页编写完成后，运行效果如图10-14所示。

图10-14　详情页运行效果

10.3.3　搜索页开发

首页和详情页开发完成后，接下来进行搜索页的开发。同样在pages目录上右击，在弹出的菜单中选择【新建页面】命令，在弹出的【新建uni-app页面】对话框中输入“search”作为页面文件名称，单击【创建】按钮，即可创建搜索页。

将搜索页分为2个部分：搜索框、搜索结果列表，其核心代码如下。

```
<template>
    <view>
        <!-- 搜索框 -->
        <view class="search-wrap">
            <u-search
                placeholder="搜索电影、电视、综艺等"
                v-model="keyword"
                @search="search"
            ></u-search>
        </view>
        <view class="movie-wrap">
            <!-- 搜索结果列表 -->
            <u-row v-if="moviesData.length">
                <u-col
                    span="4"
                    v-for="(item, index) in moviesData"
                    :key="index"
                    @click="toDetail(item)"
                >
                    <view class="movie-item">
                        <image :src="item.imgUrl" mode="aspectFill"></image>
                        <view class="movie-item-title">{{ item.title }}</view>
                    </view>
                </u-col>
            </u-row>
            <!-- 搜索结果为空时显示 -->
            <view class="empty-wrap" v-else>
                <u-empty></u-empty>
            </view>
        </view>
    </view>
</template>
```

搜索页编写完成后，运行效果如图10-15所示。

图10-15　搜索页运行效果

10.3.4　视频播放页开发

视频播放页的创建方法和前面几个页面相同，这里将视频播放页命名为video。视频资源来源于各大视频平台，因此这里用一个web-view组件加载第三方视频播放页面。相关代码如下。

```
<template>
      <view>
            <web-view :src="videoSrc"></web-view>
      </view>
</template>

<script>
      export default {
            data() {
                  return {
                        videoSrc: ""
                  }
            },
            onLoad(option) {
                  if(option){
                        this.videoSrc = option.videoUrl;
                  }
            }
      }
</script>
```

需要注意，个人类型的小程序不支持web-view组件，提交项目审核时应注意微信等平台是否允许使用web-view组件；同时，src指向的链接需要在小程序管理后台配置域名白名单，才能正常地播放视频。

至此，已完成视频小程序的页面开发。

10.4 小程序发布

微信小程序开发完成后，即可进行发布，步骤如下。

步骤01　选择【发行】→【小程序-微信】选项，在弹出的【微信小程序发行】框中输入微信小程序名和AppID，单击【发行】按钮。

步骤02　编译完成后，HBuilderX会自动打开微信开发者工具。单击微信开发者工具顶部操作栏中的【上传】按钮，填写版本号及项目备注后，单击【上传】按钮（这里填写版本号及项目备注是为了方便管理员检查版本，读者可以根据自己的实际需求填写这两个字段）。

步骤03　提示上传代码成功后，登录微信小程序管理后台，单击【开发管理】→【开发版本】按钮，找到提交上传的版本，单击【提交审核】按钮。

步骤04　项目审核通过后，管理员的微信中会收到微信小程序通过审核的通知，此时登录微信小程序管理后台，单击【开发管理】按钮，找到【审核版本】，在其中可以查看已经通过审核的版本。单击【发布】按钮，即可发布微信小程序。

新手问答

NO1：小程序发布时有哪些注意事项？

答： 上传代码之前，建议使用开发者工具预览小程序，检查小程序在移动客户端上的真实表现，模拟器和真机表现通常有一定的差别。

建议严格测试小程序后再提交审核，多次审核被拒绝，可能会影响后续的审核时间。

建议提交审核之前仔细阅读《微信小程序平台常见拒绝情形》，以免审核被拒绝。

NO2：发布小程序体积过大应如何处理？

答： 小程序对程序包的大小有一定的限制，因此发布项目之前需要对项目进行精简，方法如下。

（1）启用上传代码时自动压缩功能。在项目的manifest.json配置中选择【微信小程序配置】，选中【上传代码时自动压缩】复选框，如图10-16所示。

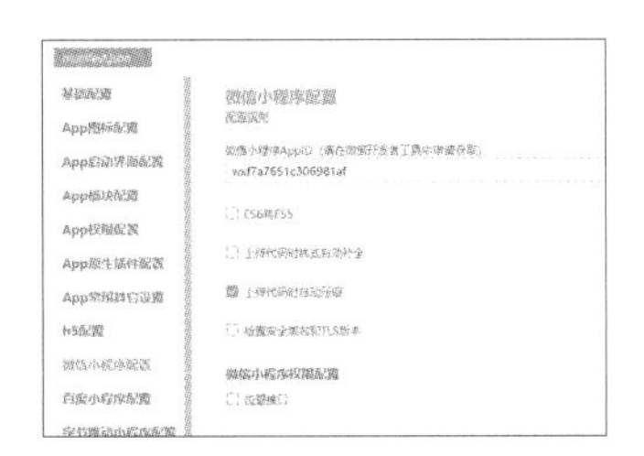

图10-16　启用【上传代码时自动压缩】功能

（2）使用分包优化。

（3）将图片压缩或上传到服务器。

第11章 项目实战：开发一款手机商城App和小程序

本章导读

uni-app实现了一套代码可以同时运行到多个平台。uni-app对于不同平台支持按条件编译和平台特有API调用，同时有着丰富的周边生态，能够实现快速开发。得益于uni-app的不断发展和壮大，现在uni-app已经成为开发多平台的手机应用的首选。

本章将带领读者一起学习使用uni-app从零开始开发一款手机商城App和小程序，了解uni-app的跨平台开发流程。

知识要点

通过对本章内容的学习，可以掌握以下知识。

- 跨端开发的配置。
- 插件的使用。
- 实现上拉刷新、下拉加载功能。
- 实现分享功能。
- 支付组件封装。
- 打包发布项目。
- 自定义调试基座。

11.1 开发前的准备

本项目想要实现的是一套代码能够同时运行在Android、iOS和微信小程序这3个主流平台上，开发前需要分别对这3个平台进行相应的开发配置。

11.1.1　Android配置

在Android平台打包发布APK应用，需要使用数字证书（.keystore文件）进行签名，表明开发者的身份。数字签名证书的生成步骤如下。

步骤01　使用浏览器访问JDK下载网址，进入JDK下载页面，根据情况选择所需版本进行下载安装，这里选择Windows x64版本，如图11-1所示。

Solaris x64 (SVR4 package)	134.68 MB	jdk-8u281-solaris-x64.tar.Z
Solaris x64	92.66 MB	jdk-8u281-solaris-x64.tar.gz
Windows x86	154.69 MB	jdk-8u281-windows-i586.exe
Windows x64	166.97 MB	jdk-8u281-windows-x64.exe

图11-1　下载JDK

步骤02　JDK安装完成之后，在计算机桌面右击“此电脑”（这里以Windows 10操作系统为例），在弹出的快捷菜单中依次选择【属性】→【关于】→【高级系统设置】→【环境变量】，新建一个名为“JAVA_HOME”的环境变量，变量值填写计算机上安装JDK的绝对路径，如图11-2所示。

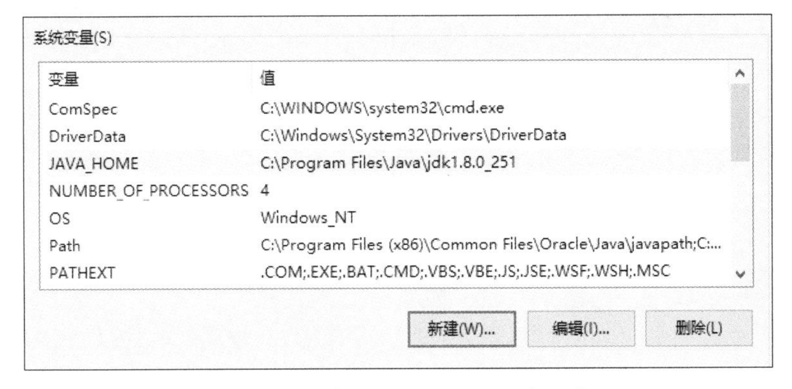

图11-2　新建JAVA_HOME环境变量

步骤03　在Path中新增两条路径，如下所示。

```
%JAVA_HOME%\bin
%JAVA_HOME%\jre\bin
```

步骤04　进入系统命令提示界面，输入“java -version”，出现图11-3所示的界面则说明Java环境配置成功。

```
管理员: C:\WINDOWS\system32\cmd.exe

C:\Users\Administrator>java -version
java version "1.8.0_261"
Java(TM) SE Runtime Environment (build 1.8.0_261-b12)
Java HotSpot(TM) 64-Bit Server VM (build 25.261-b12, mixed mode)

C:\Users\Administrator>
```

图11-3 Java环境配置成功

步骤05 使用keytool -genkey命令生成证书，命令如下。

```
keytool -genkey -alias testalias -keyalg RSA -keysize 2048 -validity 36500
-keystore test.keystore
```

其中，testalias是证书别名，可修改为自己想设置的字符，建议使用英文字母和数字；test.keystore是证书的文件名称，可修改为自己想设置的文件名称，也可以指定完整文件路径。

步骤06 按【Enter】键会有如下提示，根据提示输入信息后，即可生成证书。这里的证书路径为C:\Users\Administrator\test.keystore。

```
Enter keystore password:  //输入证书文件密码，输入完成后按【Enter】键
Re-enter new password:   //再次输入证书文件密码，输入完成后按【Enter】键
What is your first and last name?
  [Unknown]:  //输入名字和姓氏，输入完成后按【Enter】键
What is the name of your organizational unit?
  [Unknown]:  //输入组织单位名称，输入完成后按【Enter】键
What is the name of your organization?
  [Unknown]:  //输入组织名称，输入完成后按【Enter】键
What is the name of your City or Locality?
  [Unknown]:  //输入城市或区域名称，输入完成后按【Enter】键
What is the name of your State or Province?
  [Unknown]:  //输入省/市/自治区名称，输入完成后按【Enter】键
What is the two-letter country code for this unit?
  [Unknown]:  //输入国家/地区代号（两个字母），中国为CN，输入完成后按【Enter】键
Is CN=XX, OU=XX, O=XX, L=XX, ST=XX, C=XX correct?
  [no]:  //确认上面输入的内容是否正确，输入y，按【Enter】键

Enter key password for <testalias>
        (RETURN if same as keystore password):  //确认证书密码与证书文件密码一致
（HBuilder|HBuilderX要求这两个密码一致），直接按【Enter】键即可
```

11.1.2 iOS配置

iOS端的配置需要先申请苹果开发者账号，然后再申请iOS证书（.p12）和描述文件（.mobilepro

vision)，申请步骤如下。

步骤01 访问苹果开发者官网（https://developer.apple.com），注册苹果账号（Apple ID），注册Apple ID需开通双重验证。

步骤02 在App Store上下载Apple Developer App，注册开发者账号，注册需要绑定支付宝或微信，并支付开发者账号年费（99美元/年）。

步骤03 在Apple Developer中填写申请资料，创建App ID。

步骤04 在Mac设备上选择【钥匙串访问】→【证书助理】→【从证书颁发机构请求证书】命令，如图11-4所示。

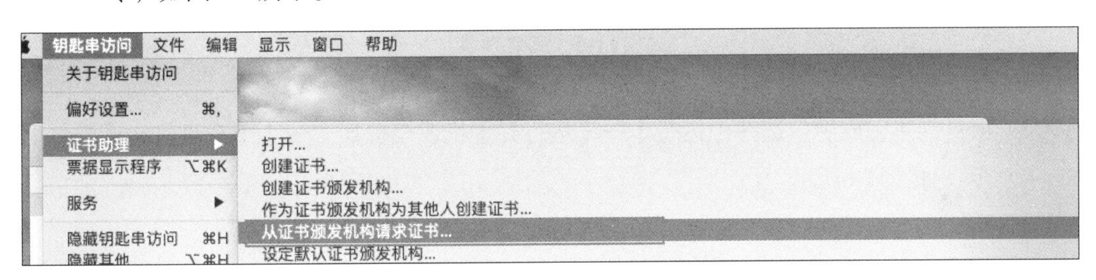

图11-4 生成证书

步骤05 打开创建请求证书页面，在页面中输入用户邮箱地址、常用名称，选择存储到磁盘，单击【继续】按钮，将证书请求文件保存到指定路径下，用于后续申请开发（Development）证书和发布（Production）证书。

步骤06 生成证书后，登录开发者管理后台，在页面左侧选择【Certificates, IDs & Profiles】，进入证书管理页面，分别申请开发（Development）证书和描述文件、发布（Production）证书和描述文件。详细申请流程可参考官网教程，教程网址见“资源文件\网址索引.docx”。

11.1.3 小程序配置

小程序的配置需要注册小程序账号并获取AppID，参考第10章第1节。

11.2 创建项目

接下来创建一个uni-app项目，并引入UI框架和相关插件，步骤如下。

步骤01 打开HBuilderX开发工具，选择【文件】→【新建】→【项目】命令，在弹出的【新建项目】对话框中选择【默认模板】，创建一个名为“ShopDemo”的uni-app项目，如图11-5所示。

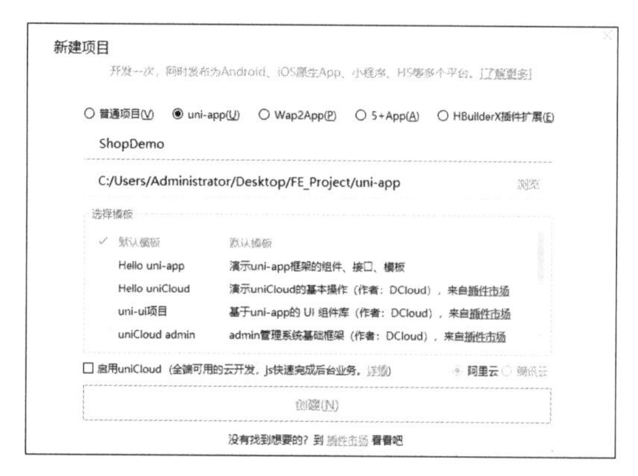

图11-5　创建项目

步骤02　项目创建完成后，选择【运行】→【运行到手机或模拟器】→【下载真机运行插件】命令，如图11-6所示。

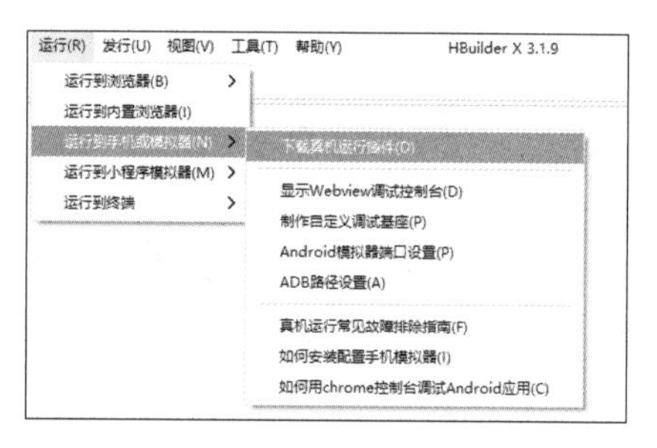

图11-6　下载真机运行插件

步骤03　插件下载并安装完成后，通过USB数据线将手机设备接入电脑，再次选择【运行】→【运行到手机或模拟器】命令，即可看到已经连接的设备，如图11-7所示。在弹出的对话框中，单击【运行】按钮。

图11-7　运行项目到设备

步骤04　选择运行之后，手机上会提示安装HBuilder调试基座，在手机上同意安装即可成功运行。Android手机需要在开发调试窗口点击【同意】，iOS手机需要在【通用】→【描述文件与管理设备】里信任应用。

步骤05　为项目引入uView UI组件，引入步骤参考第10章。

步骤06　引入mescroll插件，用于实现下拉刷新、上拉加载功能。进入插件市场找到mescroll插件（插件下载地址见“资源文件\网址索引.docx”），点击右侧【使用HBuilder X导入插件】

按钮即可。

至此，项目的基础框架已搭建完成。

11.3 页面开发

本节进行页面开发，项目中包含的内容有：底部导航栏，用于快速切换页面；首页，用于展示商品列表；商品详情页面，用于展示详细的商品信息；分类页面，用于显示商品类别；搜索页面，用于搜索商品；购物车页面，用于存放要购买的商品；我的页面，用于展示个人信息；订单页面，用于显示购买的商品。

11.3.1 底部导航栏开发

底部导航栏分为“首页”“分类”“购物车”“我的”4个部分，直接在项目根目录下的pages.json文件中配置tabBar属性即可。相关配置代码如下。

```
"tabBar": {
    "color": "#bfbfbf",
    "selectedColor": "#d81e06",
    "borderStyle": "black",
    "backgroundColor": "#ffffff",
    "list": [
      {
        "pagePath": "pages/index/index",
        "iconPath": "static/tab-home.png",
        "selectedIconPath": "static/tab-home-current.png",
        "text": "首页"
      },
      {
        "pagePath": "pages/category/index",
        "iconPath": "static/tab-category.png",
        "selectedIconPath": "static/tab-category-current.png",
        "text": "分类"
      },
      {
        "pagePath": "pages/cart/index",
        "iconPath": "static/tab-cart.png",
        "selectedIconPath": "static/tab-cart-current.png",
        "text": "购物车"
      },
```

```
        {
          "pagePath": "pages/user/index",
          "iconPath": "static/tab-user.png",
          "selectedIconPath": "static/tab-user-current.png",
          "text": "我的"
        }
      ]
}
```

配置完成后，运行效果如图11-8所示。

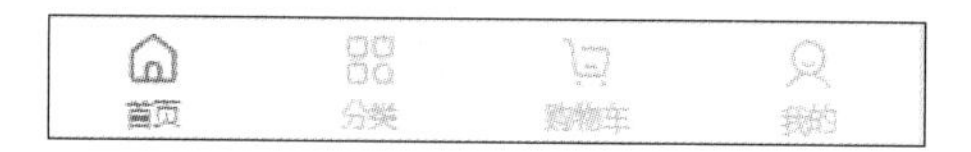

图11-8　底部导航栏运行效果

11.3.2　首页开发

初始项目已经默认创建了一个页面，将该页面作为首页进行开发，最终效果如图11-9所示。

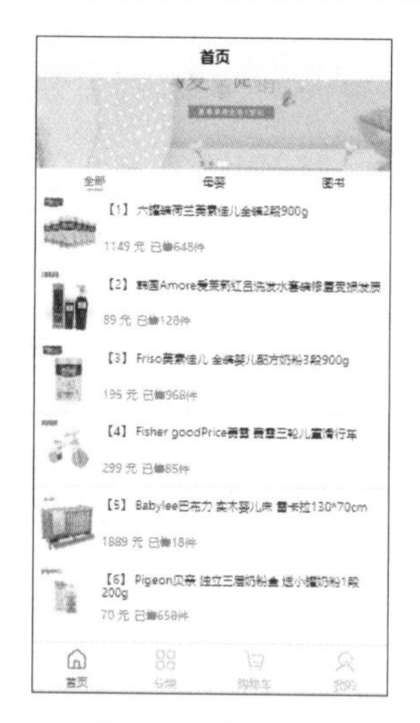

图11-9　首页效果

将首页分为3个部分：轮播图、商品分类导航、商品列表，其核心代码如下。

```
<template>
    <view class="index-page">
        <!-- 使用mescroll组件进行下拉刷新、上拉加载操作 -->
        <mescroll-body
            :sticky="true"
            ref="mescrollRef"
            @init="mescrollInit"
            @down="downCallback"
```

```
            @up="upCallback"
        >
            <u-swiper :list="list"></u-swiper>

            <!-- sticky吸顶悬浮的分类菜单，父元素必须是mescroll -->
            <view class="sticky-tabs">
                    <me-tabs v-model="tabIndex" :tabs="tabs" @change="tab
Change"></me-tabs>
            </view>

            <!-- 商品列表 -->
            <goods-list :list="goods"></goods-list>
        </mescroll-body>
    </view>
</template>
```

其中，goods-list是自定义的组件，其代码如下。

```
<!-- 商品列表组件 <good-list :list="xx"></good-list> -->
<template>
    <view class="good-list">
        <view
            :id="'good' + good.id"
            class="good-li"
            v-for="good in list"
            :key="good.id"
            @click="toGoodsPage"
        >
            <image class="good-img" :src="good.goodImg" mode="widthFix" />
            <view class="flex-item">
                <view class="good-name">{{ good.goodName }}</view>
                <text class="good-price">{{ good.goodPrice }} 元</text>
                <text class="good-sold">已售{{ good.goodSold }}件</text>
            </view>
        </view>
    </view>
</template>
```

11.3.3　商品详情页面开发

在pages目录上右击，在弹出的快捷菜单中选择【新建页面】命令，在弹出的【新建uni-app页面】对话框中输入页面名“goods”，单击【创建】按钮，即可创建页面。商品详情页最终运行效果如图11-10所示。

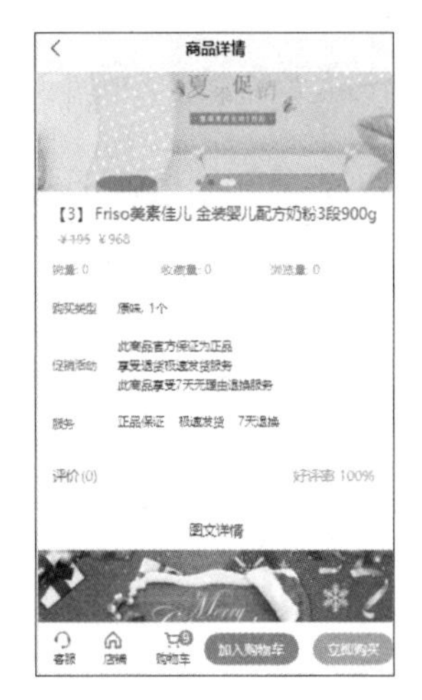

图11-10　商品详情页运行效果

将商品详情页分为7个部分：轮播图、商品信息、促销活动、服务类型、评价、图文详情、底部工具栏，其核心代码如下。

```
<template>
    <view class="goods-detail">
        <!-- 轮播组件 -->
        <u-swiper :border-radius="0" :list="imgList"></u-swiper>
        <!-- 商品信息 -->
        <view class="introduce-section">
            <text class="title">{{ goodsData.goodName }}</text>
            <view class="price-box">
                <span class="m-price"> ¥{{ goodsData.goodPrice }}</span>
                <span class="price"> ¥{{ goodsData.goodSold }}</span>
            </view>
            <view class="bot-row">
                <text>销量: {{ goodsData.saleNum || 0 }}</text>
                <text>收藏量: {{ goodsData.collectNum || 0 }}</text>
                <text>浏览量: {{ goodsData.lookNum || 0 }}</text>
            </view>
        </view>
        <view class="c-list">
            <!-- 购买类型 -->
            <view class="c-row b-b" @click="toggleSpec">
                <text class="tit">购买类型</text>
                <view class="con"></view>
                <text class="yticon icon-you"></text>
```

```
        </view>
        <!-- 促销活动 -->
        <view class="c-row b-b">
            <text class="tit">促销活动</text>
            <view class="con-list"></view>
        </view>
        <!-- 支持服务 -->
        <view class="c-row b-b">
            <text class="tit">服务</text>
            <view class="bz-list con"></view>
        </view>
    </view>
    <!-- 图文详情 -->
    <div class="detail-desc">
        <view class="d-header"><text>图文详情</text></view>
        <!— 展示所有商品图片 -->
        <view v-for="(item, index) in imgList" :key="index">
            <u-image width="100%" height="300rpx" :src="item"></u-image>
        </view>
    </div>
    <!-- 底部操作栏 -->
    <view class="navigation">
        <view class="left">
            <view class="item">
                <u-icon
                    name="server-fill"
                    :size="40"
                    :color="$u.color['contentColor']"
                ></u-icon>
                <view class="text u-line-1">客服</view>
            </view>
            <view class="item">
                <u-icon name="home" :size="40" :color="$u.color['content
Color']"></u-icon>
                <view class="text u-line-1">店铺</view>
            </view>
            <view class="item car">
                 <u-badge class="car-num" :count="9" type="error" :offset="
[-3, -6]"></u-badge>
                <u-icon
                    name="shopping-cart"
                    :size="40"
```

```
                        :color="$u.color['contentColor']"
                    ></u-icon>
                    <view class="text u-line-1">购物车</view>
                </view>
            </view>
            <view class="right">
                <view class="cart btn u-line-1">加入购物车</view>
                  <view class="buy btn u-line-1" @click="toggleSpec">立即购买</
view>
            </view>
        </view>
    </view>
</template>
```

11.3.4 分类页面开发

创建一个名为“category”的分类页面，使其能够随着页面的上下滚动进行类别切换，最终运行效果如图11-11所示。

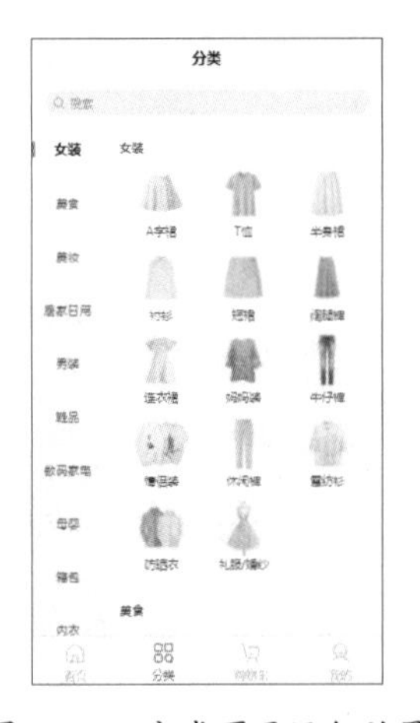

图11-11 分类页面运行效果

将分类页面分为3部分：顶部搜索栏，左侧的大分类列表，右侧的小类别列表。这里使用uView提供的模板页面进行改造，核心代码如下。

```
<template>
    <view class="u-wrap">
        <!-- 搜索 -->
        <view class="u-search-box">
            <view class="u-search-inner" @click="toSearchPage">
                <u-icon name="search" color="#909399" :size="28"></u-icon>
```

```
            <text class="u-search-text">搜索</text>
        </view>
    </view>
    <view class="u-menu-wrap">
        <!-- 左侧大分类 -->
        <scroll-view
            scroll-y
            scroll-with-animation
            class="u-tab-view menu-scroll-view"
            :scroll-top="scrollTop"
            :scroll-into-view="itemId"
        >
            <view
                v-for="(item, index) in tabbar"
                :key="index"
                class="u-tab-item"
                :class="[current == index ? 'u-tab-item-active' : '']"
                @tap.stop="swichMenu(index)"
            >
                <text class="u-line-1">{{ item.name }}</text>
            </view>
        </scroll-view>
        <!-- 右侧小类别 -->
        <scroll-view
            :scroll-top="scrollRightTop"
            scroll-y
            scroll-with-animation
            class="right-box"
            @scroll="rightScroll"
        >
            <view class="page-view">
                <view
                    class="class-item"
                    :id="'item' + index"
                    v-for="(item, index) in tabbar"
                    :key="index"
                >
                    <view class="item-title">
                        <text>{{ item.name }}</text>
                    </view>
                    <view class="item-container">
                        <view
```

```
                                class="thumb-box"
                                v-for="(item1, index1) in item.foods"
                                :key="index1"
                            >
                                <image class="item-menu-image" :src="item1.
icon" mode=""></image>
                                <view class="item-menu-name">{{ item1.name }}</
view>
                            </view>
                        </view>
                    </view>
                </view>
            </scroll-view>
        </view>
    </view>
</template>
```

11.3.5 搜索页面开发

创建一个名为“search”的搜索页面，该页面需支持搜索热词，最终运行效果如图11-12所示。

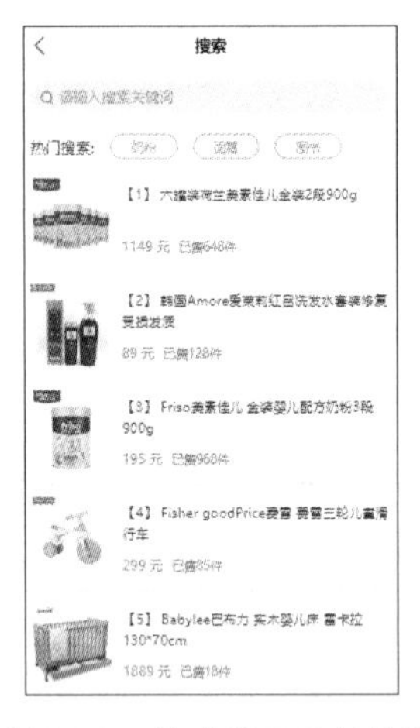

图11-12　搜索页面运行效果

将搜索页面分为3部分：搜索栏、热门搜索、商品列表。这里使用mescroll提供的搜索模板页面进行改造，核心代码如下。

```
<template>
    <mescroll-body
        ref="mescrollRef"
        @init="mescrollInit"
        @down="downCallback"
```

```
        :up="upOption"
        @up="upCallback"
    >
        <view class="item">
            <u-search
                :animation="true"
                placeholder="请输入搜索关键词"
                v-model="curWord"
                @input="inputWord"
            ></u-search>
        </view>
        <view class="item">
            <text class="tip">热门搜索:</text>
            <text class="hot-word" @click="doSearch('奶粉')">奶粉</text>
            <text class="hot-word" @click="doSearch('面霜')">面霜</text>
            <text class="hot-word" @click="doSearch('图书')">图书</text>
        </view>
        <goods-list :list="goods"></goods-list>
    </mescroll-body>
</template>
```

11.3.6　购物车页面开发

创建一个名为“cart”的购物车页面，该页面需支持单选、多选、滑动删除商品，最终运行效果如图11-13所示。

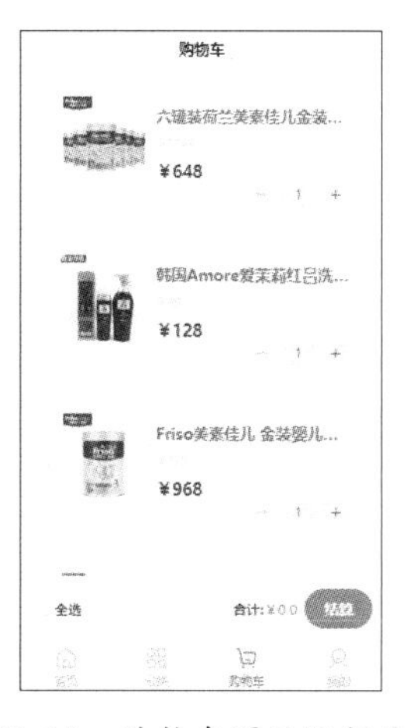

图11-13　购物车页面运行效果

将购物车页面分为2个部分：待支付商品列表和操作栏，其核心代码如下。

```
<template>
    <view class="cart-page">
        <!-- 购物车为空时显示 -->
        <u-empty class="empty" mode="car" :show="!goods_list.length"></u-empty>
        <!-- 待支付商品列表，使用SwipeAction滑动操作组件进行滑动删除 -->
        <u-swipe-action
            :show="item.show"
            :index="index"
            v-for="(item, index) in goods_list"
            :key="item.id"
        >
            <view class="item u-border-bottom">
                <view class="goods-box goods-box-single">
                    <view class="selected-box"></view>
                    <view class="goods-box">
                        <view class="goods-img">
                            <image :src="item.goodImg" mode=""></image>
                        </view>
                        <view class="content">
                            <view class="title">
                                <view class="text-box">{{ item.goodName }}</
view>
                            </view>
                            <view class="info">
                                <span class="big-text">￥{{ item.goodPrice }}</
span>
                            </view>
                            <view class="price">
                                <span class="big-text"> ￥{{ item.goodSold }}</
span>
                            </view>
                            <view class="count">
                                <view>
                                    <u-number-box v-model="item.count"
:min="1"></u-number-box>
                                </view>
                            </view>
                        </view>
                    </view>
                </view>
            </view>
        </u-swipe-action>
```

```
        <!-- 底部操作栏 -->
        <view class="pay-tabbar">
            <view class="left">
                <span>全选</span>
            </view>
            <view class="right">
                <view>
                    合计:
                    <span class="price"> ¥{{ totalPrice }}</span>
                </view>
                <view>
                    <u-button type="error" shape="circle" @click="toPay">结算
</u-button>
                </view>
            </view>
        </view>
    </view>
</template>
```

11.3.7　我的页面开发

创建一个名为“user”的页面作为我的页面，最终运行效果如图11-14所示。

图11-14　我的页面运行效果

将我的页面分为3个部分：头像区域、订单操作区域和其他功能操作区域，其核心代码如下。

```
<template>
    <view class="user">
        <!-- 头部 -->
```

```
        <view class="user-wrap">
            <u-icon class="setting" name="setting" color="#ffffff" size="50"></
u-icon>
            <view class="info">
                <image class="avatar" mode="aspectFill" :src="userInfo.head
Img"></image>
                <view class="nickname">{{ userInfo.nickName }}</view>
            </view>
        </view>

        <!-- 订单状态 -->
        <view class="order-status">
            <view class="status-wrap">
                <!-- 单元格 -->
                <view class="cell">
                    <view class="cell-left">
                        <image
                            class="cell-icon"
                            src="/static/img/user/icon-order.png"
                            mode="aspectFill"
                        ></image>
                        <view class="cell-text">全部订单</view>
                    </view>
                    <u-icon name="arrow-right" color="#666" size="30"></u-icon>
                </view>

                <!-- 订单状态 -->
                <view class="status-list">
                    <view
                        class="status-item"
                        hover-class="btn-hover"
                        v-for="(item, index) in orderStatusList"
                        :key="index"
                    >
                        <u-icon class="item-icon" :name="item.icon" col
or="#666" size="65"></u-icon>
                        <view class="item-text">{{ item.name }}</view>
                    </view>
                </view>
            </view>
        </view>

        <!-- 用户服务 -->
        <view class="com-item">
            <view class="com-wrap">
```

```
                <view class="cell">
                    <view class="cell-left">
                        <image
                            class="cell-icon"
                            src="/static/img/user/icon-about.png"
                            mode="aspectFill"
                        ></image>
                        <view class="cell-text">帮助中心</view>
                    </view>
                    <u-icon name="arrow-right" color="#666" size="30"></u-icon>
                </view>
            </view>
        </view>
    </view>
</template>
```

11.3.8　订单页面开发

创建一个名为“order”的页面作为订单页面，最终运行效果如图11-15所示。

图11-15　订单页面运行效果

将订单页面分为2部分：头部导航切换栏和订单列表。头部导航使用me-tabs组件实现导航菜单的切换，页面使用swiper组件实现页面的左右滑动切换，核心代码如下。

```
<template>
    <view>
        <me-tabs v-model="tabIndex" :tabs="tabs" :fixed="true"></me-tabs>
        <swiper :style="{ height: height }" :current="tabIndex" @change="swip
erChange">
```

```
            <swiper-item v-for="(tab, i) in tabs" :key="i">
                <mescroll-item
                    ref="mescrollItem"
                    :i="i"
                    :index="tabIndex"
                    :tabs="tabs"
                ></mescroll-item>
            </swiper-item>
        </swiper>
    </view>
</template>

<script>
import MescrollItem from './mescroll-swiper-item.vue';

export default {
    components: {
        MescrollItem
    },
    data() {
        return {
            height: '400px', // 需要固定swiper的高度
            tabs: [{
                name: '待付款' ,
            },{
                name: '待发货' ,
            },{
                name: '待收货' ,
            },{
                name: '待评价' ,
            }],
            tabIndex: 0 // 当前tab的下标
        };
    },
    methods: {
        // 轮播菜单
        swiperChange(e) {
            this.tabIndex = e.detail.current;
        }
    },
    onLoad() {
        // 需要固定swiper的高度
        this.height = uni.getSystemInfoSync().windowHeight + 'px';
    }
};
```

```
</script>

<style>
page {
    height: 100%;
    background-color: #f2f2f2;
}
</style>
```

这里的订单列表使用了uView插件内置的订单模板样式，并结合了mescroll下拉刷新组件，实现了切换选项卡动态显示数据、下拉刷新、上拉加载等功能，其核心代码如下。

```
<template>
    <!--
    swiper中的transform会使fixed失效,此时用height="100%"固定高度;
    swiper中无法触发mescroll-mixins.js的onPageScroll和onReachBottom方法,只能用mes
croll-uni,不能用mescroll-body
    -->
    <mescroll-uni
        :ref="'mescrollRef' + i"
        @init="mescrollInit"
        height="100%"
        top="60"
        :down="downOption"
        @down="downCallback"
        :up="upOption"
        @up="upCallback"
        @emptyclick="emptyClick"
    >
        <!-- 数据列表 -->
        <order-list :list="orders"></order-list>
    </mescroll-uni>
</template>
```

11.4 其他功能实现

页面开发完成后，还需要实现一些其他功能，如支付、评价和分享功能，

11.4.1　支付

支付功能通过uni.requestPayment接口实现，将该接口和页面布局结合即可。这里提供了微信

和支付宝两种支付方式，最终效果如图11-16所示。

图11-16　支付功能效果

从图11-16中可以看出，支付弹窗顶部为应支付金额，中间为可供选择的支付方式，底部为【确认支付】按钮。这里用uView插件中的u-popup组件实现底部弹窗效果，相关代码如下。

```
<template>
    <u-popup
        v-model="value"
        :popup="false"
        mode="bottom"
        closeable
        border-radius="20"
        @close="popupClose"
    >
        <view class="pay-modal">
            <view class="price-box">
                <text>支付金额</text>
                <text class="price">{{ price }}</text>
            </view>
            <u-cell-group>
                <u-cell-item
                    title="微信支付"
                    @click="changePayType(1)"
                    :arrow="false"
                    :title-style="{ 'padding-left': '15rpx' }"
                >
                    <u-icon slot="icon" size="60" name="weixin-fill" col
or="#04BE02"></u-icon>
                    <label class="radio" slot="right-icon">
```

```
                    <radio value="" color="#fa436a" :checked="payType ==
1" />
                </label>
            </u-cell-item>
            <u-cell-item
                title="支付宝支付"
                @click="changePayType(2)"
                :arrow="false"
                :title-style="{ 'padding-left': '15rpx' }"
            >
                <u-icon slot="icon" size="60" name="zhifubao" col
or="#027aff"></u-icon>
                <label class="radio" slot="right-icon">
                    <radio value="" color="#fa436a" :checked="payType ==
2" />
                </label>
            </u-cell-item>
        </u-cell-group>
        <u-button
            class="confirm-btn"
            hover-class="confirm-btn-hover"
            size="default"
            @click="confirm"
        >
            确认支付
        </u-button>
    </view>
  </u-popup>
</template>

<script>
export default {
    name: 'pay-modal',
    props: {
        // 是否显示
        value: {
            type: Boolean,
            default: false
        },
        price: {
            type: [Number, String],
            default: 0.0
        }
    },
    data() {
```

```
        return {
            payType: 1,
            orderInfo: {}
        };
    },
    methods: {
        // 点击遮罩关闭modal，设置v-model的值为false，否则无法第二次弹起modal
        popupClose() {
            this.$emit('input', false);
        },
        //选择支付方式
        changePayType(type) {
            this.payType = type;
        },
        //确认支付
        confirm: function() {
            const mProvider = this.payType === 1 ? 'wxpay' : 'alipay';
            uni.requestPayment({
                provider: mProvider,
                orderInfo: this.orderInfo,
                success: function(res) {
                    console.log('success:' + JSON.stringify(res));
                },
                fail: function(err) {
                    console.log('fail:' + JSON.stringify(err));
                }
            });
        }
    }
};
</script>
```

支付功能比较常用，因此将支付功能封装为一个pay-modal组件，方便其他页面使用。具体使用的代码如下。

```
<pay-modal v-model="payShow" :price="totalPrice"></pay-modal>
```

11.4.2 评价

使用表单来实现评价功能，一般情况下在交易完成后进行评价。本项目在订单列表中单击【评价】按钮后，会显示一个评价弹窗，最终效果如图11-17所示。

图11-17　评价弹窗

从图11-17中可以看出，评价弹窗由3个部分组成，分别为星级评分区、文本输入框、图片上传区。这里用uView插件中的u-rate组件实现星级评分功能，用u-input组件实现文本输入功能，用u-upload实现图片上传功能，相关核心代码如下。

```
<u-modal v-model="commentShow" title="发表评价" :show-cancel-button="true"
@confirm="submit">
      <view class="slot-content">
            <u-form class="comment-form" :model="form" ref="uForm">
                  <u-form-item label="描述相符" prop="match" label-
width="150">
                        <u-rate v-model="form.match"></u-rate>
                  </u-form-item>
                  <u-form-item prop="intro" :border-bottom="false">
                        <u-input type="textarea" placeholder="从多个角度评价宝
贝，可以帮助更多想买的人" v-model="form.intro" />
                  </u-form-item>
                  <u-form-item label="" prop="photo" label-width="150" :
border-bottom="false">
                        <u-upload width="160" height="160"></u-upload>
                  </u-form-item>
            </u-form>
      </view>
</u-modal>
```

11.4.3　分享

分享功能通过uni.share接口实现，现在只需要设计分享弹窗的布局即可。本项目支持分享到微信聊天窗口、微信朋友圈、QQ聊天窗口3个渠道，并提供一个复制链接选项。最终效果如图11-18所示。

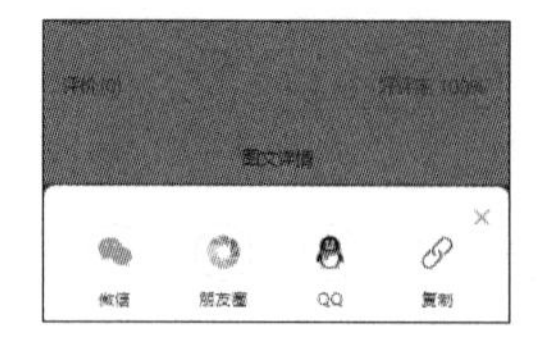

图11-18　分享弹窗

从图11-18中可以看出，分享弹窗由4个部分组成。这里使用uView插件中的u-popup组件实现底部弹窗功能，使用u-grid组件完成弹窗的布局，使用uni.setClipboardData方法实现链接的复制功能，相关核心代码如下。

```
<template>
    <u-popup
        v-model="value"
        :popup="false"
        mode="bottom"
        closeable
        border-radius="20"
        @close="popupClose"
    >
        <view class="share-box">
            <u-grid :col="4" :border="false" hover-class="share-active">
                <u-grid-item
                    v-for="(item, index) in shareList"
                    :key="index"
                    @click="toShare(index)"
                >
                    <image :src="item.icon" class="share-icon"></image>
                    <view class="share-text">{{ item.text }}</view>
                </u-grid-item>
            </u-grid>
        </view>
    </u-popup>
</template>

<script>
export default {
    props: {
        // 是否显示
        value: {
            type: Boolean,
            default: false
        },
        shareData: {
```

```
            type: [Object]
        }
    },
    data() {
        return {
            shareList: [
                {
                    text: '微信',
                    icon: '/static/share/weixin.png',
                    name: 'wx'
                },
                {
                    text: '朋友圈',
                    icon: '/static/share/pengyouquan.png',
                    name: 'copy'
                },
                {
                    text: 'QQ',
                    icon: '/static/share/qq.png',
                    name: 'qq'
                },
                {
                    text: '复制',
                    icon: '/static/share/copy.png',
                    name: 'copy'
                }
            ]
        };
    },
    methods: {
        // 点击遮罩关闭modal，设置v-model的值为false，否则无法第二次弹起modal
        popupClose() {
            this.$emit('input', false);
        },
        toShare(index) {
            console.log(index);
            var mProvider = '',
                mScene = '',
                mType = '';
            switch (index) {
                case 0:
                    mProvider = 'weixin';
                    mScene = 'WXSceneSession';
                    mytype = 0;
                    break;
```

```
            case 1:
                mProvider = 'weixin';
                mScene = 'WXSenceTimeline';
                mytype = 0;
                break;
            case 2:
                mProvider = 'qq';
                mytype = 1;
                break;
            case 3:
                uni.setClipboardData({
                    data: this.shareData.shareUrl,
                    complete() {
                        uni.showToast({
                            title: '已复制到剪贴板'
                        });
                    }
                });
                break;
        }
        if (mProvider != '') {
            //点击了0-3序号的这4个按钮
            uni.share({
                provider: mProvider,
                scene: mScene,
                type: mytype,
                href: this.shareData.shareUrl,
                title: this.shareData.shareTitle,
                summary: this.shareData.shareSummary,
                imageUrl: this.shareData.shareImageUrl,
                success: function(res) {
                    console.log('success:' + JSON.stringify(res));
                },
                fail: function(err) {
                    console.log('fail:' + JSON.stringify(err));
                }
            });
        }
    }
  }
};
</script>
```

这里将分享弹窗封装成share-modal组件，这样在任何页面中都可以方便地使用。在页面中使用的代码如下。

```
<share-modal v-model="shareShow" :shareData="shareData"></share-modal>
```

11.5 项目发布上线

项目开发完成后，就可以发布上线了。

11.5.1 Android App打包发布

Android打包发布的步骤如下。

步骤01 在manifest.json文件中进行App图标、启动界面、打包模块、权限、原生插件等其他常用配置。

步骤02 选择【发行】→【原生App-云打包】命令，在输入框中填写相关信息，证书填写前面生成的证书即可，单击【打包】按钮，即可进行云打包，如图11-19所示。

图11-19　App云打包

步骤03 等待一段时间，云打包完成后，即可看到打包好的apk文件。

步骤04 提前注册好各个Android市场的开发者账号，填写好Android App的基本信息后，上传APK包，提交审核。

步骤05 审核完成后，将应用上架，即可完成Android的打包发布。

11.5.2 iOS打包发布

iOS打包发布的步骤如下。

步骤01 在manifest.json文件中进行App图标、启动界面、打包模块、权限、原生插件等其他常用配置。

步骤02 选择【发行】→【原生App-云打包】命令，选中【iOS（ipa包）】复选框，在输入框中填写相关信息，证书填写前面生成的证书即可，单击【打包】按钮，即可进行云打包，如图11-20所示。

图11-20 iOS云打包

步骤03 等待一段时间，云打包完成后，即可看到打包好的ipa文件。

步骤04 登录苹果应用商店，进行App的创建。填写好App各项审核信息后，上传ipa包到App Store Connect中，提交审核。

步骤05 审核完成后，将应用上架，即完成iOS的打包发布。

使用Cydia Impactor工具可以安装.ipa文件到苹果设备上，使用Transfer工具可以将线上正式.ipa包上传到App Store Connect中。

11.5.3　小程序打包发布

微信小程序打包发布的步骤如下。

步骤01　选择【发行】→【小程序-微信】命令，输入微信小程序名称和微信小程序AppId，如图11-21所示。

图11-21　发行微信小程序

步骤02　等待编译完成后，HBuilderX会自动打开微信开发者工具，单击【微信开发者工具】，再单击右上角的【上传】按钮。

步骤03　提示上传代码成功后，登录小程序管理后台，选择左侧的【开发管理】菜单，进入开发管理页面，在“开发版本”区域中找到刚提交上传的版本，单击【提交审核】按钮。

步骤04　项目审核通过后，管理员的微信中会收到小程序通过审核的通知，此时登录小程序管理后台，选择左侧的【开发管理】菜单，进入开发管理页面，在“审核版本”区域中可以看到通过审核的版本。单击【发布】按钮后，即可发布小程序。

新手问答

NO1：如何制作自定义调试基座?

答： 自定义调试基座是使用开发者申请的第三方SDK配置生成的基座应用，用于使用HBuilder/HBuilderX开发应用时实时在真机、模拟器上查看运行效果（注：iOS仅支持真机运行自定义基座，不能使用xcode模拟器运行自定义基座）。

制作自定义调试基座的步骤如下。

步骤01　修改好manifest配置后，在HBuilder/HBuilderX中选择【运行】→【运行到手机或模拟器】→【制作自定义调试基座】命令，生成自定义基座安装包，如图11-22所示。

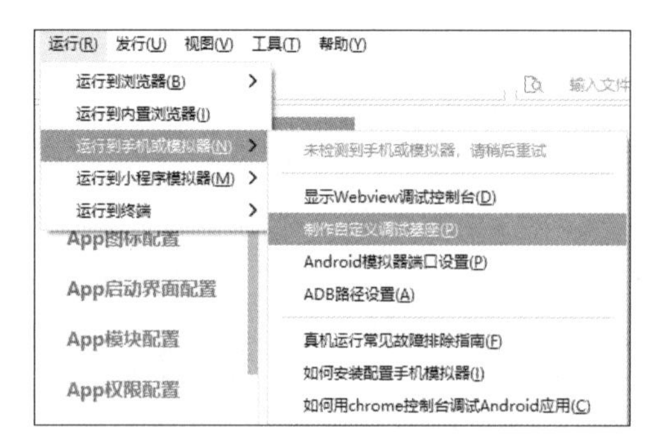

图11-22 制作自定义调试基座

步骤02 填写好信息后，单击【打包】按钮。自定义基座打包成功后需在图11-23所示位置确认已经开启自定义调试基座功能。

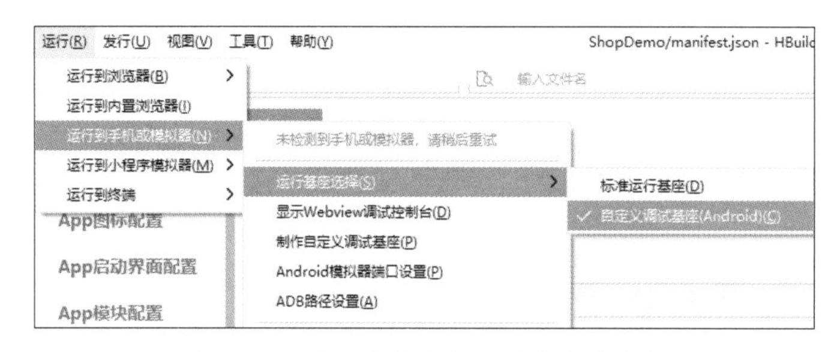

图11-23 确认开启自定义调试基座功能

步骤03 按照正常运行项目的方式，运行项目到手机/Android模拟器上，即可查看控制台日志信息。

自定义调试基座是测试版，不可直接商用（使用自定义调试基座安装apk不会更新应用资源，并且有toast警告）。正式版发布时需要按正常打包方式重新打包。

NO2：App上架应用商店需要什么条件?

答： App上架应用商店需要注意以下4点。

（1）开发者账号：App在上架前，企业或个人要先注册一个开发者账号。注册账号时最好以企业法人或老板的身份注册，注册完成后，一定要牢记账号信息，以免因为一些原因耽误上架时间。

（2）实名认证：各平台基本都需要开发者进行实名认证，需要填写身份证号、银行卡号等信息。

（3）App的相关资料：准备App的apk文件、名称、版本号、简介（200字左右）、一句话简介（20字以内）、4~5张软件截图、适用平台信息、软件语言（英文、简体中文、繁体中文等）、软件授权、软件类型、软件官网、软件在其他渠道的下载链接、开发者信息（姓名、QQ、电话、网址等）等。

（4）规避平台风险：详细了解各平台对App的上架要求，避免提交不合规的版本，耽误上架时间。

第12章 项目实战：使用uniCloud搭建新闻资讯平台

本章导读

uniCloud作为DCloud重点打造的云开发平台，基于serverless模式，采用JS编写后端服务代码，不但能够让前端快速进入后端开发，而且极大地降低了服务器运维成本，再加上社区日益丰富的开源模块，现在使用uniCloud进行开发已经成为潮流。

本章将带领读者一起使用uniCloud开发一个新闻资讯平台，学习uniCloud项目的开发流程。

知识要点

通过对本章内容的学习，可以掌握以下知识。

- 搭建uniCloud项目。
- 选择服务空间。
- 使用uni-id和uni-id-cf插件。
- 使用云函数。
- 创建和使用数据集合。
- 实现数据分页加载。
- 富文本编辑和渲染。
- 网页静态托管。
- 快速搭建后台框架。

12.1 开发前的准备

本项目是使用uniCloud开发的微信小程序，因此需要提前选好合适的服务空间并获取微信小程序的AppID。

12.1.1 创建云服务空间

目前服务商有两种选择，分别是阿里云和腾讯云。

选择阿里云作为服务商时，服务空间资源完全免费，每个账号最多允许创建50个服务空间；选择腾讯云作为服务商时，可以创建一个免费的服务空间，如果想提升空间资源配额或创建更多服务空间，则需付费购买。

两者的免费空间都有一定的额度限制，具体限制参考链接见“资源文件\网址索引.docx”，这里选择阿里云作为服务空间。

创建云服务空间的步骤如下。

步骤01 在浏览器中打开链接https://unicloud.dcloud.net.cn，进入uniCloud的Web控制台，单击【创建服务空间】按钮，如图12-1所示。

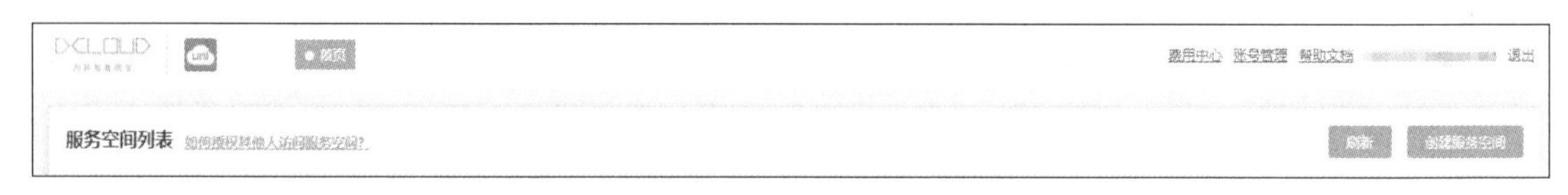

图12-1 uniCloud的Web控制台

步骤02 弹出【创建服务空间】对话框，选择【阿里云】服务商，在输入框中输入服务空间的名称，单击【创建】按钮，即可成功创建服务空间，如图12-2所示。

图12-2 创建服务空间

12.1.2 小程序配置

微信小程序项目需要下载微信小程序开发者工具，注册微信小程序账号并获取AppID，参考第10章第1节的内容进行配置。

12.2 创建项目

本节创建一个uni-app项目，并启用uniCloud，然后引入项目所需的UI框架和插件，步骤如下。

步骤01　打开HBuilderX开发工具，选择【文件】→【新建】→【项目】命令，在弹出的【新建项目】对话框中选择【默认模板】，选中【启用uniCloud】复选框，创建一个名为"NewsDemo"的uni-app项目，如图12-3所示。

图12-3　创建uniCloud项目

步骤02　为项目引入uView UI组件，进入插件市场找到插件，导入插件并进行配置。引入步骤可参考第6章的内容。

步骤03　引入mescroll插件，用于实现下拉刷新、上拉加载功能。进入插件市场找到插件，使用HBuilderX导入插件即可。

步骤04　找到uniCloud目录并右击，在弹出的快捷菜单中选择【关联云服务空间或项目】命令，弹出【关联云服务空间或项目】对话框，选择云服务空间进行关联（若没有云服务空间，则需要创建），如图12-4所示。

图12-4　关联云服务空间

至此，项目的基础框架已经搭建完成。

12.3 页面开发

该项目有4个页面：登录页面、注册页面、新闻列表页面、新闻详情页面。

12.3.1 登录页面开发

在pages目录上右击，在弹出的快捷菜单中选择【新建页面】，在弹出的【新建uni-app页面】对话框中输入“login”，单击【创建】按钮，即可创建页面。登录页面最终运行效果如图12-5所示。

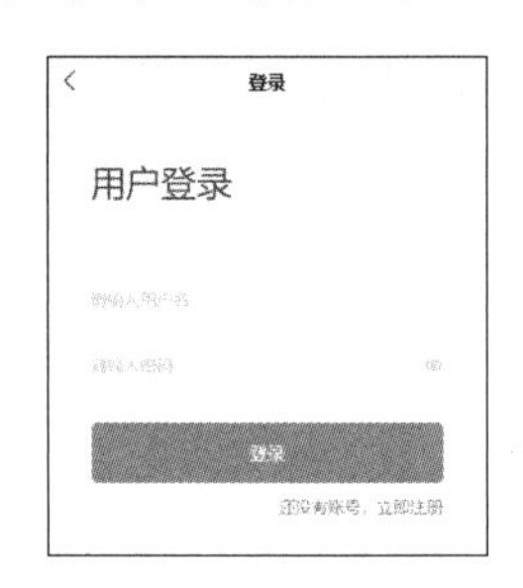

图12-5 登录页面运行效果

1. 页面结构

该页面结构比较简单，页面中有两个输入框、一个登录按钮、一个跳转注册页面入口。其核心代码如下。

```
<template>
	<view class="wrap">
		<view class="content">
			<u-form :model="form" ref="uForm">
				<view class="title">用户登录</view>
				<u-form-item prop="username">
					<u-input v-model="form.username" type="text"
placeholder="请输入用户名" />
				</u-form-item>
				<u-form-item prop="password">
					<u-input v-model="form.password" type="password"
placeholder="请输入密码" />
				</u-form-item>
				<button @tap="login" class="login-btn">登录</button>
				<view class="register-text" @tap="toRegister">还没有
账号，立即注册</view>
			</u-form>
		</view>
```

```
    </view>
</template>
```

2. 登录功能的实现

这里引用uni-id插件来实现用户登录相关功能，项目中需要引入uni-id和uni-id-cf插件，具体步骤如下。

步骤01 从插件市场导入uni-id插件，此时HBuilderX会自动导入依赖的uni-config-center插件。

步骤02 在uni-config-center公用模块下创建uni-id目录，在创建的uni-id目录下创建config.json文件，配置uni-id所需参数。参数配置代码如下。

```
{
  "passwordSecret": "passwordSecret-demo",
  "tokenSecret": "tokenSecret-demo",
  "tokenExpiresIn": 7200,
  "tokenExpiresThreshold": 600,
  "passwordErrorLimit": 6,
  "bindTokenToDevice": false,
  "passwordErrorRetryTime": 3600,
  "autoSetInviteCode": false,
  "forceInviteCode": false,
  "app-plus": {
    "tokenExpiresIn": 2592000,
    "oauth": {
      "weixin": {
        "appid": "填写微信开放平台中的AppID",
        "appsecret": "填写微信开放平台中的appsecret"
      },
      "apple": {
        "bundleId": "苹果开发者后台获取的bundleId"
      }
    }
  },
  "mp-weixin": {
    "oauth": {
      "weixin": {
        "appid": "微信小程序登录所用的AppID需要在对应的小程序管理控制台获取",
        "appsecret": "微信小程序后台获取的appsecret"
      }
    }
  },
  "mp-alipay": {
```

```
    "oauth": {
      "alipay": {
        "appid": "支付宝小程序登录所用的AppID",
        "privateKey": "支付宝小程序登录所用的privateKey"
      }
    }
  },
  "service": {
    "sms": {
      "name": "应用名称，对应短信模板的name",
      "codeExpiresIn": 300,
      "smsKey": "短信密钥key，在开通短信服务处可以看到",
      "smsSecret": "短信密钥secret，在开通短信服务处可以看到"
    },
    "univerify": {
      "appid": "当前应用的AppID，使用云函数URL化，此项必须配置",
      "apiKey": "一键登录服务账号中的apiKey",
      "apiSecret": "一键登录服务账号中的apiSecret"
    }
  }
}
```

步骤03 在cloudfunctions/common下上传uni-config-center模块及uni-id模块。

步骤04 在要使用uni-id的云函数上右击，在弹出的快捷菜单中选择【管理公共模块依赖】命令，添加uni-id到云函数。添加依赖后，需要重新上传该云函数。

步骤05 在database目录上右击，在弹出的快捷菜单中选择【新建DB Schema】命令，创建uni-id-users数据集合，如图12-6所示。

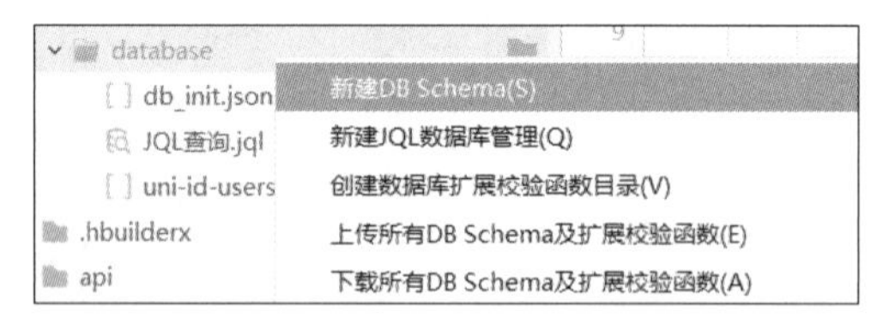

图12-6　创建uni-id-user数据集合

创建的数据集合中包含3个字段，即用户ID、用户名和密码，相关代码如下。

```
{
  "bsonType": "object",
  "required": ["username", "password"],
  "properties": {
    "_id": {
```

```
      "description": "存储文档ID（用户ID），系统自动生成"
    },
    "username": {
      "bsonType": "string",
      "title": "用户名",
      "description": "用户名，不允许重复",
      "trim": "both",
      "minLength": 2
    },
    "password": {
      "bsonType": "password",
      "title": "密码",
      "description": "密码，加密存储",
      "trim": "both",
      "minLength": 6
    },
  }
}
```

步骤06　从插件市场导入uni-id-cf插件，右击cloudfunctions文件夹，在弹出的快捷菜单中选择【上传所有云函数、公共模块及actions】命令，刷新uniCloud Web控制台，即可看到云函数已上传成功。

步骤07　在登录页面调用云函数，即可实现登录功能，相关代码如下。

```
async login() {
  if (!this.form.username) {
    this.$u.toast('请输入用户名')
    return
  }

  if (!this.form.password) {
    this.$u.toast('请输入密码')
    return
  }

  let res = await uniCloud.callFunction({
    name:'uni-id-cf',
    data:{
      action:'login',
      params:this.form,
    }
  })
```

```
  if (res.result.code === 0) {
    this.$u.toast('登录成功');
    this.$u.route('/pages/index/index');
  } else {
    this.$u.toast(res.result.msg);
  }
}
```

输入用户名和密码，单击【登录】按钮，可以看到控制台有请求发出，但此时并不代表登录成功，还需要继续完善云函数代码，如下所示。

```
const db = uniCloud.database()
exports.main = async (event, context) => {
  //获取user表的集合对象
  const collection = db.collection('user')
  let user
  //操作云数据库，查找user表中username为event.username同时password为event.password
的对象
  user = await collection.where({
      username: event.username,
      password: event.password
  }).get()

  // affectedDocs表示从服务器查询到的数据条数
  if (user.affectedDocs < 1) {
    //没有找到
      return {
            code: -1,
            msg: '用户名或密码错误'
      }
  } else {
      return {
            code: 0,
            msg: 'success'
      }
  }
}
```

步骤08 如果返回的数据中存在用户相关的信息，输入用户名和密码，即可成功登录，如图12-7所示。

图12-7　登录成功

至此，登录页面已开发完成。

12.3.2　注册页面开发

右击pages目录，在弹出的快捷菜单中选择【新建页面】命令，在弹出的【新建uni-app页面】对话框中输入“register”，单击【创建】按钮，注册页面即创建成功。注册页面最终运行效果如图12-8所示。

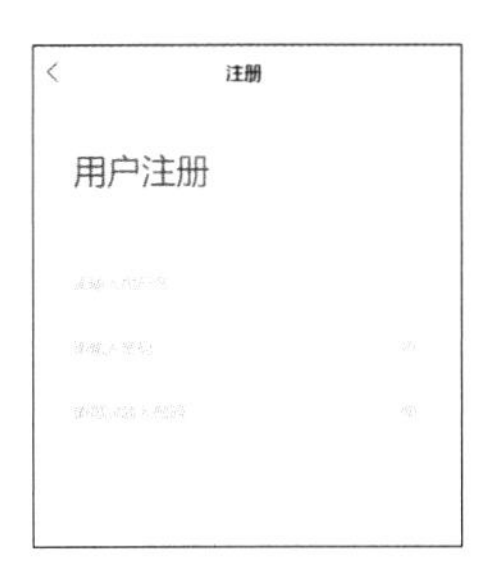

图12-8　注册页面运行效果

1. 页面结构

注册页面和登录页面的结构相似，只是多了一个确认密码的输入框，其核心代码如下。

```
<template>
	<view class="wrap">
		<view class="content">
			<u-form :model="form" ref="uForm">
				<view class="title">用户注册</view>
				<u-form-item prop="username">
					<u-input v-model="form.username" type="text"
placeholder="请输入用户名" />
				</u-form-item>
				<u-form-item prop="password">
					<u-input v-model="form.password" type="password"
```

```
placeholder="请输入密码" />
                            </u-form-item>
                            <u-form-item prop="pwd2">
                                <u-input v-model="form.pwd2" type="password"
placeholder="请再次输入密码" />
                            </u-form-item>
                            <button @tap="register" :style="[inputStyle]"
class="login-btn">立即注册</button>
                        </u-form>
                </view>
        </view>
</template>
```

2. 注册功能的实现

uni-id-cf对登录注册相关的云函数进行了封装，省去了许多开发工作，这里直接使用uni-id-cf中的云函数即可，相关代码如下。

```
async register() {
  if (!this.form.username) {
    this.$u.toast('请输入用户名')
    return
  }
  if (!this.form.password) {
    this.$u.toast('请输入密码')
    return
  }

  if (!this.form.pwd2) {
    this.$u.toast('请再次输入密码')
    return
  }

  if (this.form.password !== this.form.pwd2) {
    this.$u.toast('两次输入的密码不一致')
    return
  }

  let res = await uniCloud.callFunction({
    name:'uni-id-cf',
    data:{
      action:'register',
      params: this.form,
```

```
    }
  })
  if (res.result.code === 0) {
    this.$u.toast('注册成功');
    this.$u.route('/pages/index/index');
  } else {
    this.$u.toast(res.result.msg);
  }
}
```

修改完云函数，上传并运行之后，单击【注册】按钮，即可成功注册。至此，注册页面已开发完成。

12.3.3　新闻列表页面开发

项目创建时默认创建了一个页面，可直接将该页面作为新闻列表页面，最终运行效果如图12-9所示。

图12-9　新闻列表页面运行效果

1. 页面结构

新闻列表页面由两部分组成：分类菜单和新闻列表，分类菜单和新闻列表获取的数据都来自云端数据，新闻列表页面支持下拉刷新、上拉加载；可以左右滑动切换分类。其核心代码如下。

```
<template>
    <view>
        <!-- 当设置tab-width，指定每个tab宽度时，则不使用flex布局，改用水平滑动 -->
            <me-tabs v-model="tabIndex" :tabs="tabs" :fixed="true" :tab-
width="130"></me-tabs>
        <swiper :style="{ height: height }" :current="tabIndex" @change="swip-
erChange">
            <swiper-item v-for="(tab, i) in tabs" :key="i">
                <mescroll-item
```

```
                    ref="mescrollItem"
                    :i="i"
                    :index="tabIndex"
                    :tabs="tabs"
                ></mescroll-item>
            </swiper-item>
        </swiper>
    </view>
</template>
```

2. 分类目录

分类组件采用的是mescroll插件附带的tab组件，分类获取的是云端数据，因此需要创建一个category数据集合和对应的云函数。

在database目录上右击，在弹出的快捷菜单中选择【新建DB Schema】命令，创建category数据集合。category数据集合代码如下。

```
{
      "bsonType": "object",
      "required": ["name"],
      "properties": {
            "_id": {
                  "description": "ID，系统自动生成"
            },
            "name": {
                  "bsonType": "string",
                  "description": "类别名称",
                  "label": "名称",
                  "trim": "both"
            }
      }
}
```

在database/db_init.json文件中添加一些初始数据，相关代码如下。

```
"category": {
  "data": [ //数据
    {
      "name": "推荐"
    },
    {
      "name": "热榜"
    }
]
```

新增或修改集合后，需要右击database/db_init.json文件，在弹出的快捷菜单中选择【初始化云数据库】命令，根据实际情况勾选是否覆盖原来的集合，单击【覆盖选中的表并继续】按钮。

集合创建完成后，需要通过category云函数对集合进行调用。云函数代码如下。

```
'use strict';
const db = uniCloud.database()
exports.main = async (event, context) => {
   // event即传递的变量对象
   if(event.type == 'get'){
      return await db.collection('category').get()
   }
};
```

页面实现分类请求的代码如下。

```
async getCategoryMenu(){
      let res = await uniCloud.callFunction({
            name:'category', //云函数名称
            data:{type: 'get'} //传输数据
      })
      this.tabs = res.result.data;
}
```

3. 新闻列表的获取

新闻列表数据也是从云端获取的，这里需要创建news数据集合和对应的云函数。news数据集合的代码如下。

```
{
      "bsonType": "object",
      "required": ["title", "content","cover"],
      "properties": {
            "_id": {
                  "description": "存储文档ID（用户ID），系统自动生成"
            },
            "category_id": {
                  "bsonType": "string",
                  "title": "分类",
                  "description": "分类id",
                  "foreignKey": "category._id",
                  "enum": {
                        "collection": "category",
                        "field": "name as text, _id as value"
```

```
                    }
                },
                "title": {
                    "bsonType": "string",
                    "title": "标题",
                    "description": "文章标题",
                    "label": "标题",
                    "trim": "both"
                },
                "content": {
                    "bsonType": "string",
                    "title": "文章内容",
                    "description": "文章内容",
                    "label": "文章内容"
                },
                "excerpt": {
                    "bsonType": "string",
                    "title": "文章摘录",
                    "description": "文章摘录",
                    "label": "摘要"
                },
                "cover": {
                    "bsonType": "file",
                    "title": "封面图",
                    "description": "封面图地址",
                    "label": "封面图",
                    "fileMediaType": "image",
                    "fileExtName": "jpg,png"
                },
                "publish_date": {
                    "bsonType": "timestamp",
                    "title": "发表时间",
                    "description": "发表时间",
                    "defaultValue": {
                        "$env": "now"
                    }
                }
        }
}
```

新闻列表的云函数需要分页获取新闻列表，其代码如下。

```
'use strict';
```

```
const db = uniCloud.database()
exports.main = async (event, context) => {
	const collection = db.collection('news')
	//总条数
	let total = await collection.where({categoryId : event.categoryId}).
count()
	//获取新闻列表
	let start = (event.currentPage-1) * event.pageSize
	let res = await collection.where({categoryId : event.categoryId}).
orderBy('date','desc').skip(start).limit(event.pageSize).get();
	return {
	  total: total.total,
	  list: res.data
	}
};
```

页面的分页功能使用mescroll组件实现，核心代码如下。

```
async upCallback(page) {
	//联网加载数据
	let categoryId = this.tabs[this.i]._id;
	let res = await uniCloud.callFunction({
		name:'news', //云函数名称
		data:{
			categoryId: categoryId,
			currentPage: page.num,
			pageSize: page.size
		}
	})
	const curPageData = res.result.list;
	//数据获取完成后，隐藏下拉刷新和上拉加载状态
	this.mescroll.endSuccess(curPageData.length);
	//设置列表数据
	if(page.num == 1) this.news = []; //如果当前页面是第一页，需手动清空列表
	this.news=this.news.concat(curPageData); //追加新数据
}
```

至此，新闻列表页面已开发完成。

12.3.4 新闻详情页面开发

右击pages目录，在弹出的快捷菜单中选择【新建页面】命令，在弹出的窗口中输入“detail”，

单击【创建】按钮，新闻详情页面即创建成功。新闻详情页面最终运行效果如图12-10所示。

图12-10　新闻详情页面运行效果

1. 页面结构

新闻详情页面的结构很简单，页面标题和页面内容使用uParse组件进行富文本渲染，如果内容为空，则显示空视图。页面核心代码如下。

```
<template>
	<view class="content">
		<view v-if="content">
			<view class="news-title">{{title}}</view>
			<u-parse :html="content"></u-parse>
		</view>
		<mescroll-empty v-else></mescroll-empty>
	</view>
</template>
```

2. 详情页面数据的获取

详情页面数据是通过新闻ID从云端获取的，数据集用news数据集即可。这里创建newsDetails云函数用于获取数据并将数据返回给客户端，其代码如下。

```
'use strict';
const db = uniCloud.database()
exports.main = async (event, context) => {
	const collection = db.collection('news')
	let res = await collection.where({_id : event.id}).get();
	//返回数据给客户端
	return res
};
```

在页面调用云函数获取新闻详情数据，代码如下。

```
async getDetails(id) {
```

```
        let res = await uniCloud.callFunction({
                name:'newsDetails',
                data:{
                        id: id
                }
        });
        console.log(res);
        const data = res.result.data;
        if(data.length){
                this.title = data[0].title;
                this.content = data[0].content;
        }
}
```

至此，新闻详情页面已开发完成。

12.4 管理后台开发

管理后台需要新建一个uni-app项目，这里使用官方提供的“admin管理系统基础框架”进行搭建。管理系统分为3个模块：新闻管理、分类管理、用户管理。

12.4.1 创建管理后台

创建一个基于“admin管理系统基础框架”的uni-app项目，步骤如下。

步骤01 打开HBuilderX开发工具，选择【文件】→【新建】→【项目】命令，在弹出的【新建项目】对话框中选择【uniCloud admin】模板，创建一个名为“NewsAdminDemo”的uni-app项目，如图12-11所示。

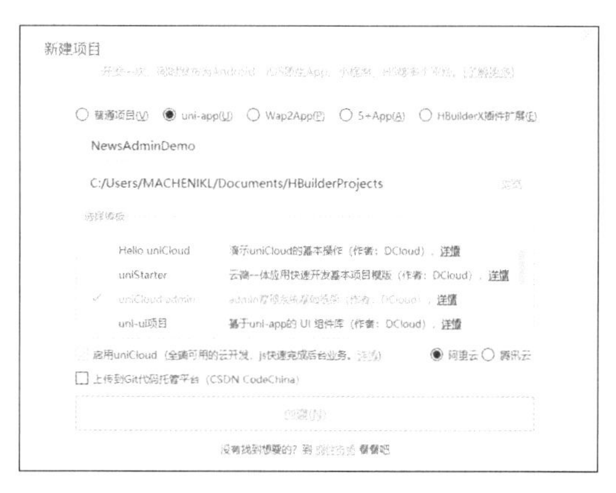

图12-11　创建项目

步骤02 在生成的项目文件中找到uniCloud目录并右击，在弹出的快捷菜单中选择【运行云服务空间初始化向导】命令，如图12-12所示。

图12-12 运行云服务空间初始化向导

步骤03 此时会出现向导弹窗，选择前面创建的服务空间，单击【下一步】按钮，然后单击【开始部署】按钮进行部署，如图12-13所示。

图12-13 开始部署

部署完成后，管理后台即创建成功。

12.4.2 新闻管理页面

新闻管理页面的创建比较简单，uni-app提供了schema2code代码生成系统，可以一键生成对应的页面，省去了自建页面烦琐的操作步骤。新闻管理页面的创建步骤如下。

步骤01 在database目录上右击，在弹出的快捷菜单中选择【新建DB Schema】命令，创建一个名为“news.schema.json”的数据集文件，如图12-14所示。

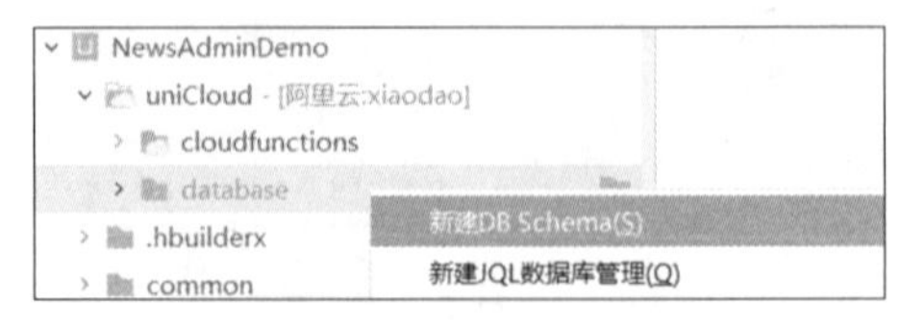

图12-14 创建DB Schema文件

news.schema.json数据集相关代码如下。

```
{
    "bsonType": "object",
    "required": ["title", "content", "cover"],
    "properties": {
        "_id": {
            "description": "存储文档ID（用户ID），系统自动生成"
        },
        "title": {
            "bsonType": "string",
            "title": "标题",
            "description": "新闻标题",
            "label": "标题",
            "trim": "both"
        },
        "content": {
            "bsonType": "string",
            "title": "新闻内容",
            "description": "新闻内容",
            "label": "新闻内容"
        },
        "excerpt": {
            "bsonType": "string",
            "title": "新闻摘录",
            "description": "新闻摘录",
            "label": "摘要"
        },
        "cover": {
            "bsonType": "file",
            "title": "封面图",
            "description": "封面图地址",
            "label": "封面图",
            "fileMediaType": "image",
            "fileExtName": "jpg,png"
        },
        "publish_date": {
            "bsonType": "timestamp",
            "title": "发表时间",
            "description": "发表时间",
            "defaultValue": {
                "$env": "now"
            }
        },
```

```
                "last_modify_date": {
                        "bsonType": "timestamp",
                        "title": "最后修改时间",
                        "description": "最后修改时间",
                        "defaultValue": {
                                "$env": "now"
                        }
                }
        }
}
```

步骤02 创建完成后，右击news.schema.json文件，在弹出的快捷菜单中选择【schema2code】命令，弹出【schema2code】对话框（如果未安装schema2code插件，请先安装），然后切换到【uniCloud admin页面】，单击【确定】按钮，即可生成新闻管理相关的页面，如图12-15所示。

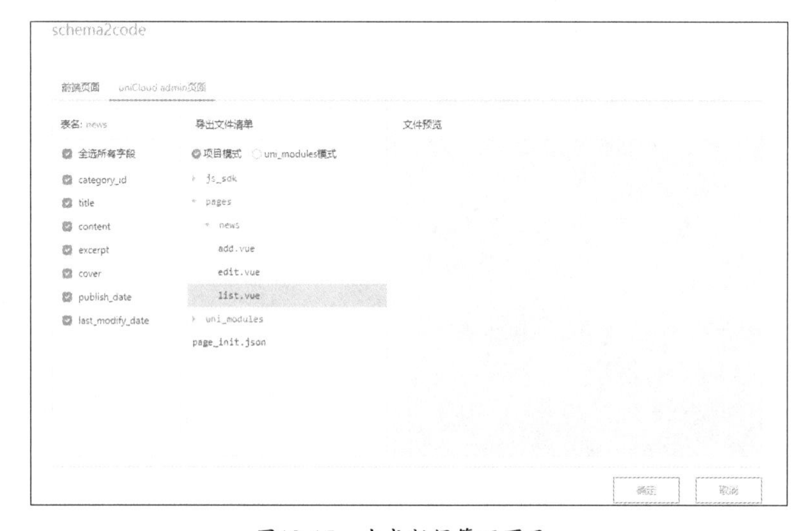

图12-15　生成新闻管理页面

步骤03 页面生成后需要进行一定的修改，因为新闻内容的编写需要使用富文本编辑器，所以这里对官方的editor富文本组件进行了封装，并让富文本组件支持图片上传，相关代码如下。

```
insertImage() {
        uni.chooseImage({
            success: (res) => {
                        let promises = [];
                        uni.showLoading({
                                title: "图片上传中"
                        })
```

```
            res.tempFilePaths.map((filePath, index) => {
                let names = res.tempFiles[index].name.split(".");
                let fname = (Math.random() + '').substr(2) + "." +
names[names.length - 1];
                let cpath = this.name + '/' + fname;
                let uploadPromise = this.cloudUploadFile(filePath,
cpath);
                promises.push(uploadPromise)
            });
            Promise.all(promises).then(res => {
                console.log(res);
                uni.hideLoading();
                this.uploadCallback(res);
            });
        }
    });
},
cloudUploadFile(filePath, cpath) {
    return new Promise((resolve, reject) => {
        let result = uniCloud.uploadFile({
            filePath: filePath,
            cloudPath: cpath,
            onUploadProgress: pro => {},
            success: res => {
                console.log("cloudUploadFile", res)
                if (res.fileID.indexOf("cloud://") != -1) {
                    //用下面的方法进行转换，可以等待文件发布到CDN后再返
回数据，避免图片文件无法及时显示的问题
                    uniCloud.getTempFileURL({
                        fileList: [res.fileID]
                    }).then(res2 => {
                        resolve(res2.fileList[0].tempFileURL);
                    })
                } else {
                    //延时返回，可以等待文件发布到CDN后再返回数据，避免
图片文件无法及时显示的问题
                    setTimeout(() => {
                        resolve(res.fileID);
                    }, 200);
                }
            },
            fail: () => {
```

```
                            reject(false);
                        }
                    });
                });
            },
            uploadCallback(srcs) {
                srcs.forEach(url => {
                    this.editorCtx.insertImage({
                        src: url,
                        alt: '图像'
                    });
                })
            }
```

步骤04 富文本编辑功能完成后，封装成组件在页面中进行调用即可，最终效果如图12-16所示。

图12-16　富文本编辑效果

12.4.3　分类管理页面

分类管理页面的创建方法和新闻管理页面相同，创建一个名为“category.schema.json”的数据集文件，然后使用“shema2code”插件生成对应的页面。category.schema.json数据集的核心代码如下。

```
{
    "bsonType": "object",
    "required": ["name"],
    "properties": {
        "_id": {
            "description": "ID，系统自动生成"
        },
        "name": {
```

```
                "bsonType": "string",
                "description": "类别名称",
                "label": "名称",
                "trim": "both"
            },
            "description": {
                "bsonType": "string",
                "description": "类别描述",
                "label": "描述"
            },
            "create_date": {
                "bsonType": "timestamp",
                "description": "创建时间",
                "label": "创建时间",
                "forceDefaultValue": {
                    "$env": "now"
                }
            }
        }
}
```

12.4.4 管理菜单配置

后台目前需要新闻管理、新闻分类、用户管理这3个菜单，在项目根目录下找到“admin.config.js”文件，进行菜单配置。相关配置代码如下。

```
sideBar: { //左侧菜单
    //配置静态菜单列表（放置在用户被授权的菜单列表下方）
    staticMenu: [{
        menu_id: "news",
        text: '新闻管理',
        icon: 'uni-icons-list',
        url: "",
        children: [{
            menu_id: "icons",
            text: '新闻列表',
            icon: 'uni-icons-star',
            value: '/pages/news/list/list',
        }, {
            menu_id: "table",
            text: '新闻分类',
```

```
                icon: 'uni-icons-map',
                value: '/pages/news/category/list',
            }]
        },{
            menu_id: "system",
            text: '系统管理',
            icon: 'uni-icons-list',
            url: "",
            children: [{
                menu_id: "icons",
                text: '用户管理',
                icon: 'uni-icons-star',
                value: '/pages/system/user/list',
            }]
        }]
}
```

菜单配置完成后，运行项目后如果看到图12-17所示的管理菜单，说明菜单配置成功。

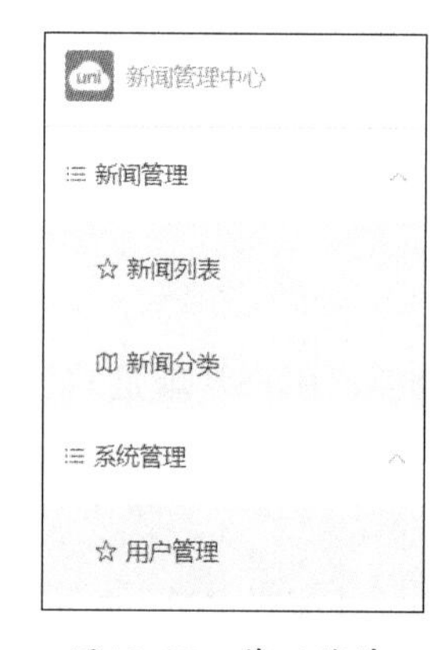

图12-17　管理菜单

12.5 项目发布上线

12.5.1　发布小程序

新闻资讯平台分为手机端展示平台和PC端管理平台两部分，下面将手机端展示平台发布到微信小程序，步骤如下。

步骤01　在HBuilderX中选择【发行】→【小程序-微信】命令，在弹出的【微信小程序发行】对话框中输入小程序名和AppID，单击【发行】按钮。

步骤02　等待编译完成后，HBuilderX会自动打开【微信开发者工具】，单击【微信开发者工具】，再单击右上角的【上传】。

步骤03　提示上传代码成功后，登录微信小程序管理后台，选择左侧的【开发管理】菜单，进入开发管理页面，在“开发版本”区域中找到刚提交上传的版本，单击【提交审核】按钮。

步骤04　项目审核通过后，管理员的微信中会收到小程序通过审核的通知，此时登录小程序管理后台，选择左侧的【开发管理】菜单，进入开发管理页面，在“审核版本”区域中可以看到通过审核的版本。单击【发布】按钮，即可发布小程序。

12.5.2　前端网页托管

后台管理端的发布需要采用前端网页托管，步骤如下。

步骤01　在项目上右击，在弹出的快捷菜单中选择【发行】→【上传网站到服务器】命令，如图12-18所示。

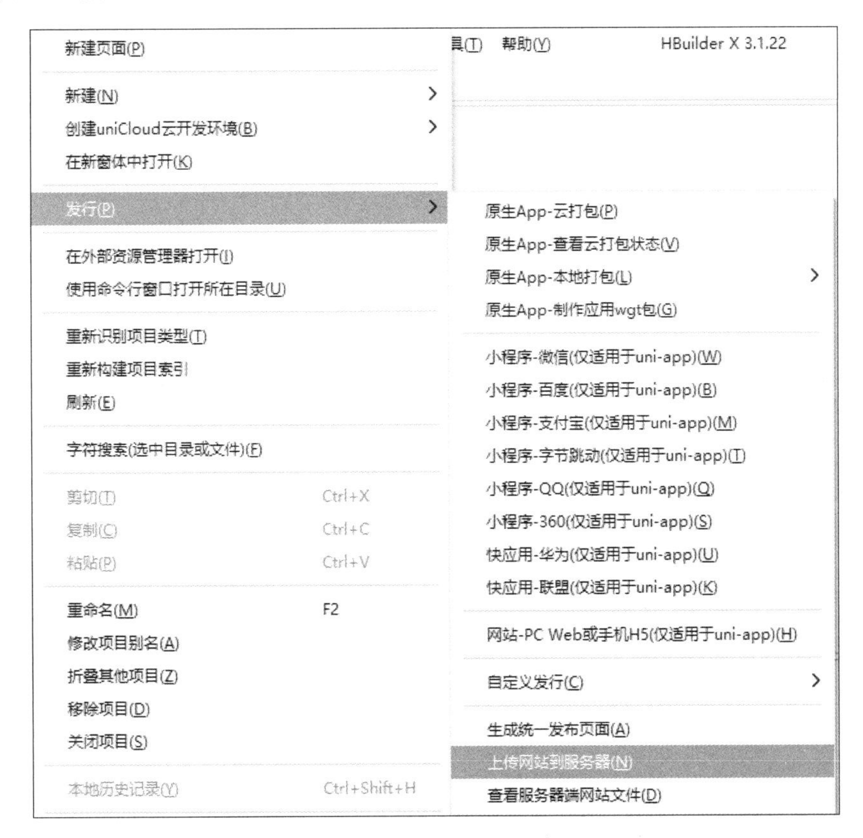

图12-18　上传网站到服务器

步骤02　弹出【前端网页托管】对话框，选择要进行托管的服务空间，未开通托管服务则需要先开通。单击【上传】按钮即可，如图12-19所示。

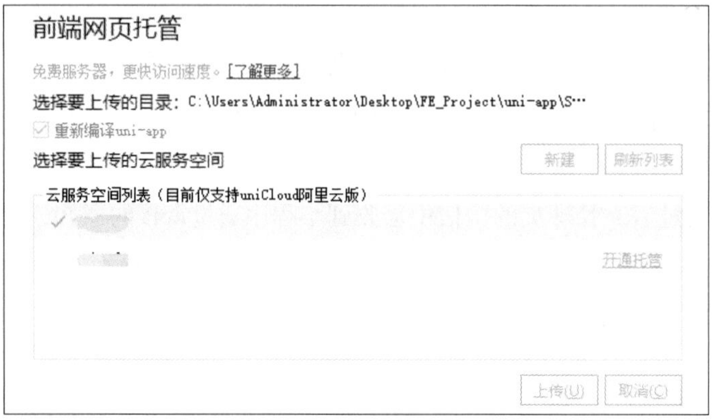

前端网页托管
免费服务器，更快访问速度。[了解更多]
选择要上传的目录：C:\Users\Administrator\Desktop\FE_Project\uni-app\S…
重新编译uni-app
选择要上传的云服务空间
新建
刷新列表
云服务空间列表（目前仅支持uniCloud阿里云版）
开通托管
上传(U)
取消(C)

图12-19　上传托管网页文件

步骤03　等待项目上传完成后，即可通过域名访问后台管理页面。如果需要绑定自己的域名，则在uniCloud管理页面中单击右侧的【前端网页托管】菜单，进入前端网页托管页面后切换到【参数配置】选项卡，在“域名信息”区域中进行域名配置即可，如图12-20所示。

首页
费用中心
账号管理
帮助文档
云数据库
云函数
云存储
跨域配置
前端网页托管
文件管理
参数配置
域名信息［教程］
注意：
默认域名
bspapp.com
配置网站域名
域名
状态
CNAME
HTTP强制跳转HTTPS
刷新
暂无数据
添加域名

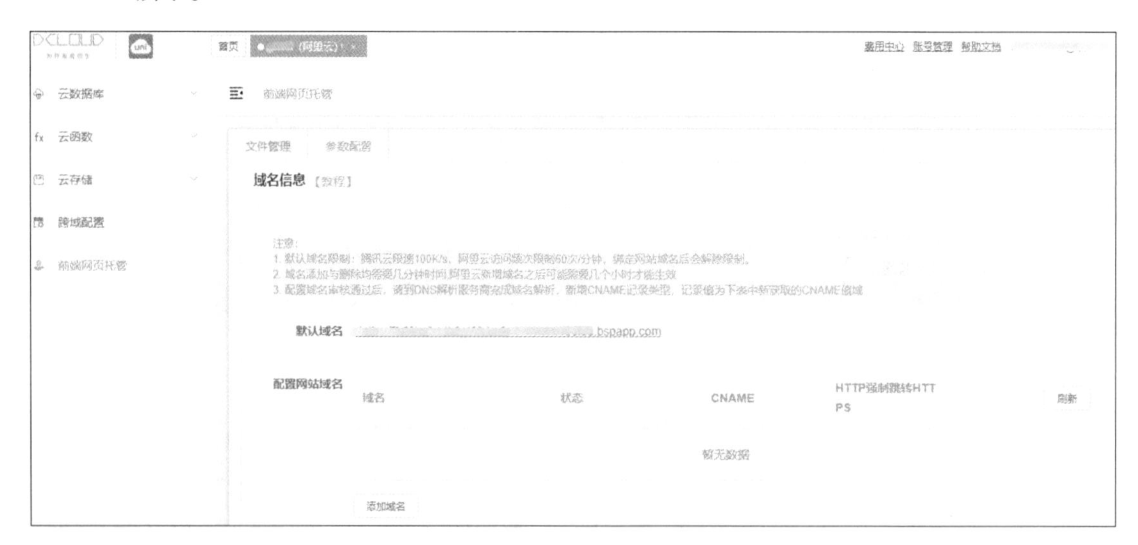

图12-20　域名配置

新手问答

NO1：使用uniCloud在小程序中无法联网应怎么解决？

答： 小程序必须设置服务器域名才能正常联网，可按照以下步骤进行设置。

步骤01　打开小程序服务器域名设置界面，如图12-21所示。

图12-21　小程序服务器域名设置界面

步骤02　设置request合法域名，多个网址用分号隔开，下方代码中第一个网址为阿里云的网址，第二个网址为腾讯云的网址。

```
https://xxx.bspapp.com;https://tcb-xxx.service.tcloudbase.com
```

这些云函数网址来自uniCloud Web控制台中“云函数/云对象”→“函数/对象列表”→“云函数域名绑定”→“默认域名”，如图12-22所示。

图12-22　云函数域名绑定

NO2：如何控制云函数数量？

答：云函数数量不需要控制，实际开发中会使用框架，不会突破限制，不需要自己去开发云函数。

例如，使用以下框架基本不会耗费云函数资源。

（1）使用clientDB。这种方式是在前端直接操作数据库，此时不需要写云函数，开发效率远超传统开发模式。clientDB配套的action云函数也不占用云函数的数量。

（2）使用uni-cloud-router单路由云函数框架。这种方式只有一个云函数，所有接口都是该云函数的不同参数，它由统一的路由管理。

以免费空间的48个云函数为例，使用云函数的情况如下。

（1）后台管理系统使用uniCloud admin，会自带一个uni-admin的云函数。

（2）前端项目使用uni-id，会自带一个user-center的云函数。如果和uniCloud admin共用一个服务空间，则不需要此云函数。

（3）有热搜词统计跑批需求则使用uni-search，会自带一个uni-analyse-searchhot的云函数。

以上是官方推荐的常用框架所带的云函数，如果项目中使用这些框架开发，能够满足需求，则不需要写云函数；写配套的action云函数也不占用云函数的数量；如果有跑批数据的需求，可以额外写一个云函数。总之，48个云函数足够使用。